JN160563

URBAN DESIGN

都市経営時代のアーバンデザイン

CITY MANAGEMENT

西村 幸夫 編

高梨遼太朗　鈴木 伸治 著
黒瀬 武史　楊 惠亘
坂本 英之　柏原 沙織
窪田 亜矢　中島 直人
阿部 大輔　鳥海 基樹
宮脇 勝　岡村 祐
野原 卓　坪原 紳二

学芸出版社

都市経営時代のアーバンデザイン

各都市の動向

URBAN DESIGN

01 デトロイト

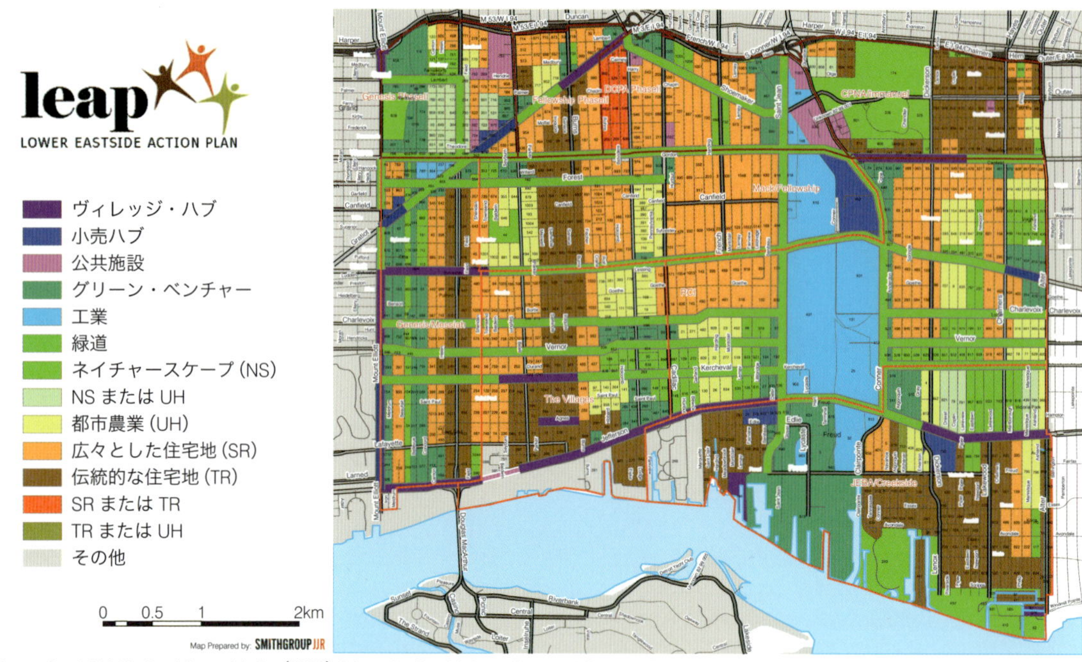

Source: Detroit Neighborhood Partnership East(DNPE), Reinventing Detroit's Lower Eastside: A Summary Report of the Lower Eastside Action Plan – Phase II, DNPE. 2012, 23.

口絵 1　ロウワー・イーストサイド・アクション・プラン（LEAP）のゾーニング図（出典：LEAP）
デトロイト市内でも空き地率が高い地区の再生計画。グリーン・ベンチャー（濃緑）・ネイチャースケープ（黄緑）など積極的に非都市化を進める用途が設定されている。デトロイト・フューチャー・シティ（DFC）のモデルとなった。

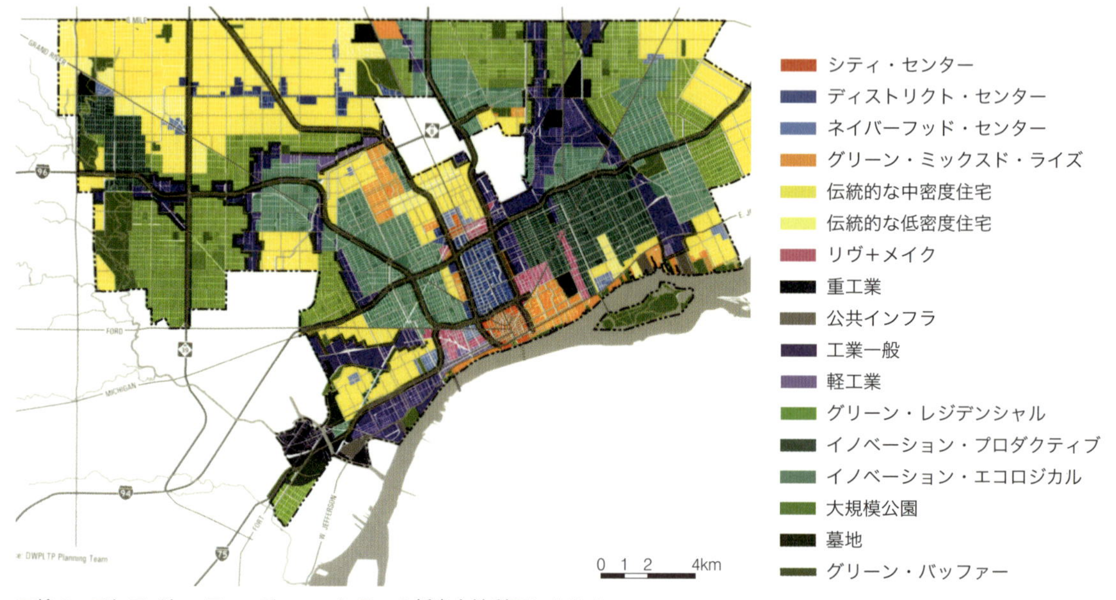

口絵 2　デトロイト・フューチャー・シティの将来土地利用シナリオ（出典：DFC）
ダウンタウンと大学等が位置するミッドタウン地区以外の住宅地区は、黄色・オレンジの住宅地として残るエリアと、青緑系の積極的に非都市化を促すエリア（イノベーション・プロダクティブ地区、イノベーション・エコロジカル地区）に分類される。黄緑はグリーン・レジデンシャルとされる過渡的な部分である。

デトロイトは、185 万人から 70 万人へ急速な人口減少を経験し、市役所も 2013 年に財政破綻した。厳しい状況下で、非営利の草の根活動と慈善財団が、広大な空き地・空き家の再生を主導している。慈善財団は、市に代わって将来の都市像を示す計画「デトロイト・フューチャー・シティ」を策定、空き地を抱える地区に草の根活動を戦略的に集積させ、地区単位の「積極的な非都市化」を進めている。

デトロイト・フューチャー・シティは、急速な人口減少に伴い、低密度化する戸建住宅地を主なターゲットとした戦略的長期計画である。空き地の緑地化や空き家の解体・修繕を担う非営利団体の草の根活動を、慈善財団が資金面でサポートしている。長期計画に基づく「積極的非都市化」により、短期的には雨水流出抑制、最終的には住宅用途以外への土地利用転換・インフラ退役による市財政の好転を目指すが、既存住民との協働による短期的な環境改善・荒廃住宅地区の安定化にも注力している。

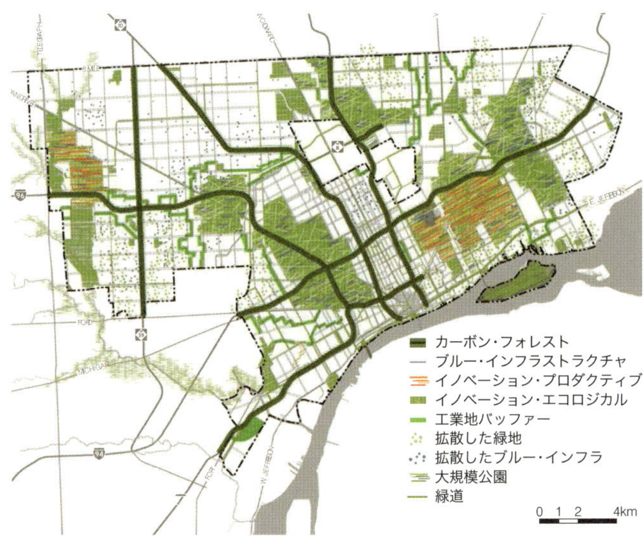

口絵 3　デトロイト・フューチャー・シティの将来オープン・スペース図（出典：DFC）

図中の黄緑の地区は自然地に近いイノベーション・エコロジカル地区、オレンジ色が重なる地区は都市農業や実験的な取り組みを誘導するイノベーション・プロダクティブ地区を目指す。市街地の 36％を緑地として非都市化する戦略である。

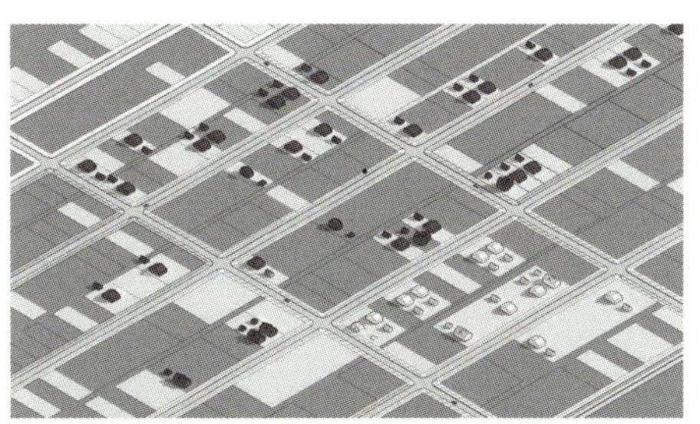

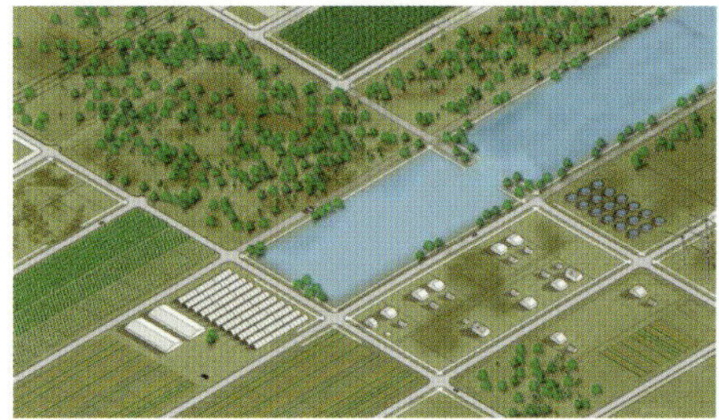

口絵 4　イノベーション・プロダクティブ地区対象エリアの現状イメージ（上）および将来イメージ（下）（出典：DFC）

市街地の多くの部分で増大する空き地を連担させ、規模の大きな区画で都市農業や雨水貯留池、森林などへの土地利用の転換を狙う。

口絵 5　非営利団体の草の根活動が集中するイノベーション・プロダクティブ地区（出典：DFC）

図中の円は、計画策定プロセスにおける地域との対話（コミュニティ会議）で話題にのぼった地区の資源である。地区の活動団体を含んだ多様な要素が資源とされている。

02 バッファロー

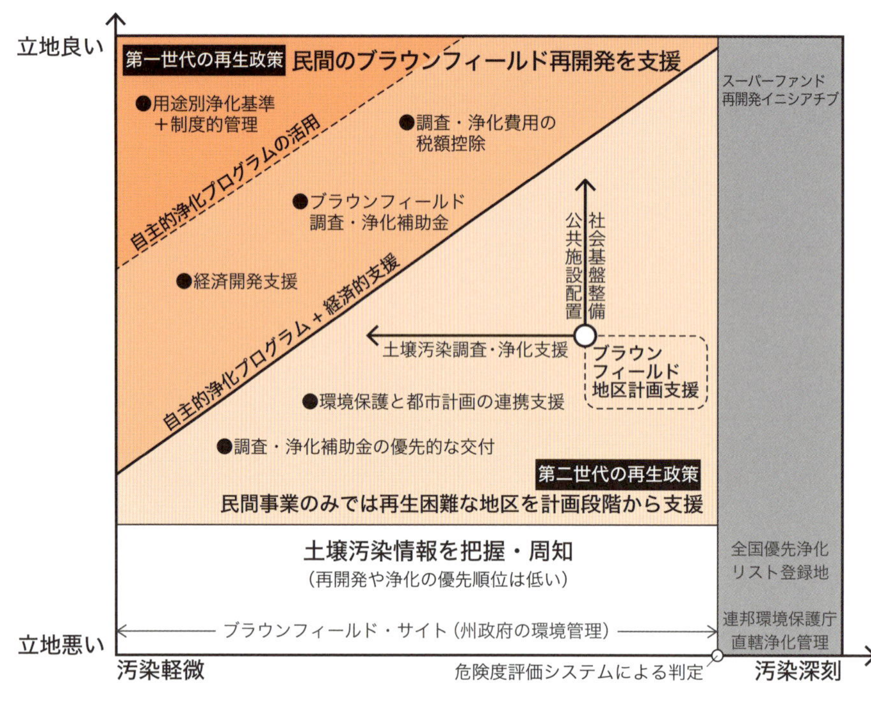

口絵 1　立地と汚染度合いから見た再生支援策のあり方
米国の土壌汚染地対応の特徴は、汚染の程度と立地に応じて、多様な支援制度を有する点にある。中軽度の汚染地であるブラウンフィールドは、民間による対策を基本としつつ、社会的課題や都市戦略上の重要性に応じて、地区単位の再生支援制度も展開されている（第二世代の再生政策）。

口絵 2　ラブ・キャナル事件により移転した住宅の跡地（ニューヨーク州ナイアガラ・フォールズ）
産業廃棄物を埋め立てた運河跡地に、住宅・学校が開発されていた。1970 年代から土壌汚染が原因と疑われる健康被害が顕在化し、1978 年に連邦政府が緊急事態を宣言、健康被害が懸念される住宅の強制移転が進められた。

口絵 3　厳格に管理される環境保護庁管理サイト（マサチューセッツ州ウーバン）
郊外住宅地の一部の地区で住民の健康被害が発生し、同地区の水道水の水源である地下水汚染が問題となった。汚染発生源の工場跡地は、連邦政府が浄化管理を行った。現在も厳格に管理されているが、一部は鉄道駅や駐車場として再利用が進められている。

人口半減に苦しむ工業都市バッファローは、遺棄された工場跡地（ブラウンフィールド）に縮退都市の将来を描く。都心近傍では、中小工場跡地に、医療機関・大学の集積地を創出し、エリー運河の復元を軸に内港再生を進めた。郊外の超大規模跡地は、計画地の半分を緑地とし、その豊かな公共空間を武器に、高度な製造業や研究拠点を誘致する。再生を牽引するのは条件不利な汚染地の再生を計画立案から支える州の制度である。

第一世代から第二世代への政策展開の動きを受け、ニューヨーク州は、民間事業者だけでは再生が困難なブラウンフィールドを複数抱える地区に対して、再生計画策定から事業化まで各段階を地区単位で支援する制度を自治体・NPO に提供している。バッファロー市は、この制度の指定を目指して、大規模ブラウンフィールドの再生を総合計画に位置づけた（口絵 4）。その結果、実際に 4 地区が指定を受けた（口絵 5）。市は各地区の再生計画をもとに市全体のゾーニング変更も進めている。

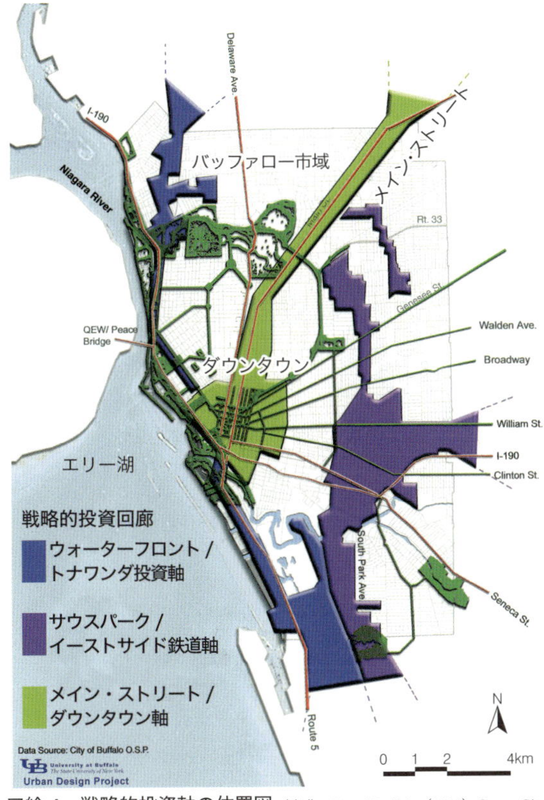

口絵 4　戦略的投資軸の位置図（出典：City of Buffalo（2006）*Queen City in the 21st Century — Buffalo's Comprehensive Plan*）

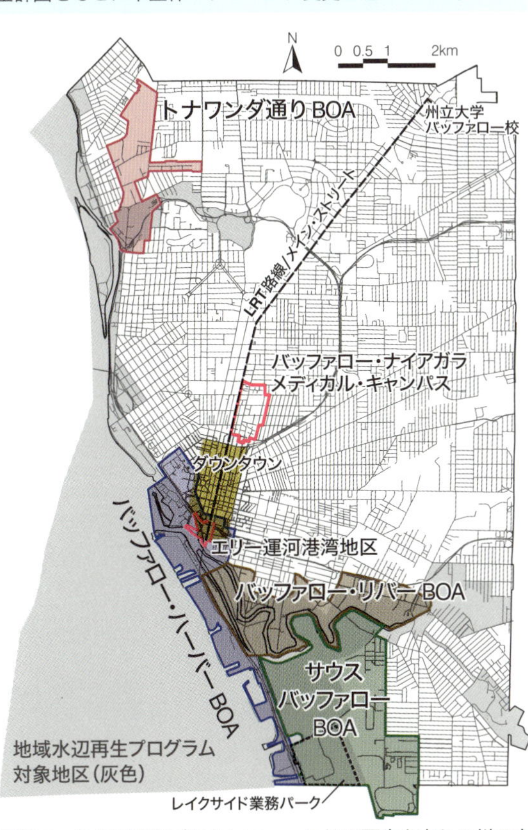

口絵 5　条件不利なブラウンフィールドの再生を支える州の支援制度（BOA）の指定地区

口絵 6　エリー湖沿岸のブラウンフィールド

口絵 7　大規模工場跡地の緑地化と高度な製造業の立地が進むサウス・バッファロー地区の空中写真（出典：Buffalo Urban Development Corporation）

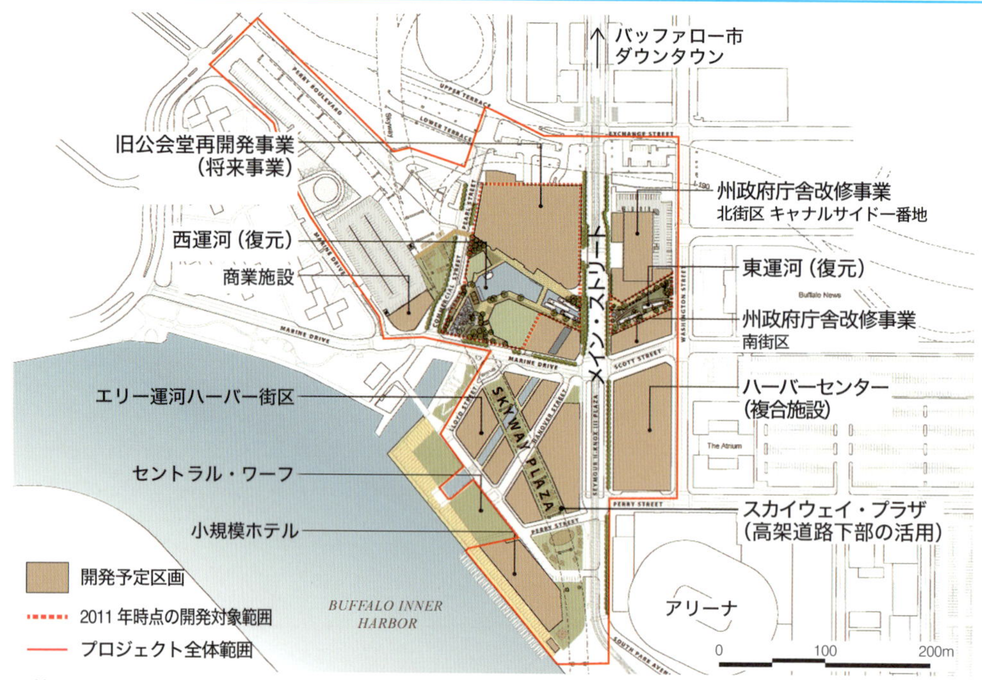

口絵 8　エリー運河復元を軸に再開発が進むダウンタウン隣接のエリー運河港湾地区

ダウンタウンに隣接する内港地区の再生事業である。2000 年代に州の経済開発公社の主導で、バッファローの発展を支えたエリー運河の復元と高架高速道路下部の公共空間の創出が先行した。2010 年代から段階的に土地が民間事業者に売却され、再開発が進められている。行政と民間が土壌汚染調査結果を共有し、対策と再開発を効率的に進めた。

口絵 9　州政府庁舎から事務所・ホテルへ改修されたキャナルサイド 1 番地
手前の噴水は運河の復元だが、実際は建物下部に汚染土壌を含む運河跡地が残っている。

口絵 10　復元されたエリー運河周辺でくつろぐ人々

製鉄所跡地と廃棄物埋立地を含む800ha超のブラウンフィールド集積エリアを対象とした計画（口絵11）。州が提供する計画支援制度を活用して、再生計画の策定を進めた。工場跡地の緑地化を進め、戦略的に優先順位を決めて環境再生を進める点に特徴がある。

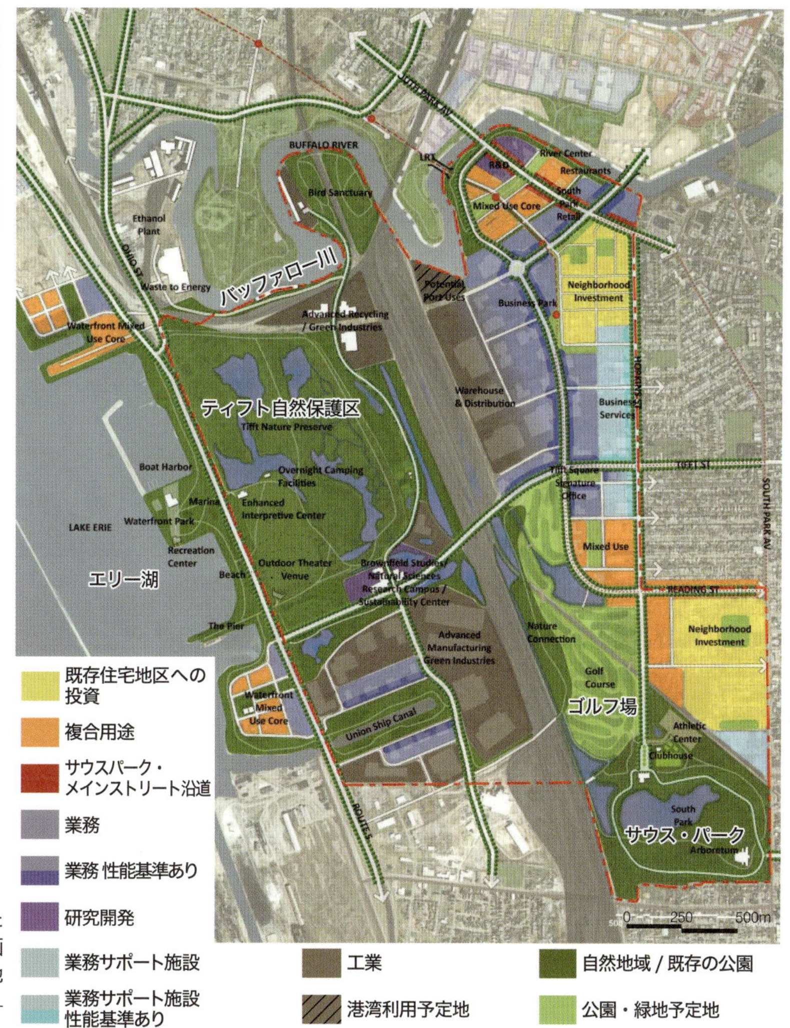

口絵11　緑地を地区の骨格に据えたサウス・バッファロー地区の再生計画（ブラウンフィールド再生機会提供地区マスタープラン）（出典：Buffalo Urban Development Corporation）

口絵12　1970年のサウス・バッファロー地区（出典：USGS所蔵）
二つの製鉄所と廃棄物埋立地が立地していたが、製鉄所は1980年代に相次いで閉鎖した。廃棄物埋立地は、地盤が安定せず地中からガスが発生するため、建築用地としては再利用が難しい。

口絵13　先行再生地区であるレイクサイド業務パークのシップ・キャナル・コモンズ
製鉄所向けの運河の跡地は業務団地の中央に位置する公園となった。

03 シュトゥットガルト

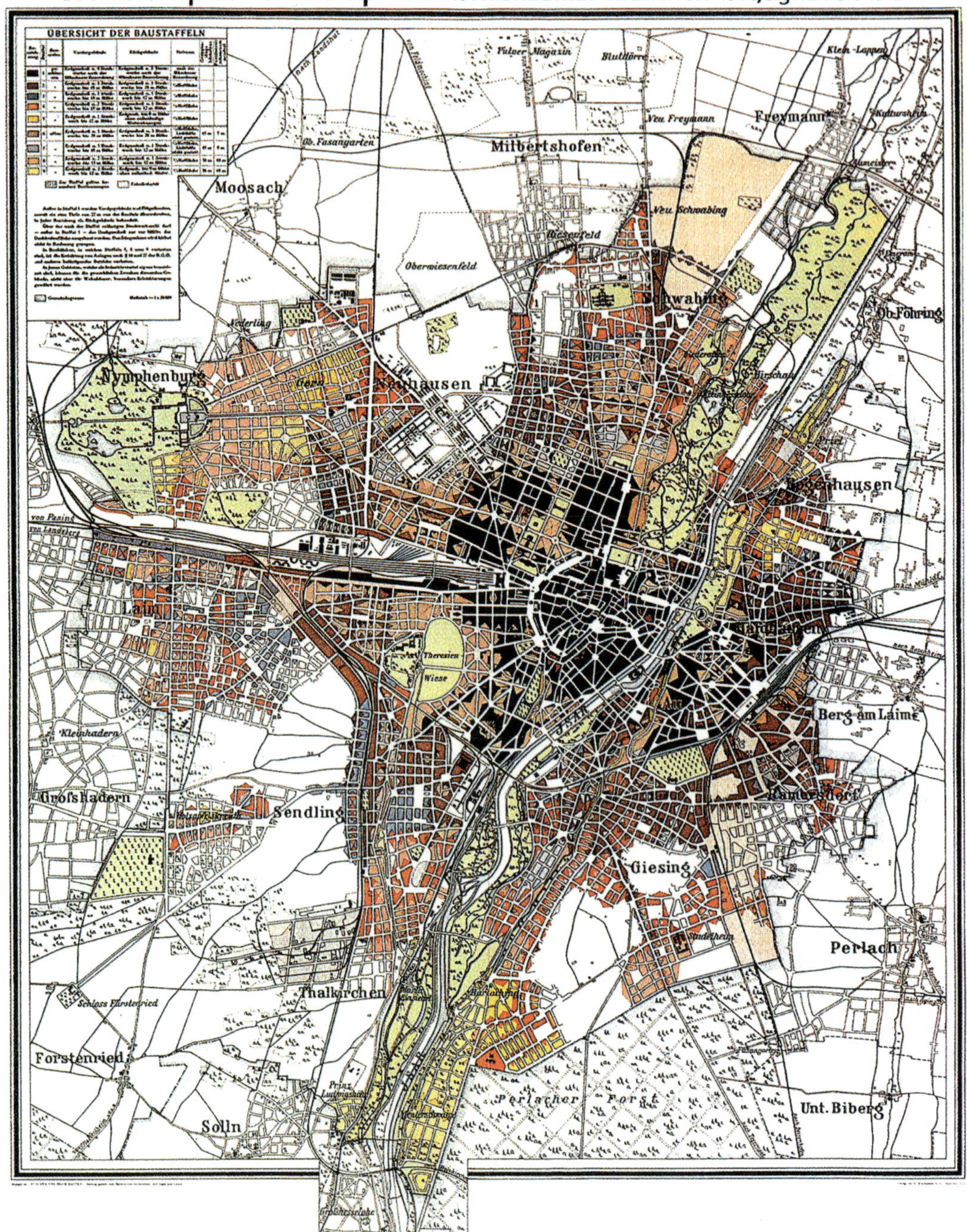

口絵 1　ミュンヘン市のバウシュタッフェルプラン(1904 年) (出典:Deutsche Akademie für Städtebau und Landesplanung (1984) *Landesgruppe Byern*)

ミュンヘン市を中心部(図中濃く着彩された部分)から郊外部(薄く着彩部分)へ色分けした 10 種類のエリアに分けている。アーバンデザインにおける三次元的理想像を求めた。諸侯体制の崩壊からプロイセン公国によるドイツ統一に進んだ 19 世紀、工業化社会の到来やそれにともなうブルジョワジー(都市市民)の台頭が当時のパラダイムシフトを牽引した。都市の近代化に対応するためドイツ各都市がバウシュタッフェルプランの策定を進め、今日までアーバンデザインの基本を成し、B プランの 3 次元設計に引き継がれている。

環境保護を重点施策とするシュトゥットガルト市は、戦後いち早く都市気象解析を都市計画に取り入れ、アーバンデザインや建築設計における重要指針として「クリマアトラス」を策定している。近年新たに、「土地の節約」を条例化し、既存市街地内部の開発を優先する施策「シュトゥットガルト式持続可能な建設用地管理システム」を鮮明に打ち出し、成長都市から定常化へのパラダイムシフトの舵を切りだした。

今日の地区詳細計画（Bプラン）による三次元的都市計画の礎をつくった「バウシュタッフェルプラン」は、19世紀ドイツの社会変革期におけるパラダイムシフトを象徴する（口絵1）。
連邦建設都市空間研究所の分析によると、今後15年程度で連邦全土のほぼ4分の3の地域で人口が減少すると診断されている。東西に加えて、南北の格差もますます顕在化しそうだ（口絵2）。
土地利用計画（Fプラン）は、これまでのおおむね10～15年ごとの見直しの義務がなくなり、2004年から任意制に変わった。都市建設の時代が終わり都市経営の時代の到来を予感させる（口絵3）。

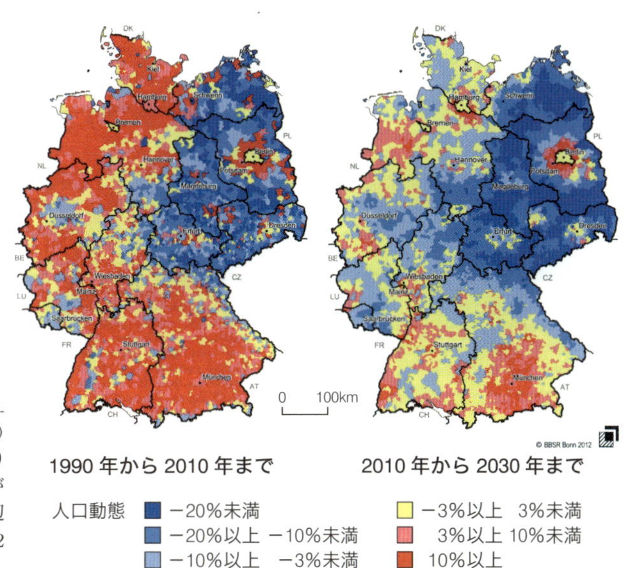

口絵2　メッシュあたりに見る人口動態（出典：Bundesinstitut für Bau-, Stadt- und Raumforschung (2012) *Raumordnungsprognose 2030*）
過去（左図1990～2010）に比べて、未来（右図2010～2030）に多くの都市や地域で人口減少が現実の問題となることが分かる。とくに右図では東部地域においてベルリン市周辺以外ドレスデン市、ライプツィヒ市のごくわずかを残し2割の人口減少が見込まれている。

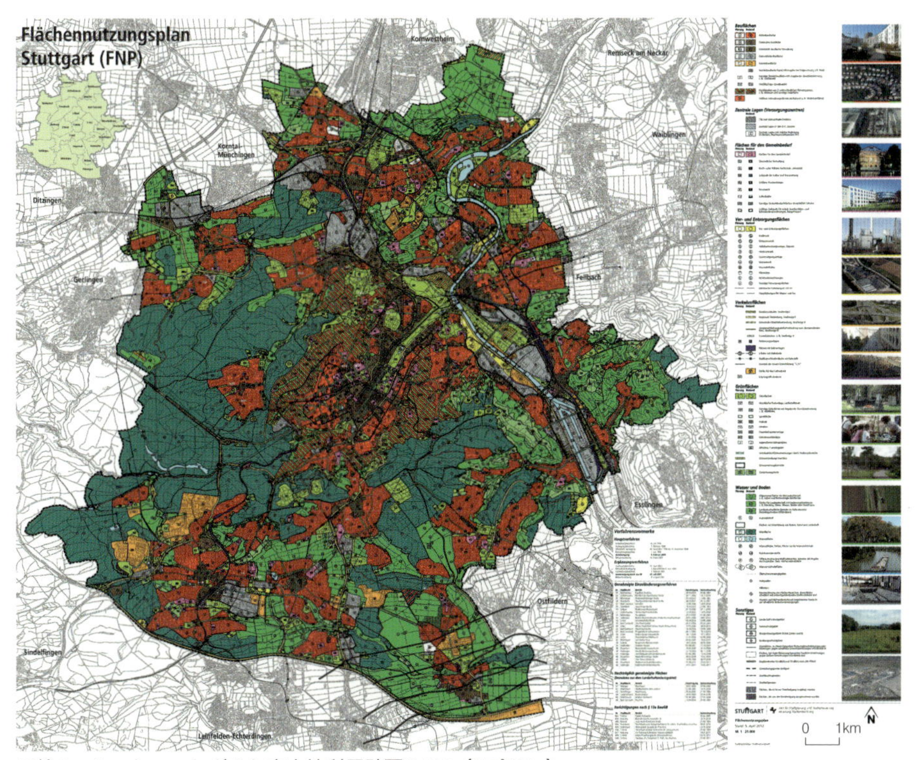

口絵3　シュトゥットガルト市土地利用計画2012（Fプラン）（出典：Landeshauptstadt Stuttgart, Amt für Stadtplanung und Stadterneuerung (2012) *Flächennutzungsplan 2012*）
50%の土地が市街地あるいは道路などの都市インフラとして開発されている。ドイツ全国に先駆けて、これ以上の自然地開発を抑制する市条例を2001年に施行した。凡例は、用途別建設用地、中心地区、公共施設用地、給排施設用地（エネルギー等）、交通用地、緑地およびオープンスペース、水面と自然地および農林業用地、その他の八つに大きく分けられていて、そのもとに細目が89項目ある。Fプランの適用範囲は全市域にわたる。

ショッホ・アレアールはシュトゥットガルト市北東部の旧型産業跡地の一角を占める元金属メッキ工場の跡地にある。土壌汚染対策や近隣との調整が難航していた。都心までトラムで4駅と近く、一定規模の定住者の確保を目的とした用途混合と都心居住を目指し、官民共同の内部開発プロジェクトのモデルケースとして設計競技を終えた（口絵5）。都心部のほか周辺に点在する多核的な都市構造を持つシュトゥットガルト市では、市内各所に多様な建設用地が点在しているが、開発にあたって潜在的価値を引き出す努力が最大限行われてきたとはいえず、手をこまねいたまま遊休地化しているケースも多い。市の調査では約350箇所、総計約340haの開発可能な建設用地の存在が確認された（口絵6）。

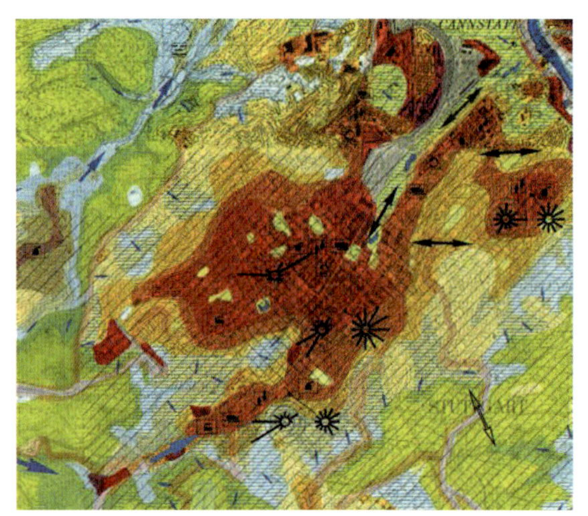

口絵4　都市気象解析図クリマアトラス（出典：Amt für Umweltschutz Landeshauptstadt Stuttgart（1992）*Nachbarschaftverband Stuttgart Klimaatlas*）
長年の積み重ねで、都市気象とアーバンデザインが融合している。風の道や微気候が与える影響を詳細に分析したクリマアトラスは、建設や交通、エネルギー消費等の活動による環境負荷を抑制し、市民参加の合意を得ながら居住・就業環境の質を引き上げている。都市開発における計画指針として実践的に活用されている。

口絵5　ショッホ・アレアール（Schoch-Areal）地区におけるシュツットガルト式都市内部開発モデルのコンペ1等案（出典：*Bericht Planwettbewerb Schoch-Areal*, 2014）
社会住宅の多いこの地区で、産業構造の転換で生まれた工場跡地を、民間開発事業により年齢、階層、用途（住居、商業、産業）混合によるソーシャルミックスの実現を目指している。公共交通インフラ（トラム（U-Bahn）と都市鉄道（S-Bahn）など）の結節点に位置する。

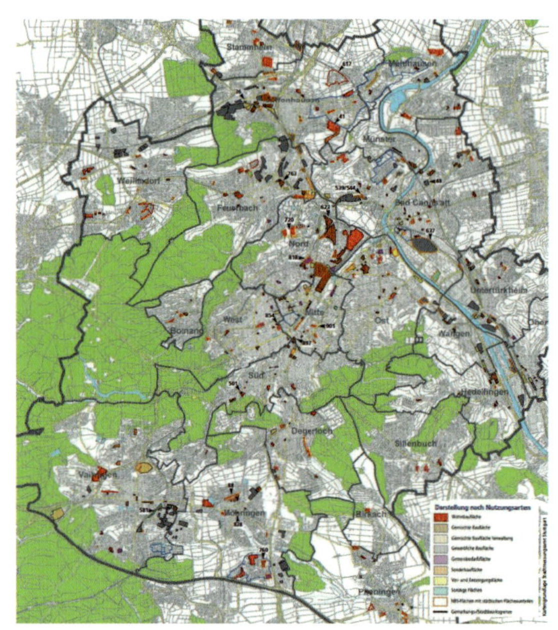

口絵6　シュトゥットガルト式持続可能な建設用地管理システム（出典：Landeshauptstadt Stuttgart（2011）*Beiträge zur Sdadtentwicklung 41, Nachhaltiges Bauflächenmanagement Stuttgart Lagebericht*）
潜在的な可能性を持った用地を用途別に概観している。凡例は上からそれぞれ、住宅用途、混合用途、産業用途、特別用途、供給・廃棄用途、その他の用途、市所有のNBS用途、市域を示している。

口絵7　シュトゥットガルト21の計画敷地を俯瞰する（出典：Landeshauptstadt Stuttgart, Amt für Stadtplanung und Stadterneuerung（2004）*Stadtentwicklungskonzept Entwurf 2004, Beiträge Zur Stadtentwicklung 35*）

口絵 8　シュトゥットガルトの U 字緑地「グリーン U」(出典：*Stadtentwicklungskonzept Strategie*, 2006)

戦後 70 年以上の歳月をかけて整備されてきた 8km に及ぶ U 字緑地「グリーン U」は、車両との対面交差なしに都心から周囲の自然の中へ誘う魅力的な緑道である（口絵 8)。また、盆地の底に街を構えるシュトゥットガルト市は、周囲の斜面緑地を市街地化する際に保養空間と居住空間の理想像を求めた（口絵 10)。
市では、「グリーン U」から周囲の「グリーンリング」を構想している。都心に最も近いワイン葡萄畑がある同市は、さらにグリーンネットワークを構想する（口絵 9)。

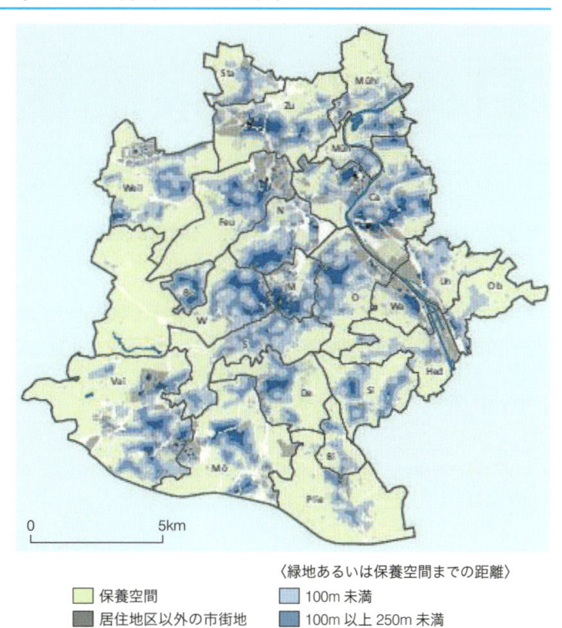

	シュトゥットガルト市総人口（2007 年 6 月 30 日）	緑地あるいは保養空間までの距離			
		100m 未満	100m 以上 250m 未満	250m 以上 500m 未満	500m 以上
居住者数 割合	590741 人 100.0%	286805 人 48.6%	237586 人 40.2%	62765 人 10.6%	3585 人 0.6%

口絵 9　緑地施策の展開（居住環境の質と緑地との距離）(出典：Landeshauptstadt Stuttgart, Statistisches Amt (2013) *Bauen in Stuttgart*)

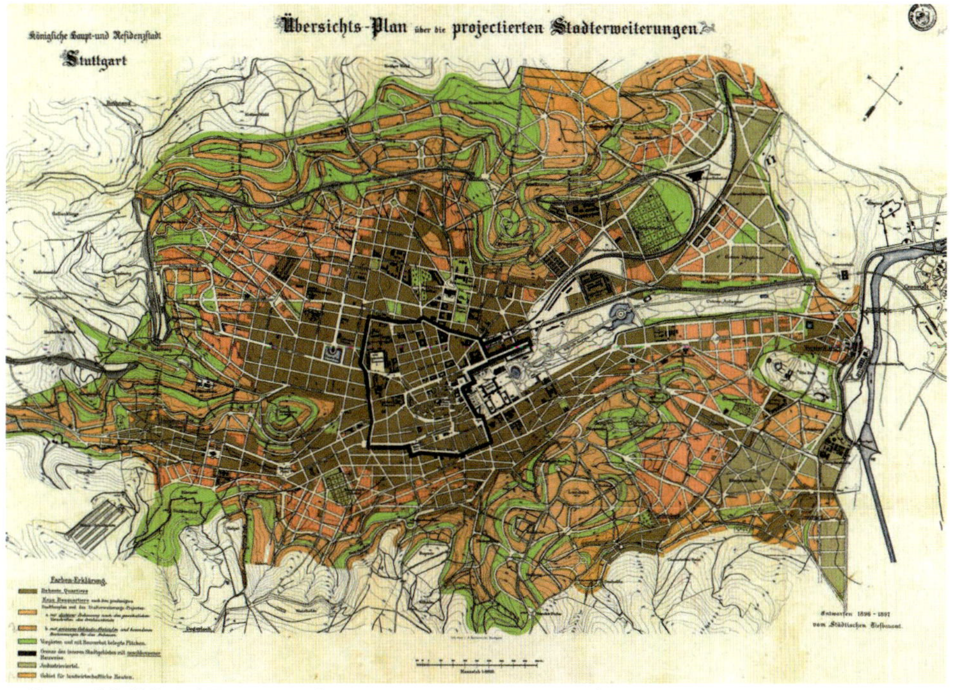

口絵 10　市街地拡張計画 1896/97（Stadterweiterungsplan 1896/97）(出典：Landeshauptstadt Stuttgart (2008) *Rahmenplan Halbhöhenlagen*)

丘陵地および斜面緑地（図中緑色と橙色の部分）は、1896 年に策定された拡張計画により始まった。拡大する都市の受け皿として、図中央部の統制市街地（図中茶色の部分）の周りを取り囲むように計画されている。約 100 年前につくられた計画だが、100 年の経過後も基本的に魅力の多くが継承されている。しかし、同様に多くの部分が変化している。

04 福島県南相馬市小高区

原子力発電所の被災はどのような影響を地域に及ぼすのか。まずは放射線量マップという見慣れない図面が、直接的な被災を物語る（口絵 1）。この色塗りが何を意味するのか想像してほしい。しかも汚染だけが問題なのではない。ここから派生した膨大な被害があったし、今後適切な対応がなければさらなる被害が連鎖して引き起こされる。
そうした状況の中にあって、これまでとは異なる新たな地域の体制づくりとプランニングが必要とされている。左図は 2014 年の冬に、小高区地域協議会のみなさんと一緒につくって、小高区民の意見として南相馬市役所に提出した「まちなかプラン」だ（口絵 2）。震災前の普通の暮らしがどのようなものであったのか、聞き書きマップを作成し、まちなか全体の使い方や敷地の中の建物とオープンスペースの配置など、継承すべきまちなかの魅力を明示し、今後のまちなかの将来像を示した。

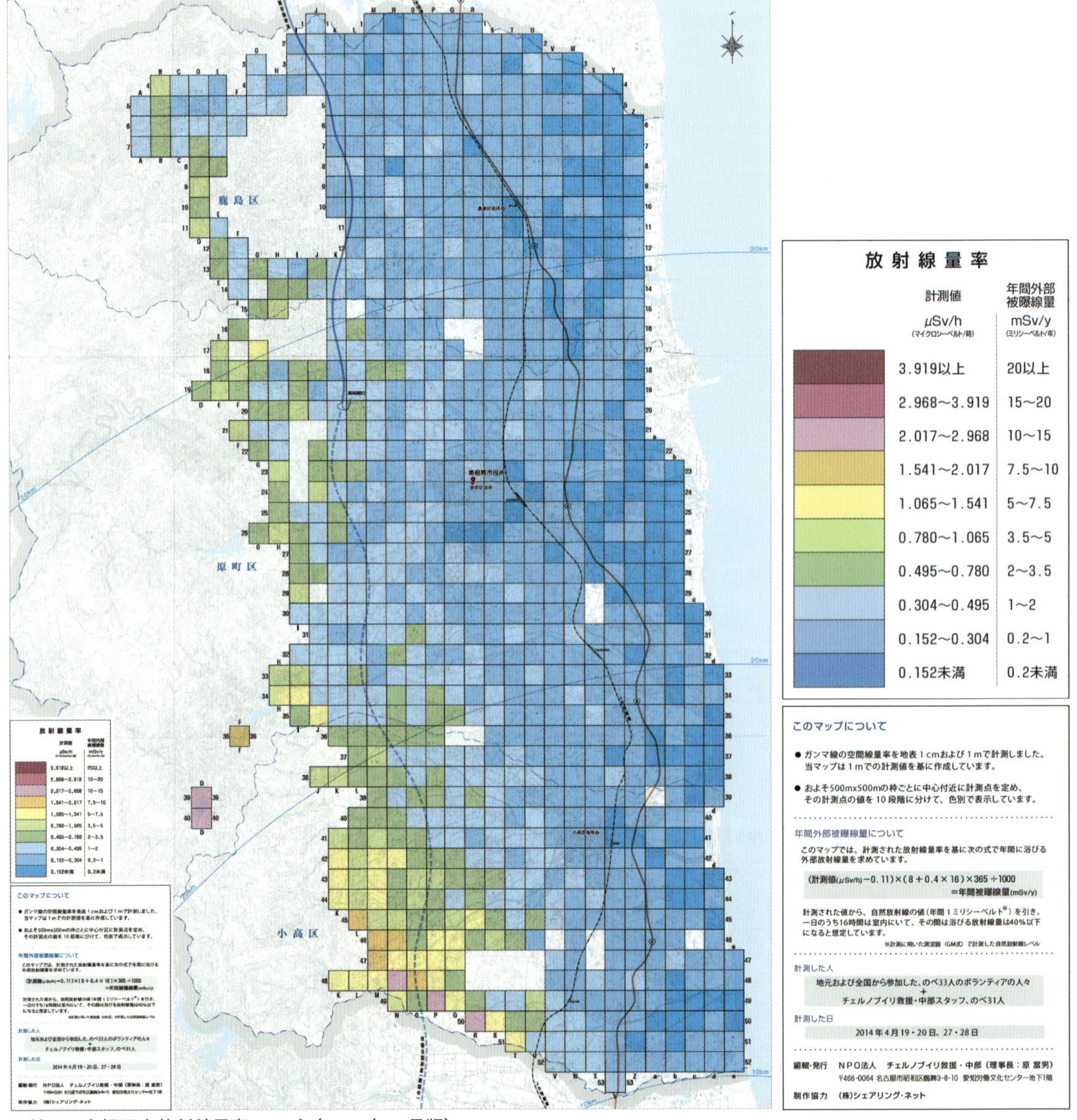

口絵 1　南相馬市放射線量率マップ（2012 年 4 月版）（出典：南相馬放射能測定センター「とどけ鳥」）
民間支援団体が年に 2 回、500m メッシュで放射能汚染度の測定を行っている。

原発被災とは何か。放射能汚染物質が撒き散らされたというだけではない。そのために家族や集落がバラバラになり、生業が失われ、日常生活がなくなった。原発被災の総体は現時点では不明である。そうした認識のもと、補償と復旧と復興、そして生活の姿を描く必要がある。

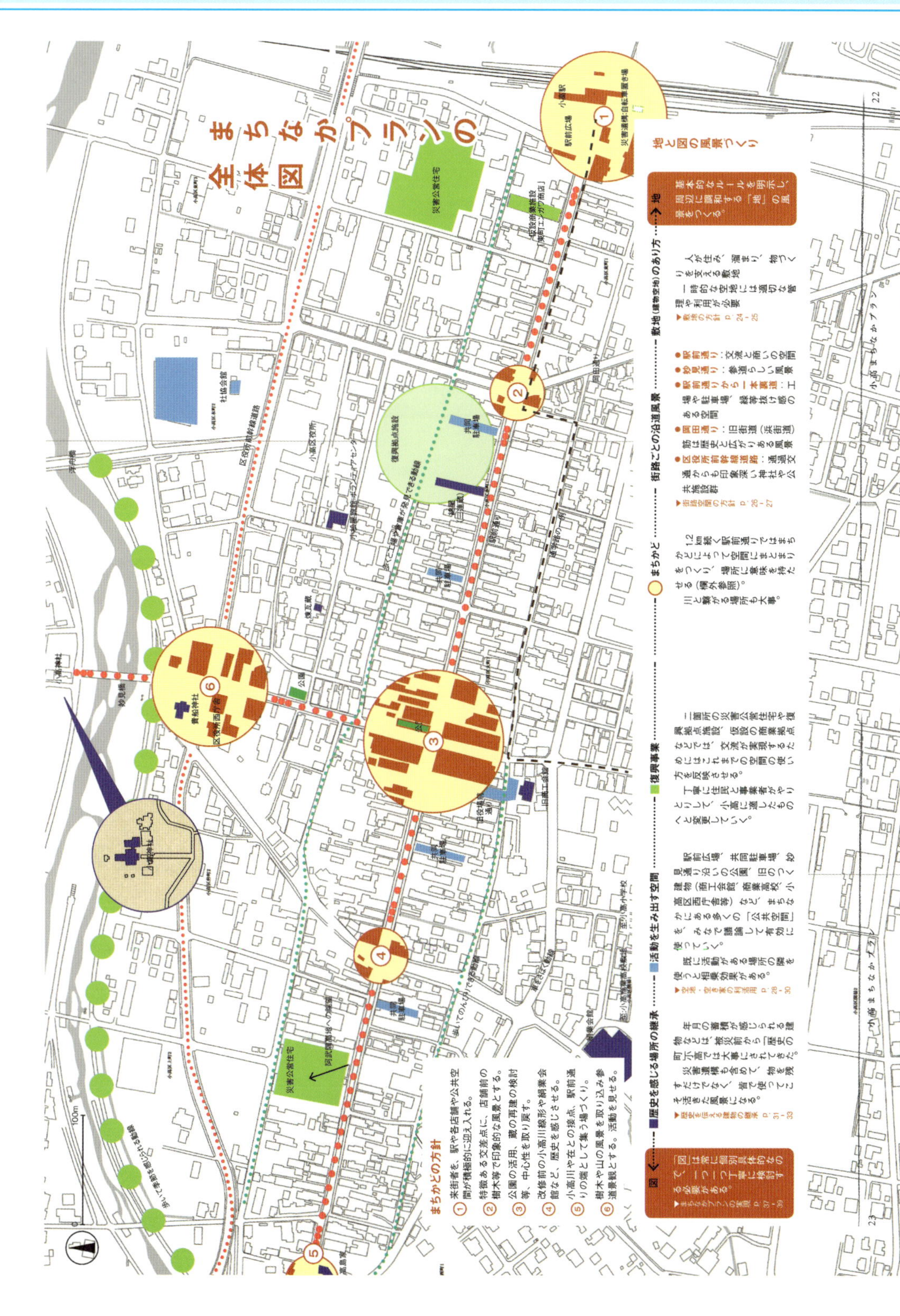

口絵2　まちなかプランの全体図（出典：小高区地域協議会（2015）「小高まちなかプラン」）

被災前のまちなかでの暮らしや土地の使い方と、将来像についての市民意見を踏まえて取りまとめられた。

05 バルセロナ

1980 年代以降、旧市街やグラシアといった歴史的市街地の公共空間の再生を皮切りに、市民生活の基盤を形成するアーバンデザイン事業は、市域に満遍なく広がっている。近年では、山裾の地理的条件不利地域や好立地ながらも環境が悪化しつつある都心のフリンジにおいて、重点的な対策が講じられている。「わが町バルセロナにいることが誇らしい」という感覚（シビックプライド）を共有するために、多様な地域を結ぶインフラの再整備や各界隈の個性化が進められている。

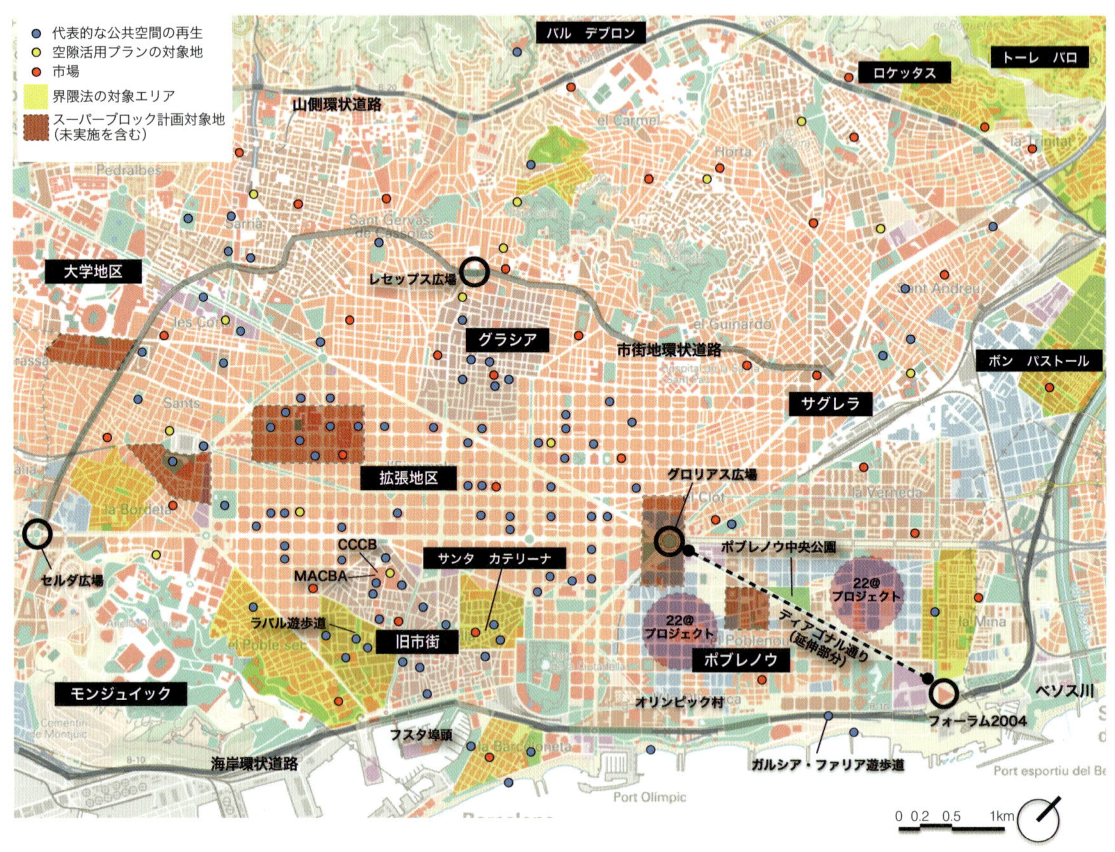

口絵 1　都市再生事業の分布図

口絵 2　レセップス広場

口絵 3　ガルシア・ファリア遊歩道

バルセロナのアーバンデザインは、居住空間の改善と社会的統合を念頭に置いた公共空間の再生であった。2000 年以降、マーケット主導の外国資本誘致型の再開発の行き詰まりや近年の行き過ぎた観光地化がもたらす地域の変容といった諸問題を常に抱えつつも、ポスト都市再生の都市経営の方法として、社会的包摂と空間再生の連動、すなわちアーバンデザインの福祉政策化が徹底して追求されている。

古くからの街道や商店街が界隈を横切るように走っていたが、縦方向の動線に乏しく、また住民が共通して認識できる公共空間に欠け、スラム化した稠密市街地となっていた。老朽化した街区を取り壊し新たに公共空間として再生する「多孔質化」により、地区内の主要な街路の間をつなぐように公共空間が生まれるとともに、立ち退き対象者や社会的弱者が優先的に入居できる低廉住宅も整備された。再整備当初は依然としてスラムの雰囲気が漂っていたものの、公共空間に児童遊園やボール遊び場が埋め込まれ、近年では市民の手で小規模農園としても活用される等、閉鎖していた市場の再生と併せ、徐々に新たな活動と人の流れが生まれている。

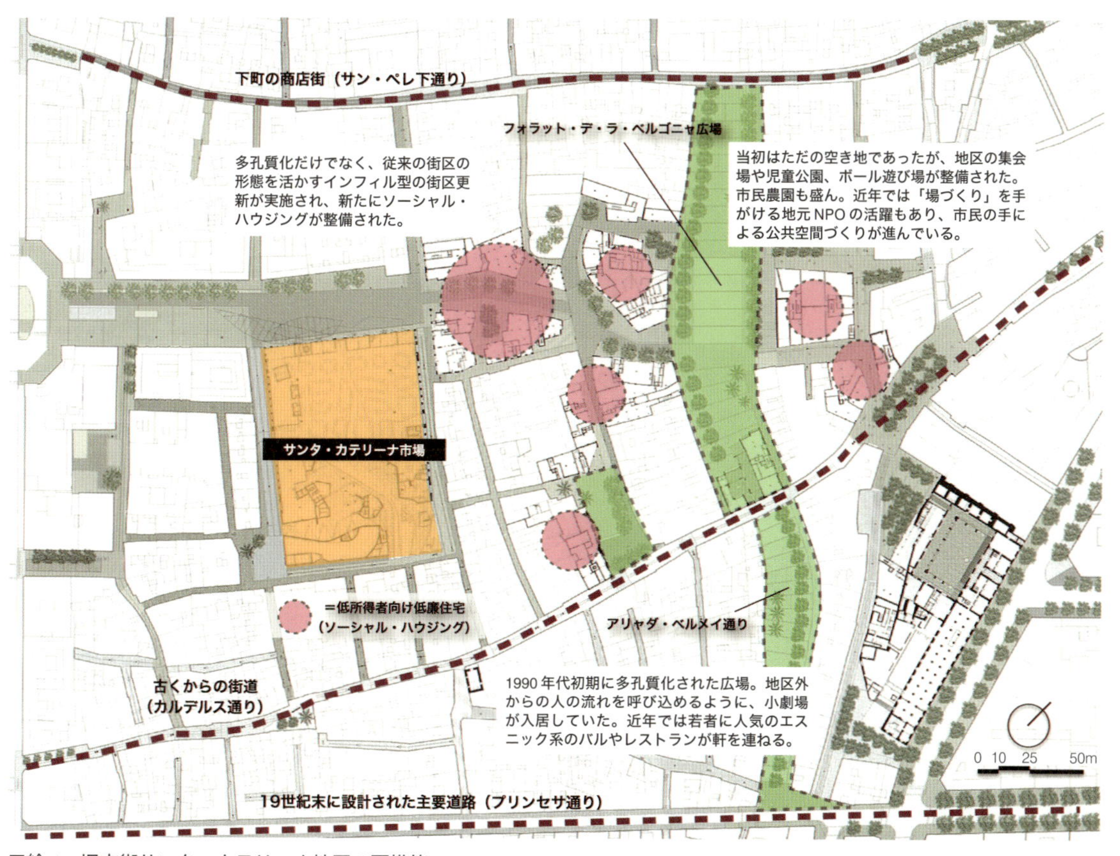

口絵 4　旧市街サンタ・カテリーナ地区の再構築（出典：Ajuntament de Barcelona, *Barcelona in Progress*, Lunwerg Editores, S.A, 2008 に加筆）

口絵 5　ラバル遊歩道

口絵 6　州立映画館の移転・整備と広場の再生

06 ミラノと柏の葉

▶ミラノ「垂直の森」

長い間更地であったガリバルディ駅前の土地が、再開発によって大きく変わりつつある。そこで用いられたアーバンデザイン技術の中で、異彩を放つのが、「垂直の森」である。ミラノの都市再生事業により、従来のゾーニング規制ではなく、プログラム協定によって開発協議が進められた。大きな公園を確保するとともに、それに連続した「垂直の森」によって、ミラノの新しいランドスケープが都心に創出された。
建築家とランドスケープ・アーキテクトの協働によって、新しい緑建築の構想と、それを実現するための技術的イノベーションを起こした。表層的な緑化とは異なり、生態的機能や環境的機能が期待され、その外観からミラノのまちを元気にしている。樹木の色が季節によって変わることで、新しい都市景観として喜ばれているのである。このように、技術者間の壁を超えて、人々の期待に応えた都市緑化が、21 世紀のアーバンデザインで可能であることが理解できる事例である。

口絵 1　ミラノのアーバンデザインを牽引する「垂直の森」（出典：Boeri Studio）
革新的ランドスケープを用いるイメージ。

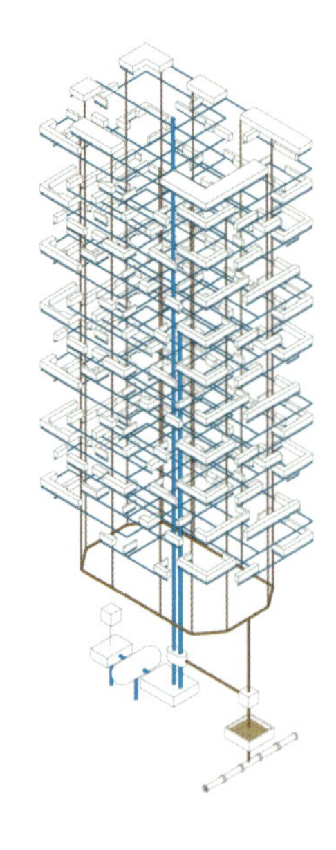

口絵 2　ポルタ・ヌォーヴァ地区の全体パース（出典：Boeri Studio and Hines Italia）
もともとミラノ市はこの都心地区を副都心開発ために計画していて、超高層建築群を予定していた。駅前の公共の土地と私有地を立体的に再構成している。写真の右下端に見える高層建築が、ロンバルディア州庁舎である。「垂直の森」は、右上に 2 棟で位置している。中央部分の大きなオープン・スペースは、公園規制を掛けたエリアで、地区の開発許可の際にプログラム協定を用いて、官民共同で創出する大きな公園である。

口絵 3　給排水システム（上）と緑化計画（下）のコンセプト（出典：Boeri Studio）

現代の都心において、大きな緑地のランドスケープを新たに組み込むことは、難しいとされてきた。しかし、垂直の森の革新的ランドスケープの導入は、都市の立体緑化の可能性を新しい段階に引き上げることに成功した。一方、筆者が日本で実践した柏市柏の葉のアーバンデザインにおいても、駅前のランドスケープとして、景観軸を中心に据えた景観計画とアーバンデザイン協議の仕組みが、大きな成果をもたらしつつある。

柏の葉アーバンデザイン

つくばエクスプレス線の建設とともに、柏の葉キャンパス駅周辺の都市計画や景観計画も進み、ランドスケープを主軸としたアーバンデザインが実践されている。2000年当初、何ら特徴的なグランドデザインが考慮されていなかった土地区画整理事業に対して、駅前から近隣のこんぶくろ池の森（現在のこんぶくろ池自然博物公園）まで、歩行者のための緑の道が地区を貫くように、ボイドの景観軸（現在のグリーンアクシス）を設定したことが、筆者が行ったアーバンデザインの第一歩だった。民有地でありながらも、開発圧力が最も高い駅前商業地区の真ん中を横断する、質の高い緑と生活のランドスケープ空間が創出できた。

口絵4　完成したノースエンドの景観軸

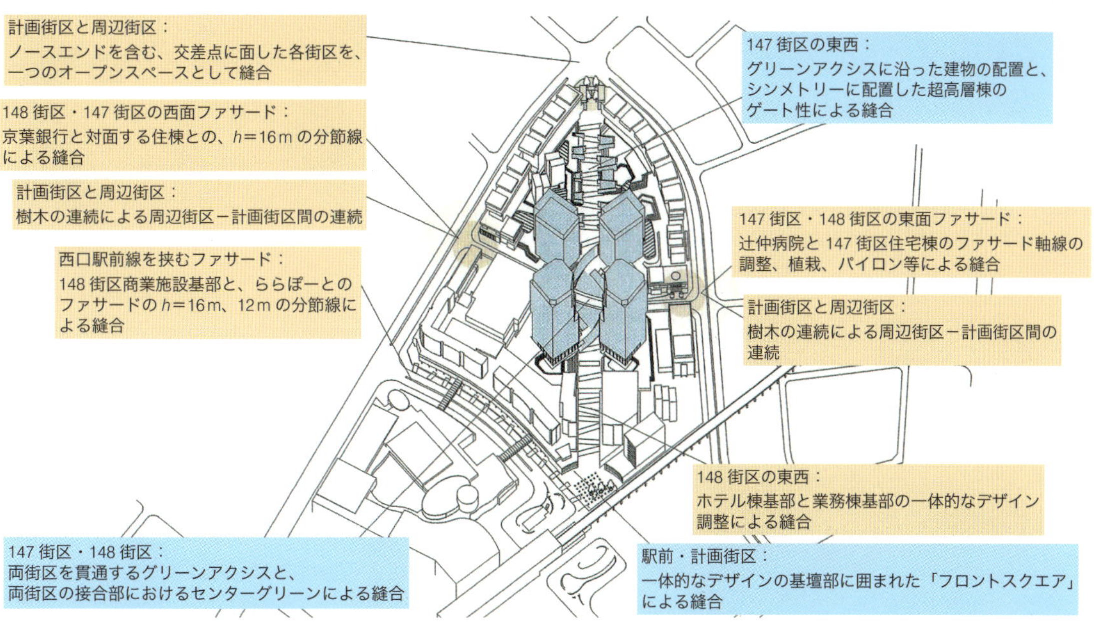

口絵5　民間事業者による街区別デザインガイドライン作成の事例（出典：柏の葉 Campus City, 147,148 街区デザインガイドラインより（柏市 HP http://www.city.kashiwa.lg.jp/soshiki/140300/p018464.html、原出典：京葉銀行、東葛辻仲病院、三井不動産、三井不動産レジデンシャル、團紀彦建築設計事務所、オンサイト計画設計事務所作成、2007年）

07 横浜

横浜では、魅力ある都市空間の創出とマネジメントを目指して、ヴィジョン、プロジェクト、プログラムを組み合わせてきた。70 年代から 80 年代にかけて、歩行者空間を創出し、これらを面的に紡ぎ合わせて人間のための都市空間を生みだすことが構想され（口絵 1）、「くすのき広場」「大通り公園」「商店街整備」、そして公共空間同士を結びつける「都心プロムナード」が整備された。2000 年代には、歴史的資産や公共空間を活かして創造的活動を誘発する文化芸術創造都市政策を実現する「場」として、都心臨海部でのナショナルアートパーク構想を掲げ、創造界隈を育むことが目論まれた（口絵 2）。さらに、臨海部につながる工業地帯の次世代を構想し、資産と創造性を組み合わせた将来像を検討した「京浜臨海部再生研究」（口絵 3）、そして、湾を取り囲む市街地（インナーハーバー）がリング状であるという点に着目し（『ヨコハマ・アーバンリング展』（口絵 4））、このリング沿いに配されている低･未利用化した産業空間のコンバージョンをリング状のインフラを活かしながら行い、地区の個性や特徴をつなぎ合わせてマネジメントをしながら実現してゆくという、新しい都市づくりのあり方が『海都横浜構想 2059』（口絵 5）という形で提案されている。

口絵 1　都市デザインの展開（都心部）のイメージ（出典：横浜市企画調整局（1982）『横浜の都市づくり ―開港から 21 世紀へ』）
道路・公園・広場を中心とした公的事業中心の空間的骨格づくりに合わせて、街区の形態的整備を民間の協力を中心に行い、市街地に面的なネットワークを形成する都市デザインの展開が構想されている。

口絵 2　ナショナルアートパーク構想のイメージ（出典：ナショナルアートパーク構想推進委員会（2006）『ナショナルアートパーク構想提言書』p.6）
文化芸術創造都市構想を具体的に実現しながら都市の活性化を図るため、都心臨海部を「アートパーク」に見立てて、六つの拠点地区と、六つの創造界隈エリアを位置づけ、クリエイティブな活動の場づくりを展開している。

近代以降に発展した横浜は、時代ごとに都市づくりの大きなビジョンを掲げながら都市を牽引し続けてきたと同時に、このビジョンを都市に落とし込むための柔軟なマネジメントを挿入してきた。60 〜 70 年代の六大事業とアーバンデザイン、2000 年代のクリエイティブシティ・ヨコハマと創造界隈拠点、都心臨海部（インナーハーバー）の再構築と、現在に至るまで、ビジョンと戦術を組み合わせた都市再生手法が積み重ねられている。

口絵 3　京浜臨海部再生研究（2004 〜 08 年）で示された、臨海部の将来イメージ（出典：東京大学 21 世紀 COE プログラム「都市空間の持続再生学の創出」臨海京浜部再生研究会編著（2008）『京浜臨海 ブラウンフィールドからの再生』pp.118-119）

大学の実施した京浜臨海部研究において、産業資源を活かしながら、高度研究開発型製造機能と都市機能が共存する「ラボシティ（リサーチパーク）」のあり方や、市街地と連携しつつ、産業が有する文化性（歴史資源や技術）を活かした「インダストリアルパーク」などが提示された。

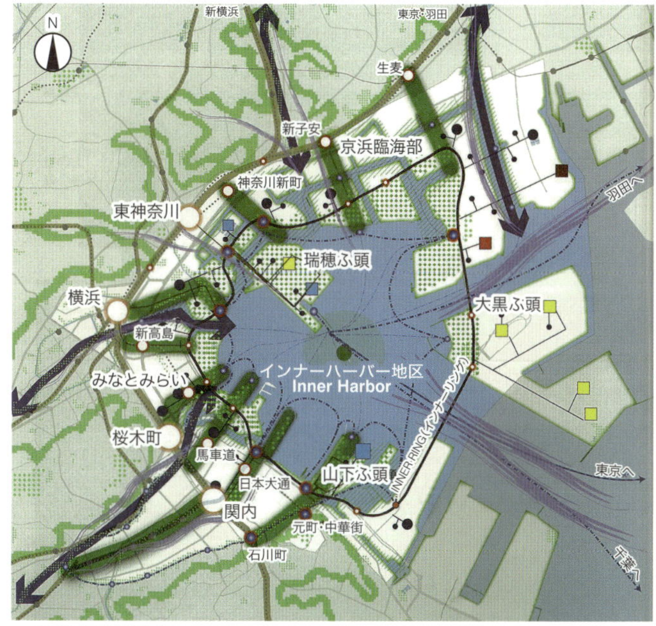

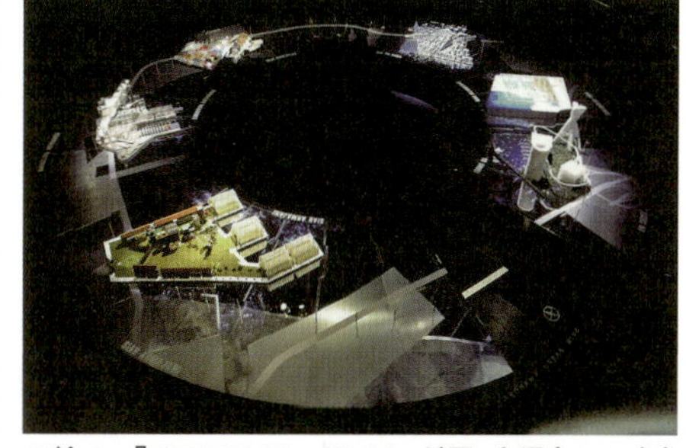

口絵 4　『ヨコハマ・アーバンリング展』全景（1992 年）（写真提供：ワコールアートセンター、会場：スパイラル、撮影：淺川敏）

産業変革やコンテナの大型化などに伴い、将来的に低未利用化してゆく産業空間の新たなあり方を考えるために、都心臨海部を舞台にして、8 人の建築家・芸術家による空間提案を重ねた展覧会『ヨコハマ・アーバンリング展』が開催された。

口絵 5　『海都（うみのみやこ）横浜構想 2059』のイメージ（環境シナリオ）（出典：大学まちづくりコンソーシアム横浜（2010）『海都横浜構想 2059』p.38））

50 年後の横浜都心部に向けて、海を取り囲む市街地形状をインナーハーバーとしてとらえ、低・未利用化した臨海部の産業空間をリング状のインフラを用いることで、融合的に転換（コンバージョン）してゆく方法論と五つのシナリオが提示されている。

08 台北

2009年から始まったURS事業は、都市再開発、まちづくり、創造産業を融合した総合的なアーバンデザイン施策である。拠点は主に台北市に寄付された建物・空間、もしくは市が国所有の空間について管理契約を結び活用するもので、拠点活動により地区における価値を再評価し、新たな再開発の方針を示していく。各URSは暫定的な任務を終えると次の利用に転換していく柔軟な事業形態をとっている。事業者およびコンテンツはそれぞれの地区の特性を活かしたものがコンペ形式で選定される。現在、市内に8箇所が稼働中であり、各区に最低1つの拠点を開くことが目標にされている（口絵1）。

日本植民地時代に敷設された鉄道沿線には、工場や市場など大規模な産業遺産が今も残る。これらの産業遺産はいずれも元国営企業が所有・稼働したものだったため、民間の開発の手には渡らず、建物の状態が良好なまま残されている。大半の産業遺産は古跡（日本の指定文化財相当）や歴史建築（登録文化財相当）として保存され、単なる再開発ではなく、既存の建造物を活用しながら、芸術・文化によって新たな活力を吹き込み、展示空間や市民の憩いの場として再生されている（口絵2）。

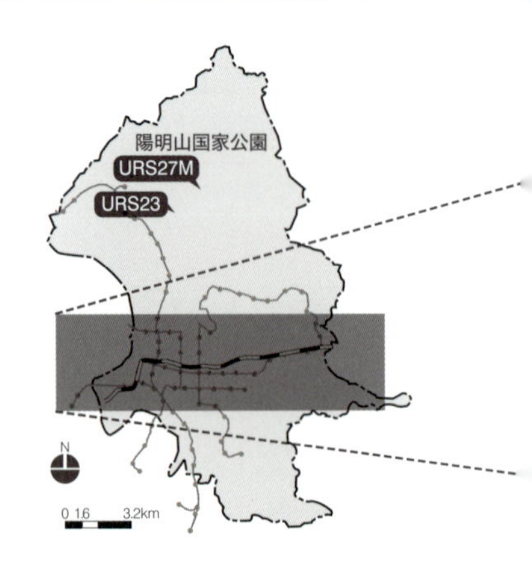

URS21 中山創意基地（2012年撮影）

創意産業学の育成拠点・
創意産業の交流センター

現況　：2014年9月に段階的な任務を果たしたと更新処が判断し、撤退した
元用途：台湾煙草と酒の公売局の配送センター
所有権：国有財産署

URS27 華山大草原（2011年撮影）

都市の楽しい生活のための新しい土地
簡易緑化のイベント用の場を提供
明日の楽しい生活を追求する場所

現況　：不定期公開で、都市更新処のイベント場所として活動を行っている
元用途：華山貨物駅および鉄道施設
所有権：国有財産署

URS44 故事坊（2014年撮影）

大稲埕地区の情報交流プラットフォーム
背景が異なる人々が出会える場所
物語がメインの運営コンセプト

現況　：大稲埕地区のまちづくり運動に携わる台湾歴史資源経理学会が運営している
元用途：伝統小売商店と住居兼用の建物
所有権：台北市役所（更新処）が容積移転で取得

URS127 玩芸工場（2014年撮影）

大稲埕の文化創意産業の交流プラットフォームとして機能する初めての場所
迪化街地区に若い世代を呼び寄せたきっかけ

現況　：2013年の年末から民間の芸術関連企業「蔚龍藝術株式会社」が経営している
元用途：伝統小売商店と住居兼用の建物
所有権：台北市役所（更新処）が容積移転で取得

URS155 創意分享圏（2012年撮影）

迪化街の生活創作基地
「創作」が中心コンセプト
迪化街で揃える食材を扱う料理創作活動も開催

現況　：2012年からクリエイティブ産業を扱う民間企業のCAMPOBAGが運営している
元用途：伝統的な漢方薬貿易店屋
所有権：台北市役所（更新処）が容積移転で取得

URS329 稲舎（2016年撮影）

創造的エネルギーを取り入れ、場所の再認識、さらに、新しい考え及び可能性を探る
運営コンセプト：「米」

現況　：地元企業「葉晋発会社」と、大稲埕を題材の製作会社「青睞影視製作株式会社」による共同運営
元用途：米を扱う卸問屋
所有権：台北市役所（更新処）が容積移転で取得

口絵1　台北市URS（都市再生前進基地）の拠点

台北では 1990 年代から旧市街の再生に関するプロジェクトが増え、2000 年代に入ると創造産業の育成や文化発信の拠点として、産業遺産や歴史的建造物を転用する動きが広まっていった。URS（Urban Regeneration Station）と呼ばれる既成市街地内の未利用空間を暫定活用することで地区再生に繋げるプロジェクトが注目を集めている。

華山 1914 文化創意園区（2014 年撮影）

1997 年の華山事件の舞台で、台湾における空間再活用のきっかけとなった場所である。主に芸術・文化に関する展示空間として利用されている。

元用途　：酒製造工場
文化財レベル　：古跡
指定（登録）年：2003 年
再活用された年：1998 年
起業・廃業年　：1914 年・1987 年
敷地面積　：3.5ha

台北ビール工場（2012 年撮影）

現在でも稼働しているビール工場で、台北における数少ない生きた形で活用されている産業遺産である。中には人気のあるビールレストランもある。

用途　：ビール製造工場
文化財レベル　：古跡・一部歴史建築
指定（登録）年：2000 年・2006 年
再活用された年：—
起業・廃業年　：1920 年・—
敷地面積　：5.2ha

写真提供：台湾歴史資源経理学会

台北機廠（2012 年撮影）

長年の保全運動の末、2015 年に全面保存を果たした。現在、鉄道博物館として再活用の計画が進んでいる。

元用途　：鉄道車両修理工場
文化財レベル　：古跡
指定（登録）年：2015 年
再活用された年：2016 年
起業・廃業年　：1935 年・2013 年
敷地面積　：17ha

糖廍文化園区（2012 年撮影）

敷地における療養院建設への反対をきっかけにまちづくり運動が起こり、次第に場所の価値が認識され、保全･再活用まで繋がった事例である。中には住民のための空間も配置されている。

元用途　：製糖工場
文化財レベル　：古跡
指定（登録）年：2003 年
再活用された年：2010 年
起業・廃業年　：1908 年・1942 年
敷地面積　：1.1ha

西門紅楼（2009 年撮影）

台北市行政の産業遺産保全に対する考え方の変化が見える事例で、敷地全体の再開発計画から、全体保全・再活用に方針が転換された場所である。

元用途　：市場
文化財レベル　：古跡（一部）
指定（登録）年：1997 年
再活用された年：2002 年
起業・廃業年　：1896 年（建物 1908 年）・—
敷地面積　：1.08ha

松山文創園区（2014 年撮影）

ドーム（建設中）と隣接した事例。一見開発と保全再活用が共存できるように見えた計画だが、建設により古跡の建物に悪影響を及ぼした上、元々緑豊な環境も破壊されてしまった。

元用途　：煙草製造工場
文化財レベル　：古跡
指定（登録）年：2001 年・2002 年
再活用された年：2010 年
起業・廃業年　：1939 年・1998 年
敷地面積　：6.6ha

口絵 2　台北市における鉄道沿線の代表的な産業遺産

09 ニューヨーク

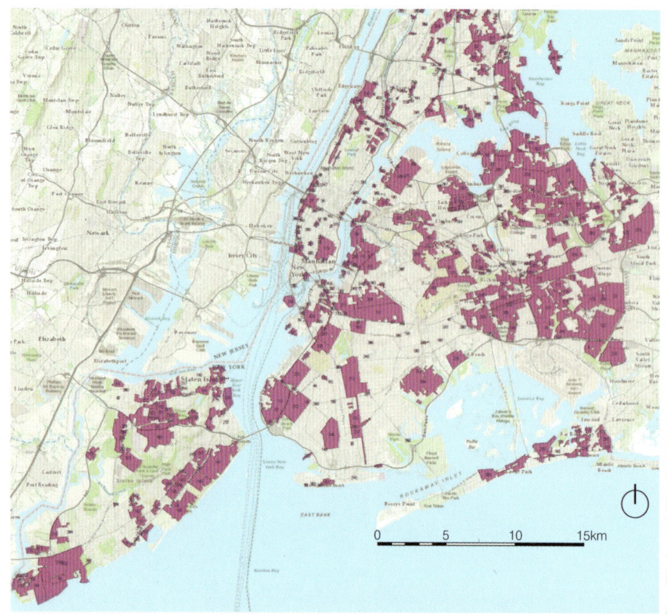

ニューヨークにおける都市空間再編の特徴は、都市全体の構想（戦略）と個別の場所のプロジェクト（戦術）とが確かに接続されていた点である。しかし従来的なトップダウンのマスタープランではなく、ボトムアップのアクションを前提として、あらかじめ決められた政策目標や評価項目、採択基準を介してそれらのアクションを都市全体の都市構造の再編へ導いていく仕組みが構築された。ここでは、都市全体スケールでのゾーニング改訂（口絵1）や「公園からの徒歩10分圏」達成（口絵2）の実績を示す図と、個別の場所の整備例として低未利用地のコンバージョン（口絵3）、さらには主に交差点部を対象とした道路空間の広場化のプランやパース（口絵4～7）を紹介している。

口絵1　ニューヨーク市内のゾーニング改訂地区（2002年1月～2014年5月）（出典：森記念財団都市整備研究所（2015）『ニューヨークの計画志向型都市づくり東京再生に向けて（中間のまとめ）』）

ニューヨーク市では、都市空間再編のためのもっとも基礎的かつ重要な取り組みとして、市街地の36%に及ぶエリア（赤い部分）のゾーニングを改訂した。

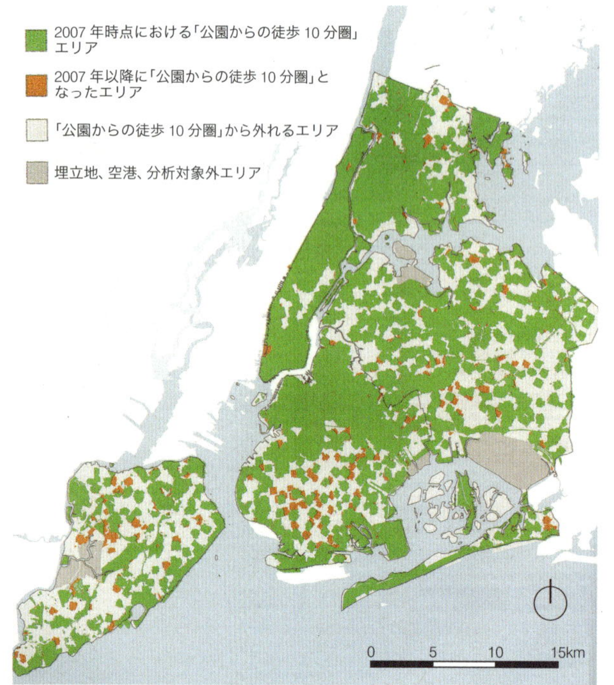

口絵2　ニューヨーク市内の「公園から徒歩10分圏」（出典：The City of New York (2011)PlaNYC update April 2011, p. 36）

分野横断型長期計画『PlaNYC』（プランワイシー）では「すべてのニューヨーカーに徒歩10分以内に公園がある暮らしを提供する」ことが公共空間創出に関する目標として掲げられた。

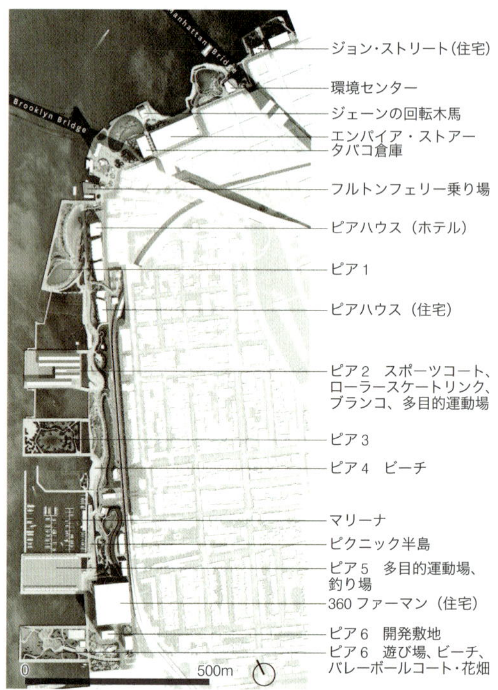

口絵3　ブルックリンブリッジ公園の計画図（出典：Joanne Witty and Henrik Krogius (2016)：Brooklyn Bridge Park: A Dying Waterfront Transformed, Fordham University Press）

とりわけマンハッタンとブルックリン・クイーンズの間を流れるイーストリバー沿岸では、旧産業・流通用地の用途転換により、新たな公共空間と住居が生みだされた。

2002年から2013年までの12年間、マイケル・ブルームバーグ前市長のリーダーシップのもと、ニューヨーク市、専門家、BIDをはじめとする地域組織が密に連携して、都市空間の再編を成し遂げた。そこには、公共空間の創出＝広場化を核とした新しい都市経営の戦略があった。

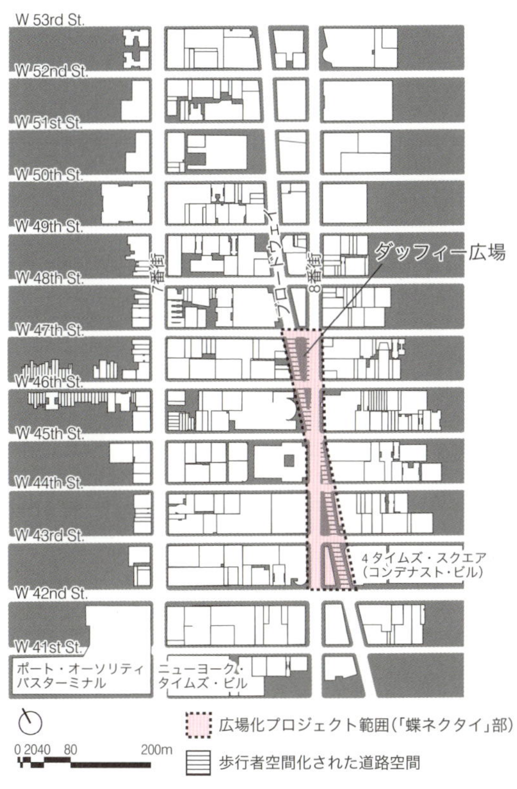

口絵4　タイムズ・スクエアの現況と広場化の範囲（出典：Times Square Alliance (2010) *Annual Report Fiscal Year 2010*, p.4 をもとに作成）

口絵5　タイムズ・スクエアの広場の恒久化完成イメージ（出典：Mayor Michael Bloomberg and David J. Burney, Jayne Merkel (2014) *We Build the City: NYC's Design + Construction Excellence Program*, Oro Editions, p.64）

ニューヨークの広場化を象徴するプロジェクトが、マンハッタン中心部のタイムズ・スクエアを核としたブロードウェイにおける歩行者専用空間の創出であった。

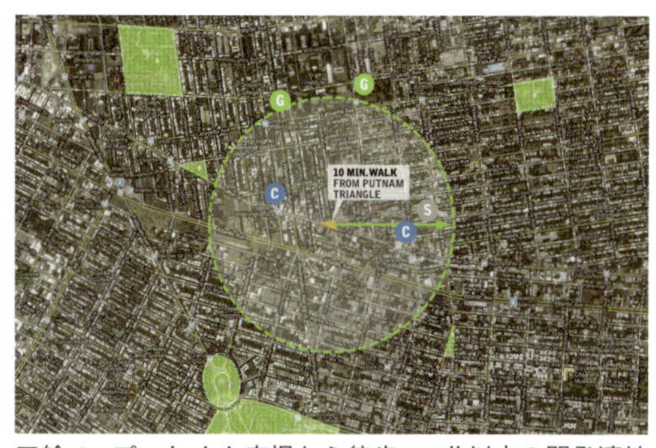

口絵6　プットナム広場から徒歩10分以内の開発適地（赤）と圏域と周辺の公園・広場（緑）（出典：New York City Department of Transportation (2015)：Plaza Presentation, Presented to Brooklyn CB 2 Transportation Committee in March）

道路空間の広場化に関して、地域パートナーからの提案を募るNYCプラザ・プログラムを創設し、市内各地で公民連携による広場創出を実現させた。

口絵7　プットナム広場の広場化前（上左）、仮設広場化後（上右、現状）、恒久広場化提案（下）（出典：口絵6に同じ）

10 マルセイユ

国際的港湾の競争は日に日に激しさを増している。フランスは、北海側でロッテルダムなどに完敗し、地中海側でヴァレンシアなどに遙かに遅れを取る。そのため、北海側でル・アーヴル、地中海側でマルセイユに梃子入れがなされている。本稿が扱うマルセイユは、地中海の商圏人口10億人を押さえるための重要拠点である。ただ、コンテナ取扱量増大のためには大型船の着岸に必要な水深の問題があるので、外港整備が進められる。となると、旧港周辺は斜陽を避け得ない。マルセイユは、大統領と市長が牽引し、衰退した地区を文化の力で再生しようとしている。もちろん、交通や住宅といったインフラストラクチャー整備を伴って、内陸も含めてである。かくして不安定な港湾労働者の都市から、文化都市、しかも雇用の安定した連帯都市への変化を試行しているのだ。

口絵1　かつてのマルセイユからは想像できない文化のウォーターフロントが立ち上がりつつある（出典：ユーロメディテラネ公団提供）
ユーロメディテラネ構想によりマルセイユは地中海との結び付きを回復し、文化で都市を再生し、10億人の商都となることを目論む。ただ、その真の狙いは持続的に雇用を発生させるニュー・ディール政策なのだ。

口絵2･1　倉庫西側（写真では左側）で港と街を分断する高架道路
口絵2･2　都市と港湾の（再）結合のためにそれを取り壊す
口絵2･3　倉庫もインキュベーション施設としてコンヴァージョンする
ユーロメディテラネ構想の第一軸はアーバンデザインである。海辺と市街を分断してきた高架道路を地下化して、地中海の覇権都市の名に恥じないアメニティ溢れる空間を再構築するなど、都市を楽しむ視点で都市計画が発想される。

フランスにおける斜陽都市のトップランナーと言われてきたマルセイユが、ユーロメディテラネ構想なる都市再生プロジェクトで大きく変貌しつつある。アーバンデザインだけではない。公共事業による一時的雇用ではなく、およそマルセイユらしくない文化のイメージの活用なども通じ、持続的雇用を発生させることが目論まれている。

口絵 3･1　中世の港湾要塞都市の名残もプロムナードに統合する
口絵 3･2　海との結合と文化へのダイヴを同時に意識できるテラスを構築する
口絵 3･3　失業者の憤怒ではなく若者の音楽が響く街への変貌

ユーロメディテラネ構想の第二軸は文化である。これまでの落ちぶれた港湾工業都市のイメージからは想像できない機能だ。歴史的環境の活用（口絵 3･1）や大型博物館の誘致（口絵 3･2）を梃子に、2013 年には欧州文化首都に選定されている（口絵 3･3）。

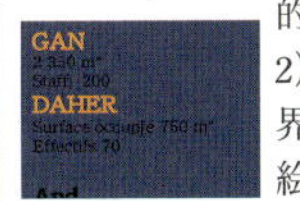

口絵 4･1　閉鎖した煙草工場の中で最新の CG が作成される
口絵 4･2　大企業の幹部とヴェンチャーの若者が相席になるカフェ
口絵 4･3　問題は建設後に雇用がどれだけ残存するかである（出典：ユーロメディテラネ公団提供）

ユーロメディテラネ構想の第三軸は持続的雇用である。文化のイメージを衰退地区に持ち込むメディア・ポール（口絵 4･1）や歴史的な港湾ドックをコンバージョンした 8 万 m^2 の業務ビル（口絵 4･2）を整備する。同公団が見学者に配布するスライド資料でも、世界的企業や大会社の誘致成功と雇用発生がアピールされている（口絵 4･3）。

11 ロンドン

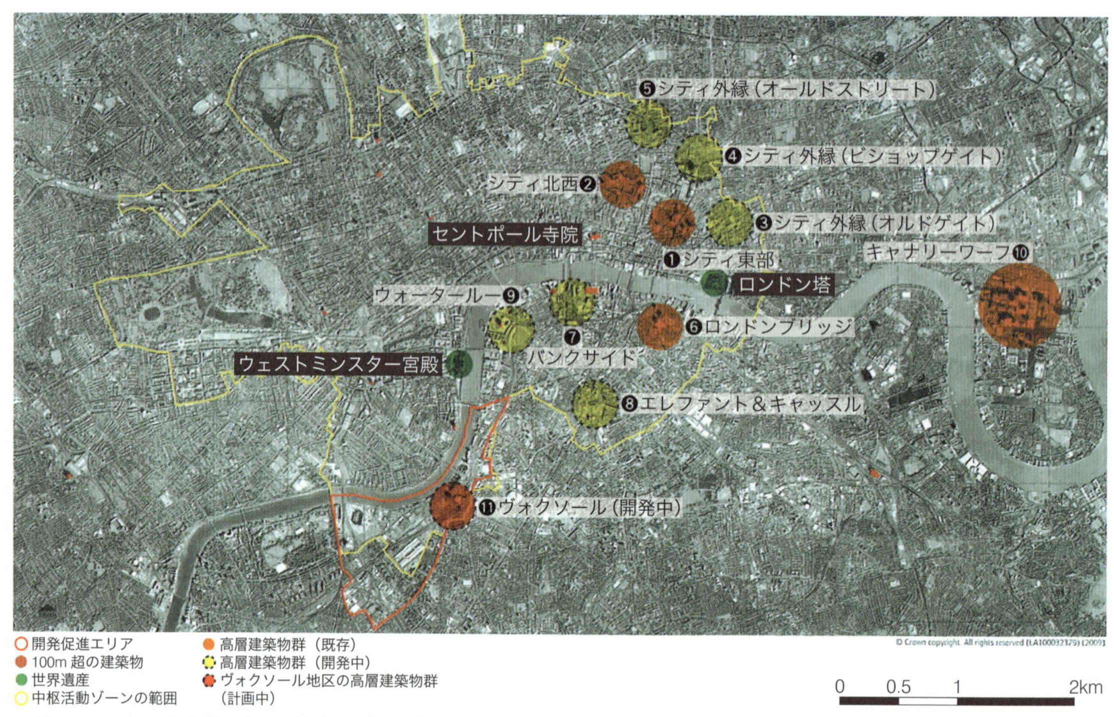

口絵 1　ロンドン中心部における超高層ビルの集積エリアの分布（出典：NLA（2014）*LONDON'S GROWING UP!: NLA Insight Study*, p.16）
ロンドンプランに基づき、高層建築物はシティの東側（図中❶〜❺）やテムズ川南岸の鉄道ターミナル駅周辺（図中❻、❼、❾、⓫）に誘導されている。その一方で、ロンドン塔やウェストミンスター宮殿等の歴史的ランドマークへの景観的影響が問題視されてきた。

口絵 2　世界遺産ロンドン塔の背景となるシティ東部の超高層ビル群の定点観測
2003 年のガーキン（ノーマン・フォスター）を皮切りに、2014 年チーズ・グレーター（リチャード・ロジャース）、同年ウォーキー・トーキー（ラファエル・ヴィニョーリ）など、次々とスター建築家による超高層ビルが出現している。

近年ロンドン中心部で起きている超高層ビルの建設は、景観面で都市のスカイラインやランドマークへ大きな影響を与えている。その一方で、大ロンドン庁およびロンドン市長は、従来型の視点場からランドマークを眺めるという固定的な景観だけでなく、テムズ川沿いの動きのある景観や、背景にある文化的、社会的、自然環境的要素も含めた景観へ眼差しを向けつつある。

ロンドンプランでは、多様なランドマークへの配慮、スカイラインの形成、動きのある景観、視点場の環境向上が目標とすべき景観像として掲げられ、テムズ川沿いでは河川眺望（River Prospect）として、橋や川岸からの眺望景観が保全対象として取り上げられた。

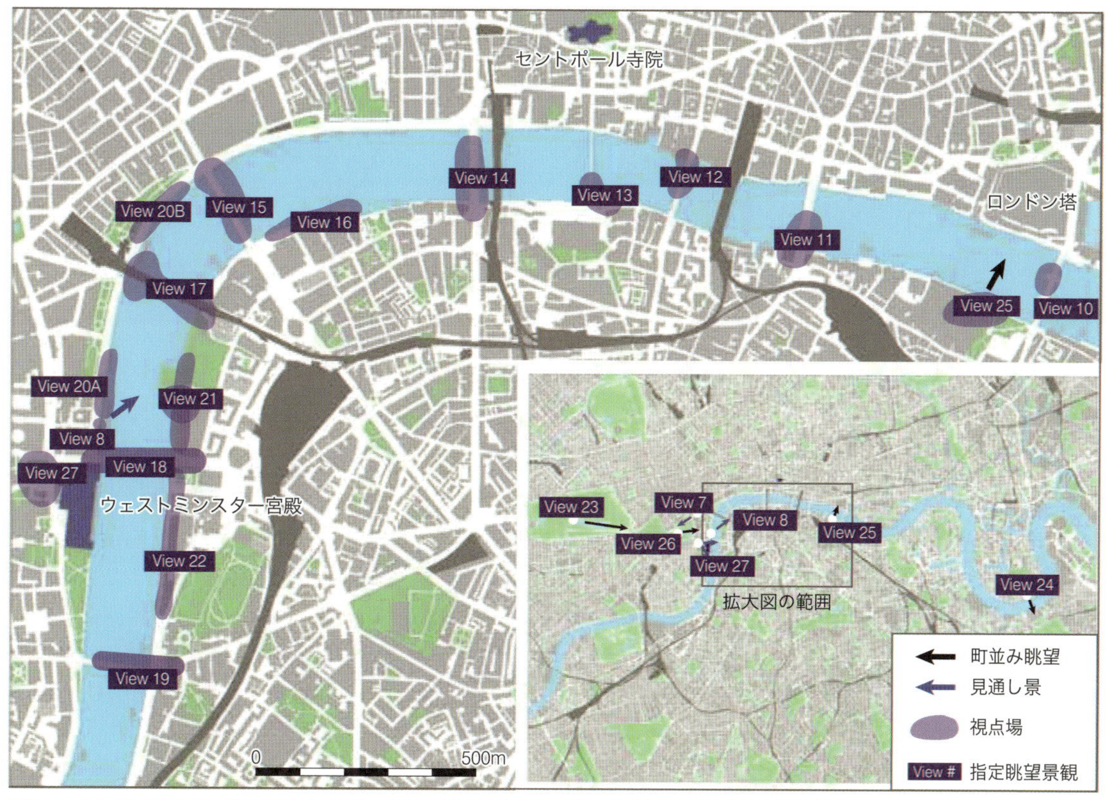

口絵 3　ロンドン眺望景観保全計画（LVMF）で新たに追加されたロンドン中心部における指定眺望景観（出典：ロンドンプラン（2016 年修正））

口絵 4　周囲の丘からのロンドン中心部への眺望（左：プリムローズヒル、右：ケンウッド）
総体としてのスカイラインは大きく変容しているが、歴史的ランドマークであるセントポール寺院への眺めはかろうじて確保されている。小高い丘にある視点場は、市民が自然と集まる憩いの場となっている。

12 フローニンゲン

1975年、フローニンゲンの若き市議たちが主導して決定した交通循環計画は、中心市街地から通過交通を排除すると同時に、市域全体にわたり自転車道のネットワークをつくることも意図していた（口絵1）。この計画を基本に市はその後、営々と自転車道の整備を進め、今日同市には質の高い自転車道のネットワークがはりめぐらされている（口絵2）。中心市街地には広大な歩行者専用空間が広がり、一方そこへは自転車で安全・快適に行くことができ、このことは中心市街地の今日のにぎわいに大いに貢献している。しかしこうした成功の影の側面として、中心市街地は今、いわゆる放置自転車問題に直面している。これに対し同市は、放置禁止区域の指定や取り締まりではなく、自転車利用者の良識に訴えることで歩行者との共存を実現しようとしている（口絵3）。さらに自転車利用が盛んな自転車都市であることを外に向けて積極的に発信し、国際会議や企業の誘致にまでつなげようとしている（口絵4）。

口絵1　自転車（緑）とバス（赤）のネットワーク計画（出典：Gemeente Groningen（1975）*Verkeerscirculatieplan Groningen*, figuur 58a）
反対の声が渦巻く中、1975年9月、フローニンゲン市議会が決定した交通循環計画。大きな論争を呼んだのは中心市街地に対する計画だったが、一方で上にみるような、全市域にわたる自転車道のネットワークの計画も含んでいた。

フローニンゲンはオランダ内でもとりわけ自転車利用の盛んな都市であり、きめ細かな自転車道のネットワークが自転車利用を支え、促している。しかしここでも、中心市街地や公園を車が分断していた時代があった。それを政治・政党主導で、ときに激しい反対に遭いながらも歩行者と自転車中心のまちへと転換してきた。今流行の参加と協働のまちづくりとは異なるが、都市再生を実現する過程での合意形成の一つの姿を示している。

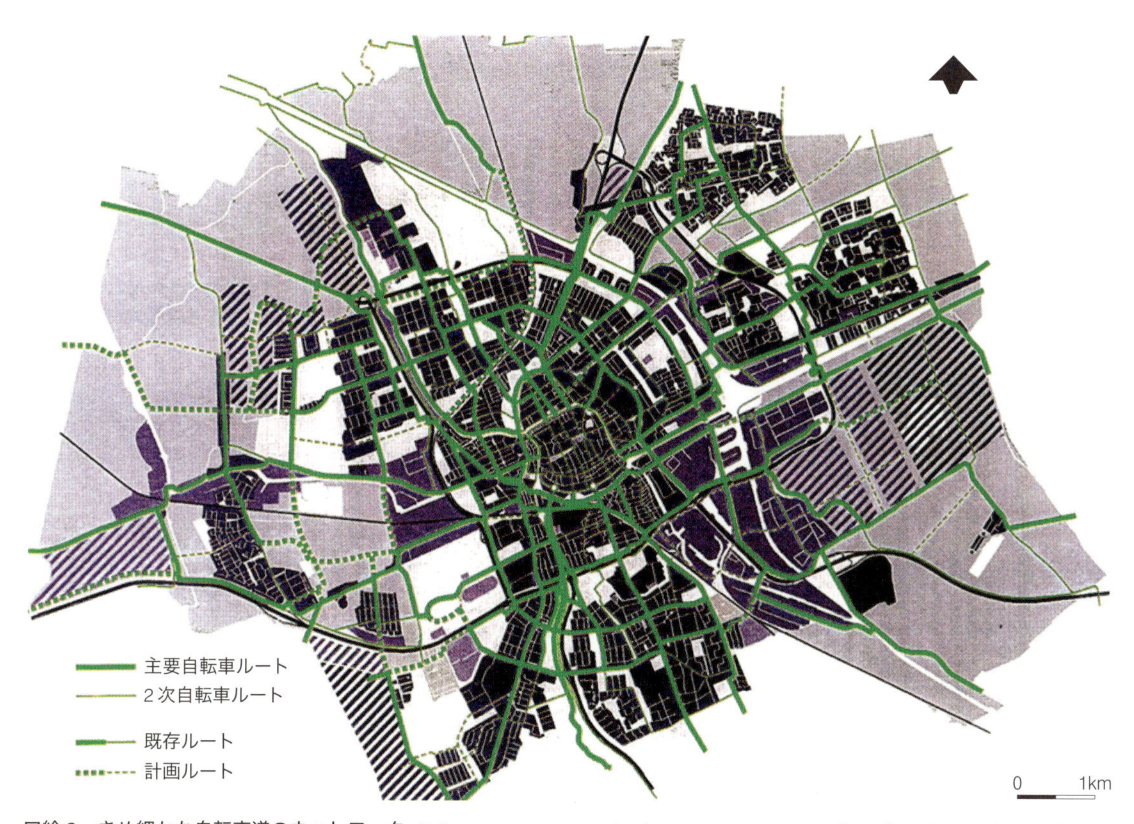

口絵2　きめ細かな自転車道のネットワーク（出典：Gemeente Groningen（2000）*Beleidsnota Fietsverkeer*, 14（色は口絵1に合わせて変えてある））
2000年時点でのフローニンゲンの自転車走行空間。主要自転車ルートは、自転車道もしくは自転車レーンとして整備されている。交通循環計画から四半世紀をへて、きめ細かな自転車走行空間が実現されたことが分かる。

口絵3　赤いじゅうたん
とくに法的根拠はないが、ほとんどの人はここを避けて駐輪する。

口絵4　駐輪区画
歴史的景観に配慮し石で区画し、さらにロゴマークのタイルを敷設している。

はじめに

西村幸夫

日本のアーバンデザインのこれからを考えるために

本書でいう「都市経営時代」とは、ハードとソフトを合わせて統合的に都市をマネジメントすることに責任を持たねばならない時代に私たちはいるということを表わしている。アーバンデザインのあり方もこうした時代の潮流と無縁ではない。

日本のアーバンデザインは丹下健三らによる東京計画 1960 に代表されるような 1960 年代の都市拡大期の建築群計画といった「図」を描き出すプロジェクトから始まり、都市の再開発や郊外の大規模ニュータウンのデザインを経て、1980 年代の都市安定期にさしかかるに従って次第に広場や街路、水辺などの都市空間の高質化へ向かっていった。さらには景観法（2004 年）の制定に至る世論の高まりをもとに、自ら手を下すデザインプロジェクトから他者のプロジェクトをコントロールする景観規制といった「地」の整備への傾斜を経て、都市停滞期に入ってからはもっぱら合意形成プロセスのデザインといったソフトな都市経営戦略へと時代背景と共にデザインの対象を変化させつつ今日に至っている。

コンパクトシティや持続可能性が叫ばれ、空き地や空き家問題が緊急の課題として立ち上がってきている昨今、アーバンデザインは今後どのような方向を目指していけばいいのだろうか。そもそもアーバンデザインにどのような未来があるのだろうか。

同様の岐路に立たされている国内外の先進的な試みを行っている諸都市のアーバンデザインの試みの中に、目指すべき新しい方向性を共有できる視点を見出すことができるのではないかと考え、関心を同じくする若き仲間とともに本書を編むこととした。

扱ったのは、デトロイト、バッファロー、シュトゥットガルト、バルセロナ、ミラノ、ニューヨーク、マルセイユ、ロンドン、フローニンゲン（オランダ）の、大きな社会変化に直面する 8 つの欧米の都市と、南相馬、柏の葉、横浜、台北の 4 つのアジアの都市・地域である。詳細は各章に任せるとして、導入としてここでは諸都市を俯瞰して見えてくるいくつか共通した関心について指摘しておきたい。

人口減少時代における共有できる都市像を目指すアーバンデザイン（1 部）

都市の縮退の問題は、現在日本においてもっとも緊急を要する都市問題である。空き家や空き地が増えていく中で、アーバンデザインはどのような役割を果たすことができるのか――この問いに直面して、苦闘する都市の姿を、産業衰退が激しいデトロイト、大規模なブラウンフィールドをかかえるバッファロー、都市規模の現状維持を選択したシュトゥットガルト、ようやく避難指示が解除された南相馬市小高区という 4 つの事例から考えようとしているのが 1 部である。

これらの都市では、当然のことながら、これまで深化してきたアーバンデザインの方法論では対応することができない。合意形成をしかけるにも、元気の出る将来の都市像がなかなか描けないからである。その時、アーバンデザインはまったく無力なのか。

しばしば縮退都市の典型と見なされるデトロイトにおいては、いわゆる選択と集中施策の失敗を乗り越えて、選ばれなかった「地」の部分に光をあてて、その地域の将来像を描き出すことから都市全体の再生へと向かう道筋が見えてきつつある。選択と集中の政策では、選択されなかった地域の反対が強く、全体の施策そのものが立ち行かなくなってしまうのである。したがって、「地」の可能性をひらき、そこに将来を見出すことから、これを「図」に反転するようなアーバンデザインの方策が有効となる。

バッファローでは、各ブラウンフィールドの再生可能性を冷静に検討して、環境政策と都市政策をリンクさせて、地区再生の優先順位と行政の関与の度合いを戦略的に組み合わせる多様な選択肢と意思決定のデザインに、アーバンデザインのこれからの可能性を見ることができる。

南相馬市小高区では、復興の内実だけでなく、プロセスそのものをもデザインし、マネジメントすることを目指して復興デザインセンターが動き出しつつある。

都市像そのものが生まれ、共有されていく過程を全体として構想し、地域住民との合意をダイナミックに仕掛け、関与していくアーバンデザインの姿が、こうした人口減少都市の経営施策として共通しているといえる。

多様性や持続可能性への解を模索するアーバンデザイン（2部）

他方、ハードな空間改善を軸とはするものの、それだけに専心していいのか、という今日的な問いかけが都市計画全般に対して行われているのも、現代のアーバンデザインに共通した傾向である。

たとえば都市そのものの持続可能性や文化的経済的な多様性を保持した地域社会のあり方、アートとの協働など、都市を巡るおおきな課題の中でアーバンデザインにどのような貢献ができるのか、ということが問われている。これは、都市のプランニングという全体の枠組みの中でデザインはどのような貢献ができるかという問いかけだと翻訳することもできる。

この点に関して先進諸都市の施策を見ると、創造都市を目指す横浜や台北の動きに代表されるように、文化政策としての魅力ある都市づくりの推進や、路上のアクティビティの復活などのアーバンデザインのボキャブラリィの実現によって側面的に都市の多様性や持続可能性への貢献を模索しているようだ。

このことは都市をプランナーの目あるいは為政者の目で見渡すのではなく、ユーザーの視点あるいは都市生活者の視点から見ているということと軌を一にしている。

「図」づくりに力を入れてきたバロック的なアーバンデザインではなく、安定した「地」を都市に根付かせていくようなアーバンデザインが主力となっている。それが地区をマネジメントすることによって社会的弱者と向き合おうとしているバルセロナのアーバンデザイン戦略につながっている。

しかしながら、このことは「図」が不要だということを意味しているわけではない。都市に生活するにあたって不可欠な「図」としてのシンボルが必要だということはユーザー側からも言われている。台北の事例はそのことを如実に示している。

ただし、その場合の「図」はヒューマンスケールと何らかのつながりを持っている必要がある。そうでなければ、「図」は権力の装置と見なされてしまい、市民はよそよそしさしか感じなくなるからである。ミラノと柏の葉の事例は、緑が「図」であると同時に「地」ともなりえるという計画のあり方を物語っている。

都市生活のデザイン戦略の合意へと向かうアーバンデザイン（3部）

多くの都市に共通した傾向として、比較的小規模な公共空間へ介入することに対する高い関心をあげることができる。バルセロナやニューヨークはそのフロントランナーである。

都市にとって戦略的に重要な立地の小規模公共空間の創出や改善――具体的には広場や街角のコーナーのリ・デザインや新規創出である。大きな構想よりも小さな実践を尊重し、都市生活の具体的な改善の姿をプロジェクトを通して見せることに力点が置かれている。

こうしたアーバンデザインの小プロジェクトの大半は都心か都心近接地であるので、都心再生の一環を担った施策の一部であると言えるが、大きな構想を表に出すよりも地に足がついた地道で具体的な改善策を少しずつでも着実に実現していくとに力点が置かれている。

そこで目指されているのは、都市生活を豊かにしていくイメージリーダーとしてのプロジェクトである。もちろんその背景に地方政府に十分な資金的余裕がないためにかつてのような大規模公共事業を行えないということもなくはないが、それ以上にアーバンデザインの効果的なつぼをねらってプロジェクトを仕掛けるという戦略的な企図に力点が置かれていると言うことがある。

同様の意識は公共交通機関や自転車への思い入れという点にも見て取ることができる。

魅力的な路面電車のデザインやスムーズな乗り換え空間の実現、自転車が走る風景へのこだわりなど、コンパクトな都市という命題を大風呂敷のマスタープランとしてではなく、都市における生活スタイルの提案としてデザインしていく、というスタンスが各都市にほぼ共通している。

都市内のモニュメントや都市そのもののスカイラインをなんとか保持していこうというロンドンのアーバンデザインも、トップダウンで託宣が下されて規制されるのではなく、都市のユーザーたちの願いが世論となってプランナーを後押しする時、おおきな力となる。

一方で、行政トップのリーダーシップが新しい空間を生み出し、それが地域の将来像に対する具体的なイメージを与えてくれることによって、合意形成が促進されるという側面もある。ニューヨークのブルームバーグ前市長の戦略やマルセイユの欧州文化首都の諸プロジェクトがその可能性を示してくれる。

都市空間をデザインするというよりも都市生活をデザインすることから戦略的な合意形成を目指すといったほうが、これらの都市のアプローチをより正確に表現することになるようだ。そこには共有できる都市生活の実感を梃子にアーバンデザインの実践を進めていこうという都市戦略がある。これらを通して、新しい時代の都市経営のあり方が透けて見えてくる。

本書の3部ではこうしたアプローチを同じくする都市の施策を紹介している。

文化の力

このように欧米、そして一部のアジア都市のアーバンデザインの現在を見てくると、21世紀の都心を牽引していくのはまぎれもなく文化の力であるということに対する確固たる信念があるように見える。

もちろんここでいう文化にはハイカルチャーだけでなく、生活文化や人間関係が生み出す交流の文化も含まれる。いやむしろ、こうした生活者の文化の力を信頼し、都市のあり方そのものを見直すこと、言い換えると、都市生活そのものを文化の文脈で見直すという都市の文化政策の一翼を担うものとしてアーバンデザインが位置づけられることになる。

現場におけるデザインの力を前向きに信じることから次の時代の都市像が共有され、都市の再生が果たされていくことが雄弁に語られている。アーバンデザインの試みは一つの有力な都市文化政策であるということをこれらの都市の試みは実感させてくれる。

これは広い意味での都市経営戦略というべきものである。ここから「都市経営時代のアーバンデザイン」というものを探っていきたいと思う。

＊＊＊

なお、本書は筆者が代表をつとめてきた文部科学省科学研究費基盤研究費（A）（平成24～27年度）の研究成果のうち、各国のアーバンデザインの動向部分を取りまとめたものである。出版にあたっては、平成28年度の同科学研究費の研究成果公開促進費（学術図書）の出版助成を得ることができた（課題番号16HP5253）。記して謝したい。

これまで筆者らのグループは、継続して海外の都市計画やアーバンデザインを比較研究の意味で取り上げ、研究成果を『都市の風景計画 ―欧米の景観コントロール　手法と実際』（2000年）、『都市美 ―都市景観施策の源流とその展開』（2005年）として、いずれも学芸出版社から刊行してきた。これらは日本の都市のあり方を相対化するための私たちなりの努力であったが、今回はこれを一段推し進めて、各都市の個性に合わせて多様な展開を遂げつつある現時点でのアーバンデザインに焦点を当てた。

その成果は、中間報告として『季刊まちづくり』第41号（2014年1月）に特集「欧米の最新都市デザイン」として発表している。同誌の編集責任者である八甫谷邦明氏には大変お世話になった。今回の最終報告においては、『季刊まちづくり』の原稿に大改訂をほどこし、さらにアジア都市（台北と横浜）を加えることによって新たな視座を加えることができたと考える。本書がこれからの難しい時代におけるアーバンデザインの可能性を考える一助となることを執筆者一同、祈念している。

最後に、学芸出版社の前田裕資社長には編集者として最初から最後まで面倒を見ていただいた。お礼を申し上げたい。

目次

1 部

人口減少時代の
アーバンデザイン

URBAN DESIGN

1章 デトロイト

積極的な非都市化を進める

高梨遼太朗・黒瀬武史

1・1 人口減少と荒廃の先に

1 荒廃都市デトロイト

自動車産業で栄えたミシガン州デトロイト市は2013年に180億ドルの債務を抱えて財政破綻した。1967年以降、産業の空洞化と人種抗争によって減少する人口と税収に対して、市は有効な施策を打ち出せず、増税と行政サービスの切り詰めを繰り返し、人口の転出に拍車がかかった結果の財政破綻であった。

同市の人口は、ピークの200万人から70万人に減少し、市中に空き地・空き家が溢れている(図1・1)。約370 km^{2}の市域に、対応が必要な空き家・空き地が8万5000カ所以上あり犯罪の巣窟となっている。

加えて、自治体の予算削減の結果、警察は通報から現場到着まで1時間を要し、市では平均すると1日約1殺人事件が起こる。教育面でも一時小学校1、2年生の教師を全員解雇するほどの削減を行っており、市内の16歳以上の機能的非識字率は47%である。

2 荒廃を超えて

落ちる所まで落ちたように見えるデトロイトだが、近年いくつも興味深い都市空間が生まれている。図1・2は巨大な廃墟となったデトロイト中央駅駅舎の前の大きな空き地がサイクリングイベント、ツール・ド・トロワ(Tour De Troit)の会場となっている様子である。負のシンボルとなった駅舎の前に大きく空いてしまった土地を健康の謳歌に利用している。この空間はまさに、デトロイトの発しているメッセージを体現している。空き地・空き家やサービスの欠如はチャンスであり、新しい空間の利用やサービスの供給方法を許すのである。

本章では、このチャンスを利用して、デトロイトの再生を促す「草の根活動」と、草の根活動を全市的に位置づけた慈善財団による戦略的長期計

図1・1 デトロイトの住宅地区
放置された空き地、空き家が目立つ地区が多い。

図1・2 中央駅前の空き地
毎年9月にサイクリングイベントが行われる。

画「デトロイト・フューチャー・シティ（以下、DFC：Detroit Future City)」に注目し、都市計画の地と図の転換の実態に迫る。

1・2 荒廃の経緯と特徴

デトロイトの財政破綻自体は、2013年に発生したが、急激な人口減少が始まったのは1970年頃であり、根深い問題を抱えている。同市の荒廃の経緯を概観することでその特徴を明らかにする。

1 拡張に制限のない地形・都市構造

デトロイトは1701年にフランスの要塞化した交易拠点として誕生した。その後、1805年に大火に見舞われ、その後に現在の都市構造の基礎が計画された。一辺4000フィートの正三角形を敷き詰めた道路構造の計画の理念は、必要に応じて都市を拡張しようというものであった。ダウンタウンから伸びる放射状の道路はその名残である。

平坦な地形と無限に拡大可能な道路構造はこの後のデトロイトの拡張に大きく寄与した。現在のデトロイトは、6本の放射道路と、その間を埋める格子状の道路から構成される。

2 人種差別と郊外化

(1) 居住地区の制限

1916年頃からデトロイトは自動車産業と、その雇用と奴隷制からの自由に惹きつけられた米国南部の黒人の大量移住によって繁栄する。しかし、移住した黒人は限られた地区に押し込められた。多くの場合低賃金の仕事のみを許された黒人の居住率と住宅の状況に連邦政府は相関関係があるとし、「好まれざる人口」が存在する地区を低評価し、ローンや補助を受けにくくした。白人は自らの居住地の評価を維持するために「人種同一性を維持するためのルールをつくる」「近隣に移住してきた

表1・1 市の統計値の推移

	1950年	1960年	1970年	1980年	1990年	2000年	2010年
人口［人］	1,849,568	1,670,144	1,541,063	1,203,368	1,037,974	951,207	713,777
黒人人口の割合	16%	30%	43%	63%	75%	82%	83%
世帯数［世帯］	501,145	514,837	497,753	424,033	374,057	345,424	271,050
雇用された市民［人］	758,784	612,295	361,184	394,707	335,462	331,441	203,893
工業雇用の割合	46.0%	37.3%	55.8%	28.7%	20.5%	18.8%	11.4%
世帯あたりの雇用人口［人］	1.51	1.19	0.73	0.93	0.9	0.96	0.75
失業率	7.4%	9.9%	7.2%	18.5%	19.7%	13.8%	29.0%
雇用（市外からの通勤を含む）［人］	NA	NA	735,164	562,120	442,490	345,424	347,545
平均世帯収入［ドル］	31,033	52,948	55,763	36,506	25,922	37,005	28,357

（出典：McDonald, J. F.（2014）"What happened to and in Detroit?", *Urban Studies*, Vol.51(16)）

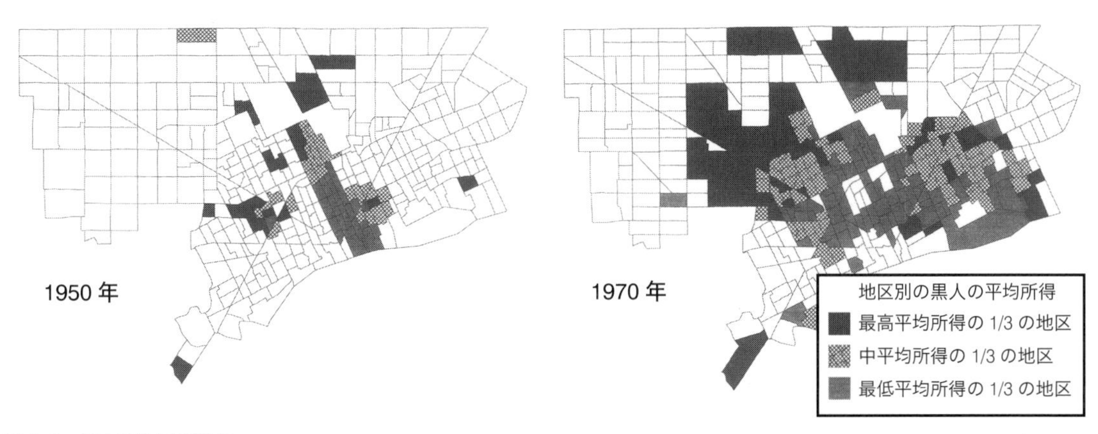

図1・3 黒人居住区の変化（出典：Sugrue, T. J.（2014）*The origins of the urban crisis: Race and inequality in postwar Detroit*, Princeton University Press）

黒人に石を投げさらなる移住を強要する」「隣接する黒人居住地区との間に壁を建てる」等行い、黒人の居住を拒み続けた。

(2) 差別的な都市政策

黒人が居住できる住宅は常に不足していた。市内の隔離された土地に計画された公営住宅計画は周辺住民の大反対により頓挫し、黒人人口の集中地区ではスラムクリアランスも行われた。

(3) 白人の郊外転出と暴動

人種差別の状況が大きく変わったのは1948年である。裁判で黒人が白人地区に居住することを許されてから、白人住民の大きな反発を受けながら黒人居住地区は広がり、白人は市を徐々に去り始めた（ホワイト・フライト）。

同時期にデトロイトを支えていた自動車産業も郊外化を進めた。自動車産業は、新しく自動化した工場建設のために、広い用地があり労働組合が弱い郊外へと転出し、市は1948年から20年間で13万人の雇用を失った。1967年には、人種差別と失業率に対する暴動（死者43人、逮捕者7231人、火災・盗難2509カ所）が起こり、さらに白人の郊外転出を加速させた。

このように、デトロイトは自動車産業の郊外化だけではなく、米国最大規模の人種抗争の結果、白人の郊外流出が加速し、郊外化の度合い・速度がきわめて大きかった。1950年から20年間でデトロイトの都市圏は48%も人口が増加したが、市内は18%減少した。デトロイト市内の黒人と、郊外の白人の対立構図のため都市圏の施策も不足している。また、白人主体のミシガン州から市への支援も十分行われなかった。

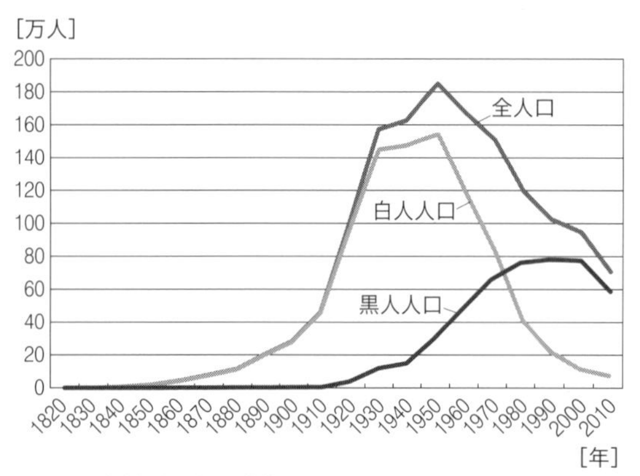

図1·4　人種別の人口動態

3　都心再生の試みとその限界

デトロイトは財源の基盤であった白人層を失ったが、黒人都市としての復活を市外に誇示するために、1970～80年代はダウンタウンの大規模な再開発・自動車産業の誘致、90年代以降にはスタジアムやカジノ建設に注力した。これらの開発計画は象徴的な建物を生みだしたが、十分な雇用を生みださず、デトロイトの再生を促すことはできなかった。

これらの開発はすべて市中心部に注力したため、ダウンタウン以外の広大な住宅地区は、教育・警察・消防などの予算も削減され荒廃が進行し、人口200万人から70万人となった同市には、マンハッタン島と同面積の空き地が発生した。

図1·5　ダウンタウンの航空写真の比較

また、産業の多角化を進めていなかったため、製造業の不振の影響をじかに受け、現在100人あたり27人分しか営利セクター雇用が存在しない。最終的にはハイリスクの金融取引の失敗により、デトロイト市は2013年に財政破綻した。

1・3 草の根活動の広がり

1 公共・民間に代わる非営利セクター

デトロイトは前述の歴史の結果、十分な公共・民間のサービスを提供されなくなった。2000年頃から、それを補おうと試みる非営利の「草の根(グラスルーツ)活動」が多数生まれた。本節では、草の根活動の事例として、公共的なバスサービスを展開するデトロイト・バス・カンパニーと、荒廃した空き地を抱える地区の将来像を描く活動ロウアー・イーストサイド・アクション・プラン(LEAP：Lower East side Action Plan)を取り上げる。

2 住民による住民のためのバス・ベンチャー

(1) 貧困な公共交通サービス

デトロイトの公共交通の手段はきわめて限られている。デトロイトには1892年から1956年まで路面電車が存在したが、自動車会社の戦略により軌道が撤去され現在にいたる。ダウンタウンに存在するピープル・ムーバー(モノレール)は、単線・一方向で総延長4.7 kmと短いため、利用者もきわめて少ない。バスは、市交通局がデトロイト市内、都市圏交通事業者SMARTが郊外を担当しており歴史的経緯からも両者の連携は限られている。

このような中で、2007年に同市の中心的な街路であり、郊外へ放射状に伸びるウッドワード通りへLRTを整備するＭ1レール計画が持ち上がった。ウッドワード通りの沿道では、都市再生の動きが進んでおり、同計画には大きな期待が込められた。しかし、2011年に十分な需要が見込めないとして連邦政府が支援を撤回し、BRTへの転換が報道された。

(2) 立ち上がった住民が起業家へ

LRT撤回の報道に怒りを覚えた住民の一人がデトロイト・バス・カンパニーを発足させたアンドリュー・ディドロシー氏である。同氏はＭ1レールに大きな可能性を見出しており、「報道どおりに需要が見込めないというのは本当か」という疑問を胸にウッドワード通りでバス事業を開始した。

現在は事業を拡大しており、主な事業内容とし

図1・6 デトロイト・バス・カンパニーのオフィス併設車庫
フォード向け自動車パーツ工場跡地で余ったスクールバスが生まれ変わる。

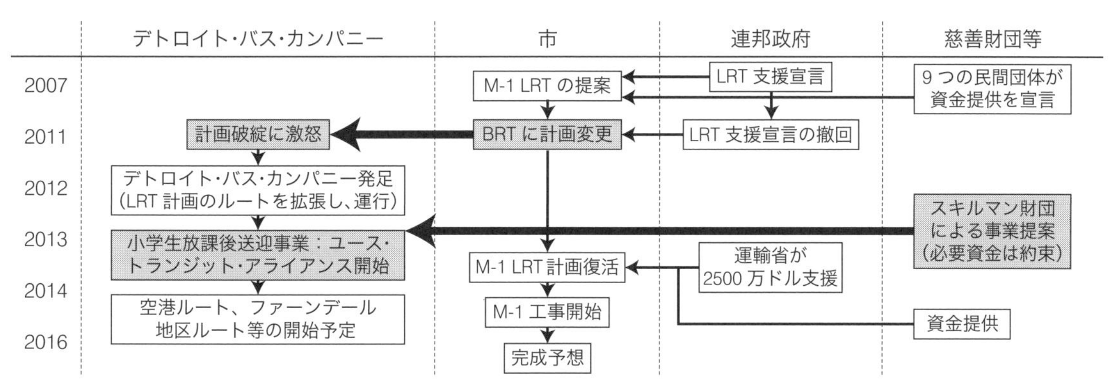

図1・7 デトロイト・バス・カンパニーへの慈善財団の影響 (出典：聞き取りに基づき筆者作成)

ては「ユース・トランジット・アライアンス」という小学生を放課後に教育プログラムへ送り迎えする事業、チャーターサービス、ツアーの企画運営、ダウンタウンからイースタン・マーケット へのシャトルバスサービスを行っている。

同社は現在7台のバスを所持しており、ユース・トランジット・アライアンス のために子どもの教育を支援するスキルマン財団に資金提供を受けている。そのため、子どもたちや放課後の活動からは料金をとらず、バスチャーターサービス、ツアーについては料金を徴収している。

従来のバスサービスに対してバスの位置情報を公開し、オンデマンド形式でバスを呼べるプラットフォームの作成やバスの塗装を地元のアーティストに依頼することなどで、差別化を行っている。またベンチャーならではの試験的なルートの走行や行政境界をまたぐサービスを行っている。

なお、M1レール計画は、2013年に連邦政府の補助金がつくことによって復活し、2017年開業を目指して工事が進められている。

3 ロウアー・イーストサイド・アクション・プラン(LEAP)

(1) 荒廃地区ロウアー・イーストサイド

ロウアー・イーストサイド地区は1920年代から1950年代頃まで黒人が密集し、居住していた地区であり、「パラダイス・バレー」などの名称でよばれていた。その後、富裕層から順に黒人も他地区に移住し、現在ではデトロイトの中でももっとも人口密度の低い地区の一つである。2700万m²ほどあり、2010年時点では人口が3万7671人である。これは2000年から44%ほど減少している。1万以上の低未利用地が存在し、その半分以上が市所有地である。

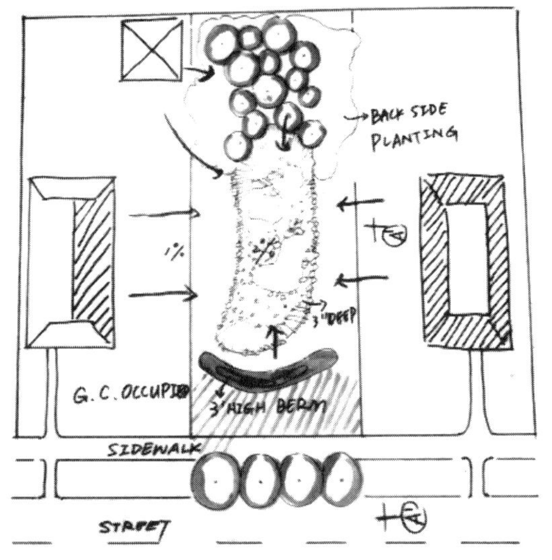

図1·8 ロウアー・イーストサイド・アクション・プラン計画段階のスケッチ (出典：LEAP)
住宅地の空き区画を雨水の貯留に利用するアイデア。

(2) 無数の空き地の将来像を描く

この地区において地区の計画を練っているのがロウアー・イーストサイド・アクション・プラン(LEAP) である。LEAPは地区の広大な空き地をどのように活用していくのかを主な議題にし、徹底した住民参加をしながら、その将来像を描いている。この計画はデトロイトにおいて、公共が成長の戦略を掲げ続けた中、人口の増加を想定していない初期の計画である。とくに想定されていた空き地活用の方針は、雨水の貯水、森林再生、都市農業、ワイナリー、などがあった。また空き家となった小学校を食品加工所にするなども想定された。

(3) 計画から実践へ ― LEAPの実験的な取り組み

フェーズ1とフェーズ2において計画がなされていて、フェーズ2において実際の実験の様子が記述されている。たとえば、市の下水処理が資金不足によって十分に機能しておらず、降雨があった場合、水がなかなかはけないという問題がある。これに対してLEAPが計画し、実践しているのが雨水を貯蓄する池や雨水桶をつくることである。低コスト低維持管理費で、空き地を活かした行政サービスの代替が行われている。

(4) LEAPを支える人々と仕組み

LEAPは2010年に地域住民とコミュニティ開発組織 が協力し、空き地問題に対する行動を目的に立ち上がった。また同時期に地区のウォレン・コーナー開発連合、ジェファーソン東ビジネス協会、ジェネシスHOPEコミュティ開発という三つのNPOが、イーストサイドの広大な空き地をどうに

表1･2　デトロイトの草の根活動の活動概要および戦略的長期計画（デトロイト・フューチャー・シティ、DFC）や財団との関係

分類	①名称　②対象地区 ③主体　④設立年	活動概要	デトロイト・フューチャー・シティ(DFC)や慈善財団との関係
自助努力型	①(各種個別空き家問題対処活動) ②住宅地区に散在 ③基本的に個人	空き家での麻薬取引、金属部品の盗難、放火などが増加したため、空き家であることをカーテンなどで隠す、管理されていることを表記する、芝刈りなどの活動を見せる、出入り口を塞ぎ要塞化する、空き家自体を撤去するなどの活動を近隣住民が自発的に行っている。	2008年から活動に対して数千ドル程度の資金や対処マニュアルを提供する財団　がある。IOは効率的で安全な空き家対処方法の実験を行い、市民を集め方法論の議論や資金提供を行っている。
	①ハイデルバーグ・プロジェクト ②ハイデルバーグ通り沿道 ③個人で開始・NPO化 ④1986年	タイリー・ガイトン氏と協力者による自宅周辺の巨大野外アート。二本の通り沿いに、周辺のゴミから作った色鮮やかなアートを設置。気味悪さもあり賛否両論。放火や市による強制撤去も受けた。世界中から訪問者があり、地区の治安は大幅に改善。	2009年以降アーブ財団中心に資金提供を受け、スタッフを雇用する。このプロジェクトと地域コミュニティの関係が必ずしも良好でなく、特に支援を必要としていないことを理由にDFCには記述なし。
特定機能代替型	①ダウンタウン・ボクシング・ジム ②荒廃が特に深刻なイーストサイド地区 ③個人で開始・NPO化 ④2007年	学校の成績の維持を条件に、地元の子どもたちにボクシングを教えている。子どもたちを家族のように扱うことをモットーにした結果、高校卒業率13%の地区において、ジム所属の学生の100%卒業を実現。カルロス・スウィーニー氏のボランティア活動として開始している。	個人と民間企業の寄付で成立している。財団の援助を受けることを目指して、クレスギー財団の援助が集中する、DFCのIP地区近くに移転した。
	①デトロイト・バス・カンパニー（本文参照） ②サウスウエスト地区を中心に全市 ③ベンチャー企業 ④2012年	バスサービス供給を行っているベンチャー企業。LRT計画が頓挫しかけたことに激怒したアンドリュー・ディドロシー氏が立ち上げ、LRTと同じルートにバスサービスを供給。その後、財団提案・資金提供により、小学生を放課後教育施設にオンデマンド輸送する事業を行っている。	新しい活動なのでDFCに記述はないが、IOの活動の提案コンペの審査員を務めるなど行う。DFCに記載されている交通ルートの供給を是非行いたいと発言している。
	①グリーニング・オブ・デトロイト ②全市 ③NPO ④1989年	空き地の緑化・植林・汚染除去・都市農業・公園管理・緑化を通した教育プログラムの運営など、多様な事業を行っている。デトロイトは、1950年代から流行した伝染病により、多くの樹木を失ったが、市の予算では対策とれずにいたため、NPOが設立された。	複数の財団からの資金援助を受けている。DFCで記載されている緑化計画(ブルーインフラの試験的設置・高速道路沿いの植林・土壌の浄化のための植林）をIOと共に3地区で行っている。
	①データ・ドリブン・デトロイト ②全市 ③NPO ④2008年	市の機能が衰退する中、戦略的な問題解決のために、デトロイトの正確な統計情報を収集し、地図データとして公開している。2014年には150人のボランティアと専用アプリを用いて、市内全区画の建物状況をデータ化した。	戦略的投資をしようと考えたスキルマン財団およびクレスギー財団の声かけによって設立。DFC策定にあたり、IOの活動でも同団体のデータは参照されている。
自地区改善型	①ブライトモア・アライアンス ②荒廃が特に深刻なブライトモア地区 ③NPO・教会など ④2000年	特に荒廃が深刻であった地区を改善しようとした複数の団体が協働した連合体である。現在、空き家問題対策を行っているNPOや教会から独立した児童教育団体など、50の団体からなっている。毎週木曜日に会議を行っている。2013年には、専門家団体からの支援を受けながら、地区の再生計画「レストア・ザ・モア」を策定している。	地区の再生計画の策定時に支援した専門家団体とIOは協力関係にあり、DFCの内容と地区の再生計画の内容は近い。IOとこの団体も繋がりが強く、大学の研究プロジェクトに同団体のメンバーを紹介するなども行っている。
	①ロウアー・イーストサイド・アクション・プラン（本文参照） ②荒廃が深刻なロウアー・イーストサイド地区 ③NPO ④2012年発表	地域住民が自ら、地区の空き家・空き地問題を対処しようと発足し、地区の計画を描いた団体。複数NPO、法律の専門家、データ・ドリブン・デトロイト、住民参加の専門家団体などと協働し、徹底的なボトムアップ方式で計画。人口増加を想定していない初期の計画である。空き地活用方法は雨水の貯水、森林再生、都市農業、ワイナリーなど。	設立時にアーブ財団3000ドルの援助を受けた。DFCに先行事例として取り上げられ、ロウアー・イーストサイド地区の大部分がIP地区の指定された。実験的なブルー・インフラストラクチャ(雨水対応)の設置において、IOと協働している。
	①ミッドタウン・デトロイト・インク ②再生が進む大学を中心としたミッドタウン地区 ③NPO ④1976年	大学が周辺の病院や文化施設と協働し、地区を改善するために立ち上げたNPO。緑道の整備、不動産事業、公園開発、清掃、警備、地区のマーケティング、イベントの開催などを行っている。規制力はないものの、地区の計画も多数描いている。行政サービスの劣化に応じて事業領域を拡大してきた。	大学からの資金で運営していたが、2010年に財団から、資金と新しいオフィスを与えられ、対象地区と事業の拡大を頼まれた。以来、6人規模から20人規模の団体へ成長した。
チャンス挑戦型	①クイッケン・ローンズ ②再生が進むダウンタウン地区 ③民間企業（住宅ローン会社） ④2007年参入	荒廃しきったダウンタウン地区の安価で良質な不動産を購入し、郊外から本社を移転。以来22以上の建物を購入、賃貸事業を行っている。公共空間の整備、警備員の配置、警察・消防車両の寄付、起業支援団体の立ち上げなど行い、ダウンタウンの再生を行っている。	民間企業であり、資金に困っていないため、慈善財団からの影響は少ない。LRTの導入については、財団と共同で資金提供を行っている。
大規模農業	①リカバリー・パーク ②空き地率の特に高いイーストサイド地区 ③NPO ④2008年構想開始	麻薬中毒者などの社会復帰にあたって必要な読み書きをできない人のための雇用を生み出すことを目標とした大規模農業事業。高付加価値の野菜を栽培し、目的に賛同する高級飲食店に販売。現在小規模なビニールハウス・水耕栽培の実験農業を行っている。市から30エーカーの土地の取得を許可された。	都市農業を目的に大規模な土地取得するうえで、市の条例策定に時間がかかっているときにアーブ財団が、構想継続のために100万ドルを援助。DFCには固有名詞にて位置づけされている。IOと共同してブルーインフラも含める計画へ変更。
	①ハンツ・ウッドランド ②空き地率の特に高いイーストサイド地区 ③企業 ④2009年構想発表	金融業で財を成した資産家ジョン・ハンツによる事業。大規模な土地を取得し、植林して林業を行う。当初、農業を行う構想であったが、都市農業の規制ができたため、林業へ変更。1500筆の土地を市から取得し、2014年5月には1400人のボランティアと共に1万5000本の木を植えている。資産家の土地取得は賛否両論がある。	資金援助を必要としていないため、慈善財団との関係は薄い。DFCには位置付けられているが、IOとは協働していない。
小規模農業	①小規模農業 ②住宅地区に散在 ③個人・学校・企業など様々	デトロイトは、人口密度と平均所得の減少により、スーパーが撤退、人口あたりの食料販売の床面積は全米の半分程度である。一方で空き地は多く存在するため小規模農業が盛んになった。現在同市の空き地の約1/40で小規模農業が行われ、約160トンの野菜が栽培されている。	クレスギー財団等は、小規模農業支援団体「キープ・グローイング・デトロイト」に出資。DFCでは、「都市農業を産業として育てる」との記述はあるが、IOとの共同の活動はない。

注：IOはImplementation Office。

か活用したいと考えていた。NPOと地域住民が志を一緒にし、アーブ・ファミリー財団からの3000ドルの融資を受け、地区外からのランドスケープ・アーキテクトや、統計学者、NPO団体の法律家などを加えて計画策定を行った。

また、2000年以降デトロイトのコミュティ開発団体を支援してきたデトロイト・コミュティ開発提唱団体が、2008年から18カ月をかけて作成していたツールキットがある。

この道具箱は、特定の地区向けではないが、住民が意思決定する仕組みと、地区の将来像を簡単に8種類に分け、想像しやすくしたものであった。この枠組みの中には自然風景類型やグリーン・ベンチャー類型のように、空き地を自然に返す提案や農業に利用する提案が整理されている（口絵1、p.4）。同団体は、ツールキットの活用を考えていたところ、ロウアー・イーストサイド地区と巡り合った。他にも、スプリングウェルズ地区やブライトモア地区でツールキットが適用されている。

4　草の根活動の類型と慈善財団

これらの事例だけではなく、デトロイトには多数の草の根活動が存在する（表1･2）。筆者の聞き取り調査をもとに図1･9に草の根活動の類型化と活動の実態を整理した。

草の根活動は、「行政サービスの代替」と「都市農業」に大別される。行政サービスの代替は、①市有の空き家問題の対処などを担う自助努力型、②緑化・バス運営・教育など特定機能代替型、③地区の合意形成・地区改善に取り組む自地区改善型、④安価な不動産を買い占め、警備・掃除・公共空間整備で価値向上を図るチャンス挑戦型に分類される。本稿では詳しく触れないが、空き地の活用という点では、都市農業の草の根活動も重要な担い手である。チャンス挑戦型と自地区改善型の一つ（クイッケン・ローンズおよび、ミッドタウン・デトロイトInc.）はダウンタウン周縁部で活動しており開発を志向しているが、その他の団体は、すべて住宅地区で活動している。

特定の企業の支援を受ける2団体を除き、活動資金の大半は慈善財団が提供しているため、その影響力は大きい。また、多くの団体が、GISデータの提供や合意形成の手法等について専門家支援団体によるツールの提供も受けている。

団体同士の協力も見られた。同地区で活動していた特定機能代替型や小規模農業などが連携し自地区改善型になった動きや、自地区改善型が周辺の大規模農業に感化され、自分たちの計画に入れ込む動きなども確認された。

1･4　選択と集中計画の試行錯誤

1　選択と集中計画の乱立

デトロイトの住宅地区の衰退を見かねた慈善財団は、全市的な動きとしては、2004年以降、住宅地区への支援を開始した。しかし、市と複数の財団の連携はとれず、投資の選択と集中の計画は乱立してしまい、十分な効果が得られなかった。なお、同時期に、ダウンタウン周縁部では、川辺空間の再生、市場のNPO化、公共空間整備、LRT整備計画が、慈善財団主導で進められ、同地区の再生に一定の成果をあげている。

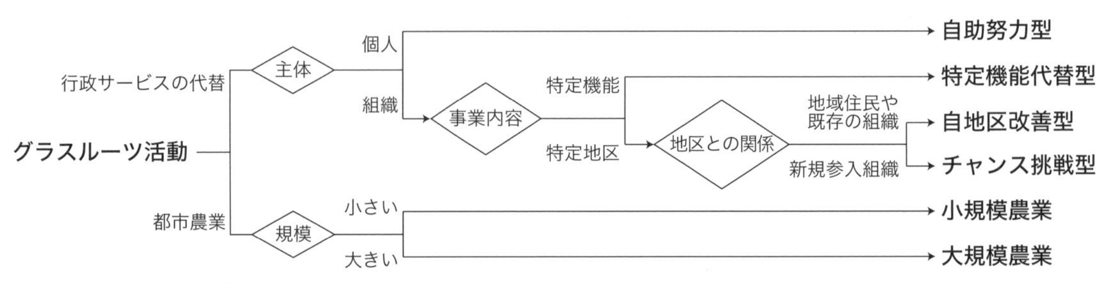

図1･9　草の根活動の分類

2　デトロイト・ワークス

乱立してしまった選択と集中の投資計画を協力させようと、2010年にクレスギー財団[注1]が市長と協力し、都市問題解決のための戦略作成を始める。同戦略は市が担当する短期計画デトロイト・ワークスと、財団が主導する戦略的長期計画（後のデトロイト・フューチャー・シティ、DFC）に分けられる。デトロイト・ワークスは、効率的な投資を目指し、市場価値データによって「安定的」「過渡的」「荒廃が深刻」の3種類の地区とその他に塗り分け、行政サービスも含めて、市場価値が安定的・過渡的な、投資の効果の高い地区に集中させる計画であった。さらに三つの実験地区を指定し、短期的な資金の集中を図った。結果としては、行政サービスを削減する地区からの大反対にあい、同計画は実行されずに終わる。

デトロイト市内には、多数の草の根活動が展開しており、財団・専門家団体の支援により成長し始めている。とくにダウンタウン周縁部は市場経済に乗ったという感覚を関係者は口にしている。一方で、行政・民間の投資が分散している住宅地区の状態は依然に厳しい。また、その投資を限られた地区に集中しようというデトロイト・ワークスの試みは失敗に終わってしまった。そのような状況で展開された計画が、次節で詳述するDFCであった。

表1･3　短期計画デトロイト・ワークス記載の行政サービスの地区別集中度合い

	市場価値	安定的	過渡的	荒廃が深刻
公共サービスの集中	荒廃除去			
	危険な建物の除去	やや低い	高い	高い
	空き家の板張り	やや低い	高い	中程度
	建物の規則の矯正	高い	高い	やや低い
	不法投棄の除去／防止	高い	高い	中程度
	インフラ改善			
	街灯	高い	中程度	低い
	道路改善	中程度	高い	低い
	レクリエーション	中程度	中程度	高い
	上下水道修繕	やや低い	高い	やや低い
	交通改善	やや低い	低い	中程度

（出典：Detroit Works Project）

1･5　戦略的長期計画デトロイト・フューチャー・シティ（DFC）と都市計画の地と図の反転

1　計画の成立過程

前節で述べた市と財団の取り組みのうち、クレスギー財団が担当した戦略的長期計画イニシアティブの構想は、市長によって任命されたデトロイトのさまざまなセクターを代表する14人によって構成された運営委員会によってリードされた。デトロイト経済成長会社が、都市計画・アーバンデザイン、経済、エンジニアリング、ランドスケープ・アーキテクト、不動産開発の各分野の専門知を注入するために集められた国内外のコンサルタントを統括し、市長、市議会、市役所と協力しながら計画した。クレスギー財団はここまでで計390万ドルを同計画の策定向けに助成している。他にも数多くの財団からの資金提供を受けている。

前節の短期計画デトロイト・ワークスが、民意に反し実行できなかった失敗を踏まえ、長期戦略は徹底的な住民参加のプロセスが展開された。2010年中盤に55名から構成される市長諮問タスクフォースが結成された。そのうえで、都市計画の専門家の仕事を支援するように住民参加専門のチームが2011年の中盤に形成された。このチームはデトロイト・マーシー大学のデトロイト協働デザインセンターによってリードされ、地元のNPO、住民参加専門のコンサルタントも加わっている。さらに、地元コミュニティや各種団体のリーダーから構成されている十数人のボランティアチームであるプロセス・リーダーズも結成され、住民参加の方法に関しての助言などが行われた。広報コンサルタントも起用され、住民に対して十分な情報公開を行うメディア戦略もとられた。

2　戦略的長期計画DFCの内容

以上のような経緯で完成した戦略的長期計画DFCの戦略フレームワーク（DFC Strategic Framework）は343ページの計画書である。同計画書は、最初の30ページほどで計画の成り立ちや、鼓舞する言葉、計画提案のまとめ、計画導入のタイムフレームなどが記載されている。その後に計画の五つの要素の説明が続く。五つの要素とは、①経済成長、②土地利用、③都市インフラ、④近隣地区、⑤土地建物資産であり、それぞれが目標像のフレーズ、三つ〜七つの転換イメージ、五つ〜七つの実行戦略を備えている。最後に30ページほどで持続可能な住民参加 (Civic Engagement) についても記述している。

注目すべき点は、以後述べるように、5要素のうち、①のみが経済成長に割かれ、残りの4要素は実質的に空き地・空き家の活用を扱っている点である。

(1) 経済成長（The Economic Growth Element）

経済成長の項目ではまず、ローカルな起業、教育と医療、工業、デジタル／クリエイティブを四つの経済成長の分野と位置づけている。またデトロイトに残っている産業やインフラの配置を挙げ、それに基づいて投資を集中すべき地区を七つの雇用地区 として指定している。

各雇用地区が持つ可能性は、文章で詳細に記述してあり、地元の小さい起業家やビジネスを応援、住民の能力開発、工業用地に関する法整備などを提案している。しかし、空間レベルでの提案は皆無であり、地図上に産業と投資を集中すべき地区と、中心的に投資すべき産業を指定していることがこの項目の主な目的である。

(2) 土地利用（The Land Use Element）

土地利用要素では、従来の計画にとらわれないゾーニング計画を提示している。従来型のゾーニングとの最大の相違点はオープン・スペースの取り扱いである。市の計画では、基本的にはオープン・スペースは公園のみ存在し、地図上の大部分が低密度住居地域に指定されていたが、DFC戦略枠組みでは一転し「イノベーション・エコロジカル」や「イノベーション・プロダクティブ」の新しい用途地域を提示し、市内の大部分を管理の必要ない自然地、グリーン・インフラや都市農業等、新しい空き地利用を行うエリアに指定した（口絵2、p.4）。章の最後には、現在の都市マスタープランに関してどのような変更が必要であるかを指摘しており、その内容は、DFCのゾーニング理念をよく表している（表1・4）。

また、このページでは、前節で述べたLEAP等の地区の戦略的枠組みを紹介し、そのような住宅地区単位の計画の必要性も指摘している。

(3) 都市インフラ（The City Systems Element）

都市インフラの項目では、インフラの更新、グリーン・インフラストラクチャ、交通の3項目について整理している。DFCは、一貫して強制的な移住は行わないと明言しているが、この章ではインフラを「改良し維持する地区」「更新し維持する地区」「削減し維持する地区」の他に、「取り替え、別用途への転換、または退役させる地区（以下、インフラ退役地区）」を指定している。

米国国内でも、インフラ退役地区に住み続ける人々の移転手段を明記しないまま地区をしている点が問題ではないかという指摘もあるが、DFC策定側は、インフラ退役地区でも、住民の転居はまったく強制しないこと、将来、用途の転換が起きることを強調している。強制的な引越がなくとも、空き地の多い地区の用途が徐々に変更され、将来的にインフラを退役させることが可能になると考えているのである。

(4) 近隣地区（The Neighborhood Element）

近隣地区の項目では、多様な地区をつくってい

表1・4　デトロイト・フューチャー・シティ（DFC）が指摘する既存のデトロイトの都市マスタープランの課題点

人口減少が不可避な将来として存在することを認めた上で、以下のことを変更することを勧めている。
- 政策および規程文章の中で、空き地を根本的な問題であると同時に機会であることを認める
- 政策および規程文章の中で、ランドスケープという用途を定義し拡張する
- 規程的な枠組みを用いて、開発をあるべき地区に誘導する
- 新しい用途地域を導入し、用途混在の定義と適用を拡大する
- フォーム・ベースド・コード（用途規制ではなく形態規制を重視したゾーニング）の要素を取り入れる

くこと、生活環境の向上を目標に五つの主要な地区の類型を挙げている。「都市的複合利用」「都市的居住・生産」「都市的グリーン」「伝統的な住宅地区」「新しい（alternative）土地利用」である。また、生活の質について13項目の目標を掲げている。各類型に関しては、理想像を簡単に示したうえで、すでに進んでいる非営利セクターによる都市再生の試みや草の根活動を多数紹介している。そのような活動の総体こそが、近隣地区を形作るように描いており、行政の役割に関する記載は少ない。さらには、章の序盤に口絵で示す「地区の協議で得られた資源マップ」がある。この図では、DFC策定過程の各地区からのフィードバックのうち、地区の資源として発言されたものを地図にしたものである。草の根活動を担う団体の所在も資源として標記されている。

(5) 既存の土地・建物資産（The Land and Buildings Assets Element）

土地建物資産の要素では、空き地、空き家の活用がまとめられている。土地利用の項目のゾーニングの計画、周辺の空き地との合筆の可能性、市場の需要などを考慮したうえでの土地の活用を行うためのマトリックスを示している。また、現在の土地の所有が多数の団体にわたる点を課題として指摘し、各団体間で土地利用の方針を統一する計画の必要性を述べている。

3　空き地の戦略：地区単位の積極的非都市化

本節では、DFCの特徴である空き地に対する戦略を、前述した市内の草の根活動の関係に着目して分析する。

(1) 特徴的な地区指定

すでに述べたとおり、DFCがとくに注力している部分であるインフラ退役地区の戦略を分析する。インフラ退役地区の地区指定は積極的な空き地利用を実験するイノベーション・プロダクティブ地区（以下、IP地区）と維持管理負担を減らす消極的利用を行うイノベーション・エコロジカル地区の2種類存在する（口絵3および4、p.5）。

実はこれらの退役地区のエリアと草の根活動などがプロットされた地図と重ねると、空き地が多いインフラ退役地区のうち、とくに周辺の草の根活動などが活発である地区がIP地区に指定されていることが見て取れる（口絵5、p.5）。三つの自地区改善型のうちの空き家率の高い地区を対象としている二つも同地区に位置している。

(2) 草の根活動のIP地区への集中

IP地区が、草の根活動が活発なエリアを指定したため、同地区には草の根活動の多数の活動拠点が存在する。

また、特定機能代替型を中心に「IP地区へ投入される財団の資金に惹かれる」「財団やDFCの実行オフィス（後述）に事業を提案される」などの結果、同地区へと活動の場を広げている草の根活動団体が多数存在していることが分かった。

たとえば、財団の提案・資金拠出により、グリーニング・オブ・デトロイトは、雨水流出抑制の実験を同地区で開始した。デトロイト・バス・カンパニーは放課後教育プログラムへの送迎を実施している。また、ダウンタウン・ボクシング・ジムは「資金獲得がしやすいのではないかという推測」と、「他の草の根活動も活発であること」を理由にIP地区の隣接街区にジムを移転した。実行オフィスの紹介で、大学が研究対象として同地区を選んでいる例もある。

(3) 地区単位の積極的非都市化

これらの分析から、IP地区指定の狙いは以下のように推測される。まず、すでに草の根活動が集積しており、活動に対する住民の理解もある空き地集中エリアへ、さらに草の根活動と専門家を集積させる。その地区で、空き地再生等の活動を活発化させ、地区の土地用途を住宅から農地やグリーン・インフラ等に変えていく。最終的に、不要になった地区のインフラは廃止可能となる。

従来のように、選択と集中の計画の対象とせず、地区への非投資が続き、地区の状況が悪化、住民が転出、インフラを退役という消極的な手順とはまったく異なる。いわば「地区単位の積極的非都

図 1・10　空き区画対応実践ガイドに記載された利用法（出典：DFC ウェブサイト）
同ガイドでは、さまざまな空き地の活用方法を、必要な費用・維持管理の大変さ・必要な専門性等によって検索できるよう記載している。

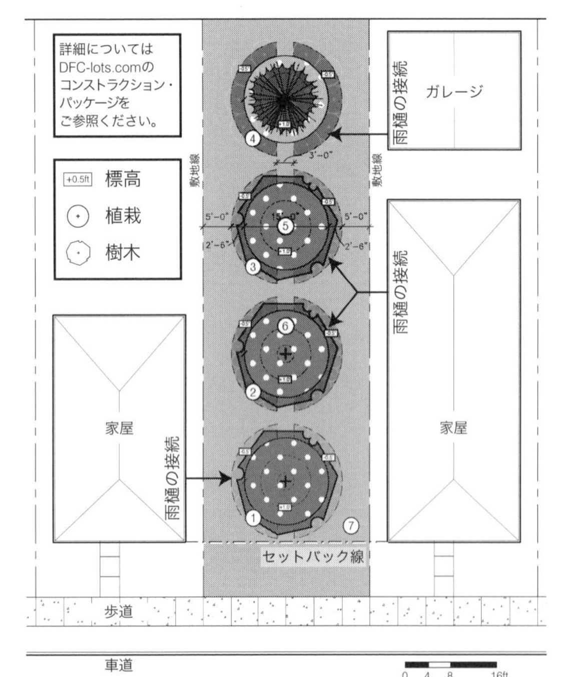

図 1・11　実践ガイドの空き区画活用例（名称：四季、Four Seasons）

市化」である。これまで、デトロイトの都市計画は、ダウンタウンを中心に、経済成長のための地区の「選択と集中」を行い、残りの地区は放置されていた。DFC が示す「積極的非都市化」は、都市計画の地と図を反転させ、インフラ退役地区も選択し、空き地の活用に注力する計画となった。注力の内容も従来のような再開発資金ではなく、草の根活動や専門家の活動を誘導している点が注目される。

図 1・12　オズボーン地区の図 1・11 の活用例の適用

4　計画の実行

(1) 実行オフィス（Implementation Office）

DFC の実行オフィスは、元市長であるケネス・コックレル Jr.（Kenneth Cockrel Jr）を取締役に迎えて、そのもとに都市計画、非営利活動支援、投資など 12 人の専門家を抱えたチームである。

実行オフィスの活動は「イニシアティブ」の名称でウェブサイトに公表される。実行オフィスは基本的に、自前の資金を持ち合わせていないため、仲介的な役割を担うことが多い。同オフィスの役割を分類すると、エンパワメント、市民参加、資金集め、協力関係の構築、情報提供・提案、立地の誘導、複数事業の整合、事業への賛成表明に整理される。資金源である慈善財団等と、実際に活動を行う草の根団体の双方と関係を持ち、専門的な知見とDFCの計画を中心に、個々の団体の活動を、計画と協調した活動とすることを目指している。

(2) 空き区画対応実践ガイド

実行オフィスは2015年10月に新たに「空き区画対応実践ガイド（A Field Guide to Working with Lots)」を作成、配布・公開を開始した。

実践ガイドは、34通りの空き区画利用法を分かりやすく示した一般市民向けのガイドブックである。利用法は「不法投機防止緑地」「屋外パーティー用スペース」など、空き区画のまま利用するものばかりである。各利用法には設置コストの推計、専門家の必要性、維持管理費、日当たりが必要であるか示され、利用者は各自の事情に応じて選択可能なウェブサイトが作成されている。

各利用法には簡単な平面図、断面図、推奨される植物、段階的に示された施工方法等を記した「印刷可能な区画デザイン」が作成されている。さらにその最終ページには「あなたの空き区画を描こう」という文言とともに方眼紙が付属している。

表1・5　各財団の戦略的長期計画DFCについての発言

財団名	2011年から3年で市に出資した金額［万ドル］	DFCに出資	運営委員会メンバー	市長の諮問機関	DFCと援助の関係に関する記述
ケロッグ財団	6400（約19%）	○	○		揃う部分とそうでない部分があると表明している。特に医療、教育、就職口の問題に関しては既に計画と揃っていて、さらには、住民参加が十分にしてあり、財団間の調整のために価値ある計画であることを評価している。
クレスギー財団	5000（約15%）	○	○		この計画を先頭に立って推し進めたクレスギーはデトロイトについての出資1億5900万ドルをすべてこの計画にそうようにしていくことを明言している。
ニューエコノミーイニシアティブ	3200（約10%）				出資額では大きく見えるが、他の財団からの寄付を集めて再出資する団体。そもそもの目的である新産業の支援をDFCの目標に合うように行っていくと明言。
ナイト財団	3000（約9%）	○	○		南東ミシガン・コミュニティ財団を通して40万ドル、DFCの目標に向けて出資すること、別途計画導入のための資金を用意することを約束。
南東ミシガン・ユナイテッドウェイ	2100（約6%）				なし
南東ミシガン・コミュニティ財団	2100（約6%）	○		○	ナイト財団と協力して40万ドル、DFCの目標に向けて出資することを約束している。なし
スキルマン 財団	2000（約6%）			○	データ・ドリブン・デトロイトをクレスギー財団と共に設立し、そのデータを元に住居地区を対象とした戦略を公表しているため、すでに計画と合った投資をしていると明言。
ヘンリーフォード・ヘルス財団	1700（約5%）				なし
GM財団	1400（約4%）				なし
トンプソン教育財団	1000（約3%）				なし
アーブ 財団	900（約3%）	○			計画のための資金援助を約束している。2014年3月にはIOの援助が入っているブルーインフラ設置のプロジェクトに協賛している。
マクレガー 財団	800（約3%）				なし
フォード財団	600（約2%）	○	○		計画導入のための資金提供を約束。
ハドソンーウェバー財団	600（約2%）	○	○		計画導入のための資金提供を約束。
住宅都市開発省	600（約2%）				なし
DTE財団	600（約2%）		○		なし
フィッシャー財団	500（約2%）				フィッシャー家の小さな財団であり、計画の策定時には関与していないが、DFCの目標に共感し、計画に沿った資金提供を始めている。
その他7財団	600（約2%）				なし
アミかけありの協力を表明した財団等の合計	24300（73%）				

実践マニュアルを用いて空き地の活用を行っている事例も生まれ始めている。市北東部で多数の空き地を抱えるオズボーン地区では、住民団体が、クレスギー財団の資金援助を受け、実践ガイドの活用例を用いて空き地活用を開始している。

空き区画対応実践ガイドの取り組みはDFCの空き地へのアプローチを示している。大量に生まれてしまった空き地に対して、撤退や再開発ではなく、空き地として機能を与えるという考えである。それは大掛かりな投資を必要としない、ちょっとした機能にすぎないが、空き地周辺の住民の暮らしを少し豊かにする。空き地活用自体も周辺住民が担うべきだが、実行オフィスは、さまざまな専門家と協力し、住民が容易に空き地活用に取り組める環境を生みだす努力を続けている。

1･6 DFCの影響と限界

DFCは多様な団体へ影響を及ぼしている。本節では、デトロイトに支援を行う慈善財団、計画策定を主導したクレスギー財団、さらに市役所への影響を検討する。

1 デトロイトに支援を行う財団への影響

デトロイトに出資している財団のDFCへの協力声明の有無と、その過去3年間の出資額の関係を表1･5に示す。市内への投資額で言えば、おおむね過半数の協力が得られている状況にある。

クレスギー財団で事業・戦略を担当するアリエル・サイモン（Ariel Simon）氏は、「デトロイトで支援を行う他の財団は、おのおののポリシーに基づいて事業を実施するが、各事業がDFCの戦略フレームワークの考え方（とくに空間計画）に沿うよう意識している」と指摘しており、協力の濃淡はあるが多くの財団がDFCの影響を受けていることが分かる。

2 クレスギー財団の変化

DFCを主導したクレスギー財団は、DFC策定以前は、大規模な建築物やインフラ整備に対する資金の拠出が中心であった。財団CEOのリップ・ラプソン（Rip Rapson）氏によると、DFC策定後は、「デトロイト都市圏に支援を行う最大の財団として、DFCの戦略フレームワークに沿った支援を行うこと」を重視するようになった。

同財団の取り組みでもとくにDFCと関係が深い事業が、デトロイト・イノベイティブ事業（Kresge Innovative Project Detroit）である。市内に拠点を置く非営利団体が行う事業への支援であり、実施準備が完了している事業への支援と、事業の計画段階への支援の2種類の補助金がある。2014年選定分から毎年、総額500万ドル以上の資金が提供されている。

財団は、同事業の応募要項のなかで、支援されたプロジェクトによってDFCの目標が前進することを求めている。具体的には「空き地の利用転換」と「地区（Neighborhood）の安定化」への貢献をとくに重視している。支援対象の選考に、実行オフィスのスタッフが参加しており、選考に深く関与している。

3 法定計画への反映

市役所は、DFC策定後に法定都市計画の改定作業を開始した。当初は、DFCで提案された新たな用途地域名称まで含め、そのまま法定計画へ導入することを検討していた。しかし、2014年1月に市長が交代し、クレスギー財団とともにDFC策定を担当したデイブ・ビング（Dave Bing）市長が退任したことで市役所の方針が変わる。新しい市長はDFCを否定はしていないが、自身が主導する、より短期的な事業に注力しており、DFCの法定計画への反映は実質的に凍結されている。

DFCは、デトロイト市域へ支援を行う財団や非営利団体からは一定の支持を得た。一方で法定都市計画を担う市役所との関係は、市長の交代とともに微妙に変化しており、大胆な縮退型の都市戦略を法定計画に反映する段階にはいたっていない。いわば、非営利セクターを中心に共有された都市再生のビジョンという位置づけにとどまっている。

1・7 地区単位の積極的非都市化への到達過程

1 数々の選択と集中の計画の反省

デトロイトの過去の都市計画の展開を考察する。1970年代からデトロイトは過度なダウンタウン集中を行うが波及効果なく、広大な荒廃を生みだしてしまった。慈善財団を中心に、2000年代には、状況の悪い地区を対象に広く分散した投資も行ったが、効果は不十分であった。2010年のデトロイト・ワークスでは、効率を重視し、都市経営的な視点で公共投資の対象を限定しようとしたが、「勝ち負けをつくる計画」は、負けを宣告された住民の反対運動によって頓挫した。

2013年にDFCは、これまでのさまざまな失敗を教訓に、特定の地区に投資を集中することによって市場経済への復帰を狙っていた計画の考え方を改め、都市計画における「地と図」を反転させ、従来計画で切り捨てられてきた、インフラ退役地区に注力したと考えられる（図1・13）。

2 草の根活動から生まれた積極的非都市化

次に、草の根活動の変遷過程との関係を考察する。デトロイトでは草の根活動が、慈善財団と専門家団体の支援によって成長してきた。自助努力型や小規模農業から、自地区改善型や大規模農業に変化し、次々と空き地の使い方を実験してきた。LEAPに代表されるように、自地区改善型が専門家団体のツールを用いて、空き地を積極的に活用する計画を地区住民と合意しながら実践してきた。試行錯誤の結果、「空き」を前向きに捉え、縮退に価値を見出したのである。

DFCは、近隣地区の理想像として、これらの草の根活動を計画のなかに固有名詞で取り上げ、地区の資源として地図上に明示した。また、自治区改善型の活動を骨格に据えて、空き地を多数抱える地区のなかでも、草の根活動が活発な地域に他の草の根活動も集中させ、専門知と実行オフィスに代表される仲介組織も投入する戦略を採った。イノベーション・プロダクティブ地区と呼ぶ、草の根活動による実験地区の取り組みを通して、空き地率の高い旧住宅地区を、住宅以外の新たな利

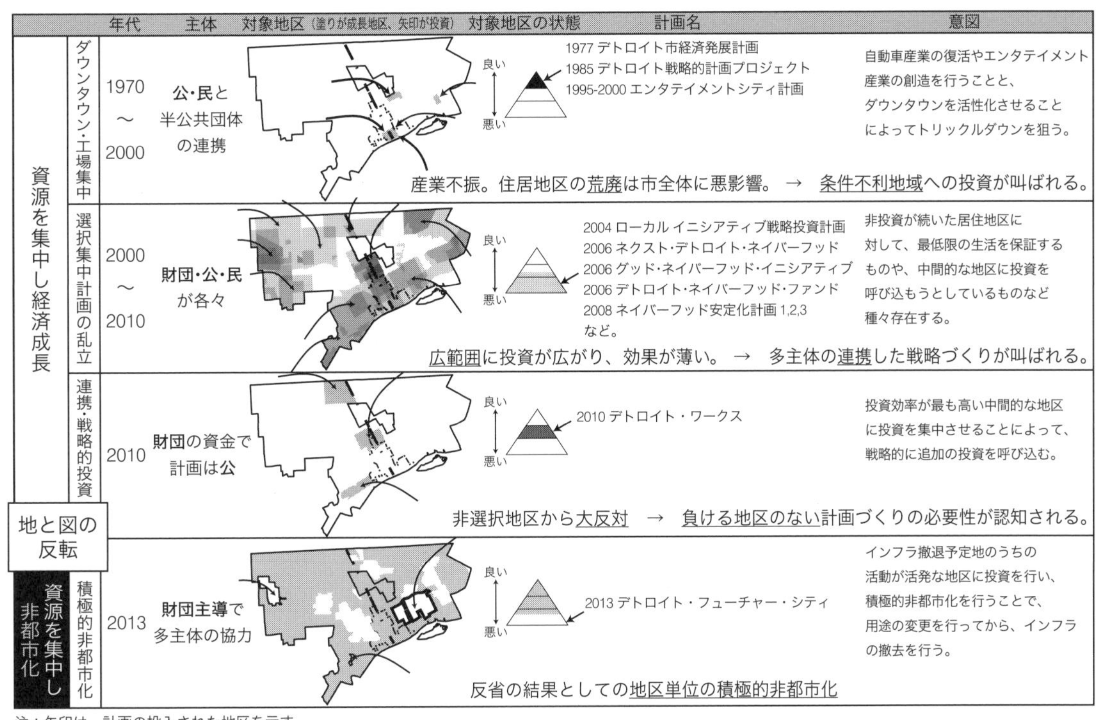

図1・13 デトロイトの都市計画の長期的な展開の概念図

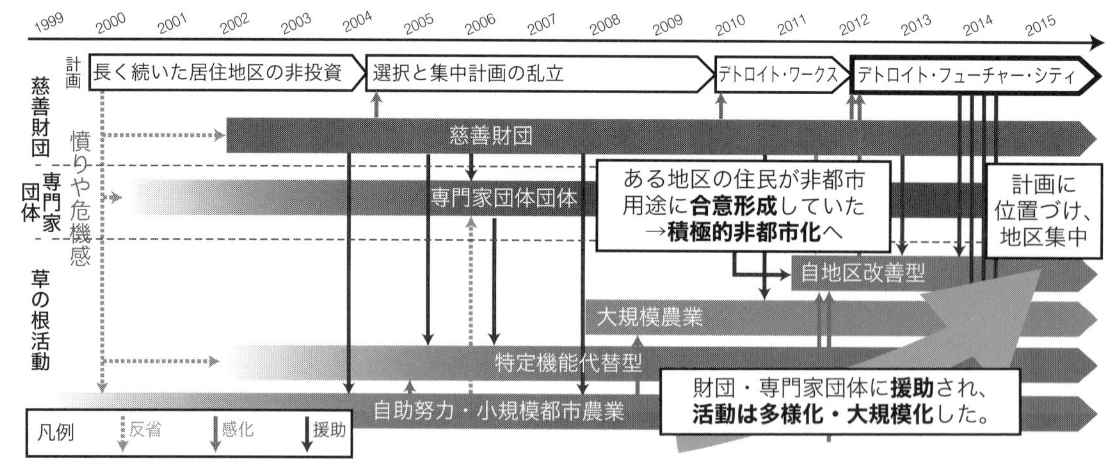

図 1・14　縮退の価値を反転させた非営利セクターの相互作用
反省、感化、援助の 3 種類の影響が確認できた。反省はある計画・活動を部分的にでも失敗と捉え、次計画・活動で異なる方法や失敗を補う活動を行ったことを確認できたときに記した。感化はある計画・活動に部分的にでも賛同し、同様または発展させた計画・活動を行ったことが確認できたときに記した。援助は、金銭的または技術的な支援が行われたときに記した。

用に転換し、最終的にインフラ退役を行うことで都市をダウンサイジングすることを目指している。

DFC の戦略の中核にある「積極的非都市化」の考え方は、慈善財団の支援のもとで草の根活動が生みだしてきた、空き地活用のさまざまな取り組みと地区単位の縮退の将来計画から生まれた概念なのである。

3　多元的非営利セクターの相互作用

DFC の新規性は、ダウンタウンや再開発地区に注力する従来型のマスタープランではなく、インフラ退役を目指す地区に注力する、積極的非都市化にある。その背景には、長年の都市計画の失敗と草の根活動に代表される非営利セクターの試行錯誤があった。行政は、人口減少地区に行政サービスを提供するか否かという二者択一的な考えに陥りがちであった。しかし、地区の人口が大きく減少し、行政サービスがカットされても、住み続ける人は少数だが存在し続けた。

一方でデトロイトの非営利セクターには、競争的なプロセスをへて活動資金を得て、社会的な目標の達成を目指して地道に活動を続ける草の根団体と、資金提供の効果を最大化するために、草の根活動を応援・誘導する慈善財団、さらに専門知提供により草の根活動の促進を狙う専門家団体が、多元的に共存している。各団体が、非営利を前提におのおのの目標達成のために合理性を追求し、互いに影響し合い、実験を続けることによって、人口減少地区に対応する新たなアプローチを生みだした（図 1・14）。

人口減少時代においては、都市経営の効率化と人々が地区に住み続ける権利が対立する場面も予想される。対立を乗り越えるためには、多様な視点から数多くの模索と実験が必要である。デトロイトの非営利セクターに見られる多元的な組織とその相互作用は、一見困難に思える非都市化の状況を、前向きに捉え直すための重要な視点を示唆している。

［注］

1　クレスギー財団はデトロイト郊外を本拠地とし、全米を支援する基本財産／寄金が 30 億ドルの財団。全米大手スパーマーケット、ケーマート（K-mart）の創始者クレスギー氏によって設立された。クレスギー氏が元々デトロイトにて小売業の経営を始めた経緯もあり、教育や環境など六 つの分野と並列して、地域であるデトロイトを財団の取り組み対象としている。

［参考文献］

・ Dewar, M., & Thomas, J. M.(Eds.) (2012) *The city after abandonment*, University of Pennsylvania Press
・ Sugrue, T. J. (2014) *The origins of the urban crisis: Race and inequality in postwar Detroit*, Princeton University Press

2章 | バッファロー

縮退工業都市の戦略とブラウンフィールド

黒瀬武史

2・1 縮退都市とブラウンフィールド問題

1 米国の人口減少都市ランキング

米国は、国全体としては現在でも人口は増加傾向にあるが、ラスト（錆びた）ベルト(Rust Belt)と呼ばれる北東部から五大湖沿岸の旧工業地域には、多くの人口減少都市を抱えている。1章のデトロイトや本章で取り上げるニューヨーク州バッファロー（Buffalo）も、ピーク比で人口が半分以下になった全米有数の縮退都市である。

縮退都市の多くは、都市を支えた基幹産業（とくに製造業）の縮小や転出にともなって大きく人口を減らしており、工場跡地を大量に抱えた状態で市街地の荒廃が続いている。本章では、米国でブラウンフィールド（Brownfield）と呼ばれるこれらの工場跡地の問題を概説し、バッファロー市を事例に工場跡地を活用した縮退工業都市の都市再生戦略を取り上げたい。

2 工業都市の再生と工場跡地

産業構造の転換を経た先進工業国において、第二次産業や関連する港湾・鉄道用地の跡地再生は、共通の課題である。産業革命以降、企業は経済合理性に基づいて設備投資を行い、雇用を拡大し、工場周辺には工場労働者を対象とした市街地が形成された。工業都市の多くは、その中心に産業用地を抱えて、経済的にも、空間構造においても、工場はその都市の根幹に位置する。各時代の経済原理が生産設備の立地や規模に

表2・1 米国の人口減少都市ランキング 注1

	都市名	州名	ピーク時人口（年）	2010年人口	減少率
1	セントルイス	ミズーリ	856,796（1950）	319,294	62.7%
2	デトロイト	ミシガン	1,849,568（1950）	713,777	61.4%
3	ヤングスタウン	オハイオ	170,002（1930）	66,982	60.6%
4	クリーブランド	オハイオ	914,808（1950）	396,815	56.6%
5	ゲーリー	インディアナ	178,320（1960）	80,294	55.0%
6	ピッツバーグ	ペンシルヴァニア	676,806（1950）	305,704	54.8%
7	バッファロー	ニューヨーク	580,132（1950）	270,240	53.4%
8	ナイアガラ・フォールズ	ニューヨーク	102,394（1960）	50,194	51.0%
9	フリント	ミシガン	196,940（1960）	102,434	48.0%
10	スクラントン	ペンシルヴァニア	143,333（1930）	76,089	46.9%
11	デイトン	オハイオ	262,332（1960）	141,527	46.1%
12	シンシナティ	オハイオ	503,998（1950）	296,943	41.1%
13	ニューオリンズ	ルイジアナ	627,525（1960）	384,320	38.8%
14	ユティカ	ニューヨーク	101,740（1930）	62,235	38.8%
15	カムデン	ニュージャージー	124,555（1950）	77,344	37.9%
16	バーミングハム	アラバマ	340,887（1950）	212,237	37.7%
17	カントン	オハイオ	116,912（1950）	73,007	37.6%
18	ニューアーク	ニュージャージー	442,337（1930）	277,140	37.3%
19	ウィルミントン	デラウェア	112,504（1940）	70,851	37.0%
20	ローチェスター	ニューヨーク	332,488（1950）	210,565	36.7%

注：網掛けは、米国北東部・五大湖沿岸の州。

図2・1 ラストベルトの人口減少都市位置図

反映されるがゆえに、工場の立地や拡大と同様に、工場の縮小や閉鎖もまた、非情なまでに短期間で行われ、一部の技術者や管理者を除くほとんどのモノとヒトがその場所に遺棄される。巨大な生産設備をともなう工場の建物や敷地に加えて、工場が生む雇用と経済に頼って発達したまちとそこに暮らす人々は、取り残されてしまう。

ブラウンフィールドは、土壌汚染等の環境問題を抱えたこれらの産業跡地の呼称として1990年代初頭から使われ始めた[注2]。ブラウンフィールドの再生は、環境再生に加えて、工場跡地を抱える都市が直面する社会的な課題に必然的に応えることになる。米国ではブラウンフィールド再生に対して、20年以上にわたって公的資金が投入されてきた。それはこの問題が抱える社会的課題とその解決に対する支援の必要性が、政治的にも幅広い支持を集めていることを示唆している。

歴史的に複雑に絡みあった工場と市街地の関係を考えると、ブラウンフィールド再生においても、敷地単体に留まらないアーバンデザイン的アプローチが重要となる。

3 ブラウンフィールド問題の発生と背景

(1) 土壌に対する環境規制強化の背景

米国連邦において環境問題を管轄する環境保護庁（EPA：Environmental Protection Agency）は、1970年の設立以降、大気・水質を皮切りに環境規制の強化に取り組んできた。ブラウンフィールド問題発生の直接の原因となった包括的環境責任対処・保証・責任法（スーパーファンド法）も、この流れに位置づけられるが、ラブ・キャナル（Love Canal）事件に代表される市街地で発生した深刻な公害被害が厳格な同法への支持の背景にあった。

州管理
ブラウンフィールドサイト
州管理
優先浄化サイト
連邦管理
全国優先浄化リスト登録サイト
危険度判定システムによる評価
土壌汚染
存在可能性
軽度
中程度
極めて深刻

図2・2　汚染の程度による米国の土壌汚染地分類の考え方

1970年代後半にニューヨーク州ナイアガラ・フォールズ市で発生したラブ・キャナル事件は、有害な廃棄物が埋められた運河跡地を市の教育委員会が購入し、小学校と戸建て住宅地として開発したことに起因する事件である。廃棄物を処分した化学会社は、土壌汚染が存在すること、土地利用によっては健康被害が発生する可能性があることを、土地証書に明記して譲渡したが、驚くべきことに教育委員会はその内容を無視して開発を進めた（口絵2、p.6）。

米国の典型的な郊外住宅地の地下から、深刻な土壌汚染が発見されたことに米国社会は大きなショックを受け、過去の土壌汚染の浄化責任を遡及的に追及する厳格なスーパーファンド法は全面的な支持を得た。

(2) ブラウンフィールド問題の発生

スーパーファンド法により、深刻な土壌汚染地は連邦政府の直轄管理のもとで浄化が進められることになったが（口絵3、p.6）、中軽度の土壌汚染地は、同法による責任追及のリスクを抱えつつも、連邦管理の対象にならないという複雑な状況に陥った（図2・3）。

開発事業者や金融機関は、浄化責任が自らに波及することを恐れ、工場跡地の開発事業を忌避した。その結果、1980年代半ばから、既成市街地の工場跡地再生が停滞、多数の工場跡地を抱える米国北東部や五大湖沿岸の諸都市で都市問題となった（ブラウンフィールド問題）。

4 ブラウンフィールドの概念化と再生支援

(1) 課題に直面した州の先駆的取り組み

米国南部や海外への工場移転によって基幹産業を失い、ブラウンフィールド問題が深刻であった、北東部や五大湖沿岸の州は、1980年代後半から、問題解決に向けて独自の先駆的な取り組みを始めた（表2・2）。

州は、連邦管理対象とならない、中軽度の土壌汚染地の、所有者や開発事業者による浄化を促すために、汚染対策の内容や手順を規範化した。規範にのっとった浄化は、州環境当局が認定し、スーパーファンド法の責任追及から浄化主体を保護するとともに、税控除や補助金交付を行い、民間による「自主的な浄化」を促した（図2・3）。

(2) 規制から支援へ ―連邦環境保護庁の変化

1980年成立のスーパーファンド法は、ラブ・キャナル事件直後に政治的に幅広い支持を得て成立した法律であったが、その後環境保護庁が担当した深刻な土壌汚染地への対策や責任追及には、想定以上の巨額の費用が必要となった。1990年代初頭には、同庁は経済活動を停滞させる規制官庁として、共和・民主両党から厳しい評価を受けており、命令・管理型の環境規制から、リスクアセスメント、民間事業者との契約や交渉による柔軟性を備えた環境再生を促す手法への転換を模索していた。そのような状況にあって、同庁は、責任追及と土壌汚染対策を最優先するスーパーファンド法の枠組みの中で、試行的にブラウンフィールド再生への支援を開始した。ブラウンフィールド

図2・3 連邦法による責任追及と州政府自主的浄化プログラム（Voluntary Cleanup Program）の関係

表2・2 米国のブラウンフィールド（BF）問題の発生と政策の展開（先進州の取組が連邦政府の政策転換を牽引）

政権		主体	年	主要な法改正・制度開始
民主 カーター 1977～81	[BF問題の発生] 厳しい環境法の成立と土壌汚染地の再利用停滞	連邦	1976	資源保護回復法
		州	1976	ニュージャージー州補償及び管理法（スーパーファンド法のモデル）
			1978	ニューヨーク州 ナイアガラフォールズ市 ラブキャナル事件
		連邦	1980	包括的環境対処補償責任法（スーパーファンド法）
共和 レーガン 1981～89		連邦	1986	スーパーファンド修正および再授権法
	[第一世代の政策] BF再生に対する公的支援手法の確立と拡大（跡地単体の環境再生）	州	1986	イリノイ州環境保護法の改正・自主的浄化プログラムの開始
共和 ブッシュ父 1989～93		州	1987～	州政府の自主的浄化プログラムが拡大 1994年までに18州で制定 1987 ノースカロライナ／1988 サウスカロライナ・ミネソタ／1991 オレゴン／1992 ニュージャージー州
民主 クリントン 1993～2001		連邦	1993	連邦環境保護庁（EPA） BF経済開発イニシアチブ発表
		連邦	1994	EPA BF調査補助金開始（試験事業）
		連邦	1995	EPA BF行動指針 発表
		連邦	1997	連邦政府 BF連邦パートナーシップ発表
		連邦	1998	BFショウケース・コミュニティ事業（98年・00年の2回）
共和 ブッシュ 2001～09		連邦	2002	小規模企業の浄化責任免除及びBF再活性化法（連邦BF法）
		連邦	2003	EPA BF浄化補助金開始（正式事業）
	[第二世代の政策] BFプログラムが地区再生・計画支援へ展開	州	2003	ニューヨーク州 BF再生機会提供地区事業開始 ニュージャージー州 BF開発地区事業開始
民主 オバマ 2009～16		連邦	2010	EPA BF地区全体都市計画支援事業開始（試験事業）
		州	2011	オハイオ州BFアクション・プログラム
		連邦	2010	EPA BF地区全体計画支援事業（第二回選定、2015年 第三回選定）

問題に悩む自治体や全米市長会からの政治的な圧力に加え、「雇用を減らし、開発を抑制する機関から、環境面でも責任ある開発を推進し雇用機会を創出する機関（チャールズ・バーシュ環境保護庁上級顧問）」[注3]に脱皮することを目指した同庁内部の意向も反映した政策であった。

(3) ブラウンフィールド再生支援策の確立

環境保護庁はクリントン政権下で1994年からブラウンフィールド再生に取り組む自治体を支援する補助金の交付を開始、一部の州が開始していた自主的浄化推進策を支援し、全米へ展開させた。さらにゴア副大統領の主導のもとで、住宅・都市開発省や運輸省と環境保護庁の連携も強化された。都市再生や交通基盤整備の資金も土壌汚染調査や対策への活用が認められ、都市政策と一体となったブラウンフィールド再生支援が展開された（図2･4）。

2002年にはスーパーファンド法の修正法として連邦ブラウンフィールド法が制定され、環境保護庁の裁量で試験的に実施されていたブラウンフィールド再生支援政策に法的・財政的な裏付けが与えられた。

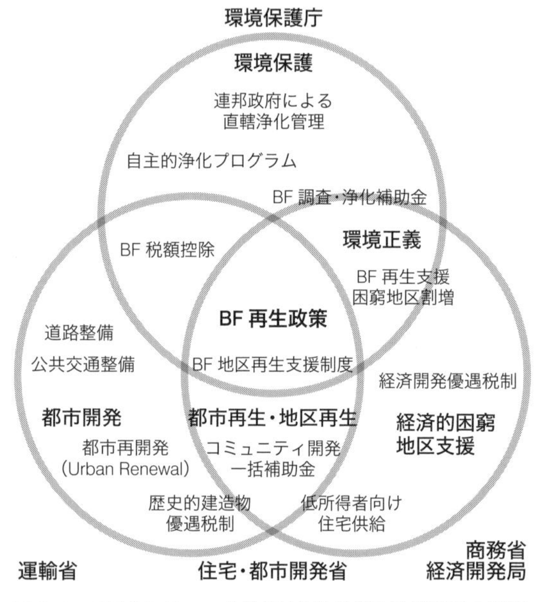

図2･4　ブラウンフィールド（BF）再生政策と政策分野の関係

5　地区全体の再生を目指す第二世代の政策

(1) 第一世代がもたらした状況と課題

前節で指摘したブラウンフィールド再生支援策（第一世代の政策）によって、土壌汚染可能性が原因となって塩漬けになっていた大都市近郊の工場跡地再生は急速に進んだ。しかし、周辺地区の治安など立地に問題を抱える工場跡地や、再生後の開発需要が小さい中小の工業都市の工場跡地は、単独では民間による再生がむずかしく、土壌の調査や部分的な浄化は行われても、土地の再利用が行われない状況が続いた。

(2) 地区再生を目指す政策の出現と展開

第一世代のブラウンフィールド再生支援は、1990年代初頭から五大湖沿岸や米国北東部の古くからの工業都市を抱える州が積極的に展開した。しかし、北部に多数の工業都市を抱えるニューヨーク州は例外的に再生支援策の展開が遅れていた。同州はラブ・キャナル事件の発生した州であり、環境規制の緩和にも繋がりかねないブラウンフィールド再生支援策についての議論が長引いていたのだ。そのため同州の本格的な再生支援策の導入にあわせて、第一世代の政策の課題も盛んに議論された。とくに、工場跡地周辺の衰退地区で活動するまちづくり団体や環境団体が、「単体では再生困難なブラウンフィールドを抱える地区の再生」を支援する制度創設を州議会に強く要請した。その結果、2003年の同州ブラウンフィールド法の立法時にブラウンフィールド再生機会提供地区（BOA：Brownfield Opportunity Area）として制度化、ブラウンフィールドを抱える地区全体の再生に取り組む自治体を州が財政面・制度面で支援する枠組みが生まれた。

(3) ブラウンフィールド再生機会提供地区（BOA）

この制度は、具体的にはブラウンフィールドを多く抱える地区の再生計画立案に対する財政的支援と、再生計画に位置づけられた土壌汚染地に対する浄化補助金の優先交付により構成される（詳細は2･3節1項を参照）。ニューヨーク州の制度化以降、ニュージャージー州のブラウンフィールド開発地区や、オバマ政権下で開始された環境保護庁のブラウンフィールド地区全体計画支援として、全米へ展開している。

2・2 縮退工業都市の未来を拓く

1 五大湖の玄関口としての繁栄

(1) バッファローの繁栄と衰退

バッファローは、ハドソン川から五大湖にいたるエリー運河の西端にあたり、1825年の運河開通により急速に発展した。1950年には市域人口は、58万人に達し、鉄鋼や製粉を中心とする工業都市として繁栄した。しかし、1957年のセント・ローレンス海路の開通以降、同市の地理的優位性は失われた。加えて、人件費の安い南部や海外への製造業の流出も続いた。1980年代には同市南部に立地していた複数の製鉄所も閉鎖し、多くの雇用が失われた。また、米国の他都市と同様に、白人の郊外転居も進んでおり、1950年から60年の間には、8万人以上の白人市民が市外へ転居した。2010年には、1950年の半数以下の人口26万人まで減少した（図2・5）。市内全域で大小の低未利用地が発生しており、大きな課題となっている（図2・6）。

(2)「ブラウンフィールド」以前の工場跡地開発

バッファロー市は「ブラウンフィールド」として、定義づけされる以前から、市役所主導で工場跡地の再開発を進めてきた。しかし、実態は、大規模工場跡地に道路を整備し中小規模に分割可能にした工業団地であり、環境再生についてはまったく意識されていなかった[注4]。都市戦略としても、製造業の転出を製造業の誘致で回復させようとするものであり、海外や南部へ大規模工場の移転が続く状況では、十分な成果をあげることはむずかしかった。

2 ブラウンフィールド再生を狙う都市戦略

(1) 低未利用地に関する自治体の優先順位

市街地全域に低未利用地が分布するバッファローであるが（図2・6）、市役所は大規模なブラウンフィールドが連担する地区に選択的に投資を行っている。市役所担当者に理由を尋ねると「市内に雇用が生まれなければ、（空き地・空き家の多い）住宅地の再生も望めない。まずは産業の再生に効果的な大規模ブラウンフィールドを選択してい

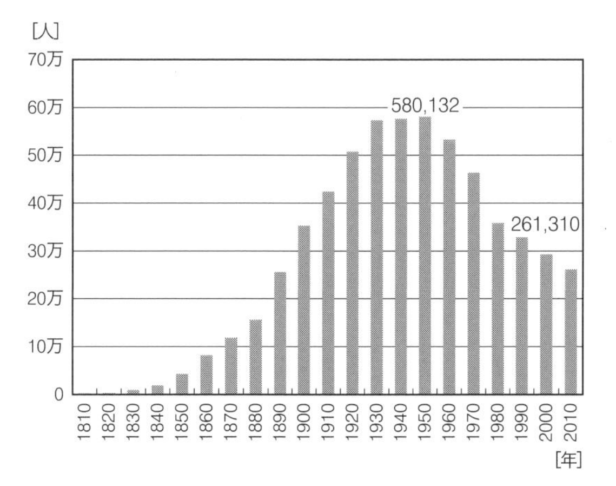

図2・5 バッファローの過去200年の人口変化

図2・6 バッファロー市の低未利用地分布（出典：City of Buffalo）

る」とのこと。意図的に大規模工場跡地に絞って再生を進めているのである。

(2) 総合計画と一体化したBF再生戦略

2006年2月にバッファロー市は約30年ぶりに総合計画を策定し、2030年を目標年次とした全市を対象とする都市計画の枠組みを示した。この計画は「市と地域の経済開発事業を支えるためには、ブラウンフィールド・サイトの迅速な区画整理と浄化の実施が必要」と指摘しており、ブラウンフィールド再生を通して産業基盤を回復させる方針が示された。また、空間計画の方針として、三つの戦略的投資軸が設定され、この軸に沿って「新たな開発のための土地を準備し、ブラウンフィールド・サイトの浄化を進める」ことも明記された。

(3) 戦略的投資軸とブラウンフィールド再生

この三つの戦略的投資軸は、メインストリート/ダウンタウン軸、ウォーターフロント/トナワンダ軸、サウスパーク/イーストサイド鉄道軸である（口絵4、p.7）。

メインストリート/ダウンタウン軸は、低未利用地の分布よりも、LRTに沿ってダウンタウンと当時既に開発が進められていた内港地区、州立大バッファロー校とメディカル・キャンパスを位置づけるもので、公共交通指向型開発の思想のもと、拡大ダウンタウンを位置づける性格が強い。低未利用地は多数存在するが、中小規模のものが多い。

一方、残り二つの投資軸は、大規模な低未利用地の分布とほぼ一致しており、区域の分割はやや異なるが、その後、ブラウンフィールド再生機会提供地区とほぼ同じ地域にあたる。

図2･7　緑化されたサウス・バッファロー地区の廃棄物埋立地（大規模・郊外立地の低未利用地）

(4) 立地と規模に応じた二つの再生戦略

バッファロー市のブラウンフィールド再生戦略は、中小規模・好立地と大規模・郊外立地の2タイプの対象に大別される。

一つは、メインストリート/ダウンタウン軸やウォーターフロント軸の一部に位置づけられるダウンタウン周縁部に位置する中小工場跡地を対象とした戦略である。郊外化が進む同市においても一定の不動産価値があり、事務所や住宅としての再開発が見込める地区である。総合計画策定に先行して「拡大ダウンタウン」という概念で内港地区の再開発や医療キャンパスの開発が進められてきた（図2･9）。地区内のブラウンフィールドは、汚染対策を支援する州の制度（第一世代の再生支援）を適用して、民間主体で再開発を進めることが可能な地区である。

大規模・郊外立地は、ダウンタウンから離れた場所にある大規模（数ヘクタール以上）工場跡地である。ウォーターフロント/トナワンダ軸やサウスパーク/イーストサイド鉄道軸に位置づけられているが、土地需要は低調であり、各区画ごとの第一世代の再生支援策では事業化が困難なブラウンフィールドが集まっている。これらの条件不利なブラウンフィールドの再生が、総合計画に位置づけられた背景には、ニューヨーク州が提供する第二世代の再生支援策（ブラウンフィールド再生機会提供地区）があった。

(5) 再生に向けた州・連邦の支援とその効果

連邦や州の再生支援は、同市のブラウンフィールド再生戦略に強い影響を与えている。現在では同市を代表するブラウンフィールド再生事例であるサウス・バッファロー地区は、1997年に環境保護庁の支援で、最初の再生構想を立案した（図2･11）。また、州のブラウンフィールド再生機会提供地区の指定を強く意識して前述の総合計画（とくに戦略投資軸）を設定していた。結果として、バッファロー市役所は戦略的投資軸に位置づけた地区のほぼすべてで、ブラウンフィールド再生機会提供地区指定を勝ち取り、2010年代初頭に州政府の資金で多数のブラウンフィールドを抱えた条件不利地区の計画策定を進めた（口絵5、p.7）。

(6) 地区再生計画からゾーニング改訂へ（グリーン・コード）

総合計画の実施にあたり、市は1953年以来となる用途地域の大規模見直しを行い、既存の都市再開発事業や地区単位の計画を統合した統合開発条例（愛称：バッファロー・グリーン・コード）の策定を進めた（図2・8）。

グリーン・コードは、各地区の現況に基づいて、地区タイプを設定し、フォーム・ベースド・コード[注5]の要素を取り入れた計画となっているが、今後大規模に用途変更が想定される地区は、地区単位の将来像の共有が重要となる。市役所は、大規模な低未利用地が多い地区を戦略投資軸に位置づけ、ブラウンフィールド再生機会提供地区で得た州の支援を活用して、一気に地区単位の再生計画の策定を進めたのである。同制度で策定された地区再生の方針の大半は、グリーン・コードに取り入れられた。同様に活用された州の計画支援制度として、州の地域水辺再生プログラムも指摘しておきたい（詳細は下の囲みを参照）。

つまり、立地の悪い大規模ブラウンフィールドが散在するバッファローにおいて、州の再生支援制度は、総合計画や用途地域の大改訂を実現する重要な計画手段として活用されており、自治体全体の都市計画と密接に関連している。一般に、ブラウンフィールド再生機会提供地区の再生計画に法的拘束力はないが、同市では用途地域変更に向けた計画素案としても活用されていた。

3 拡大ダウンタウンのブラウンフィールド再生戦略

ダウンタウンの周辺では2000年頃から、ダウンタウン南側のエリー運河港湾地区と、北側のメディカル・キャンパスという二つの面的な再生事業が進められた。両地区とも土壌汚染地を多数含むが、第一世代の再生支援策が有効に機能し、土壌汚染は大きな障害とならずに開発が進められた。

(1) エリー運河港湾地区の再生

ダウンタウンに隣接したエリー運河の入口にあたる内港地区の再生は、市内で早い時期（1990年代）に着手された事業である。ダウンタウンに隣接する大規模な低未利用地であるため、当時ボルチモアをはじめ米国の多くの都市で流行していたダウンタウン隣接のプロ・スポーツ施設の建設が

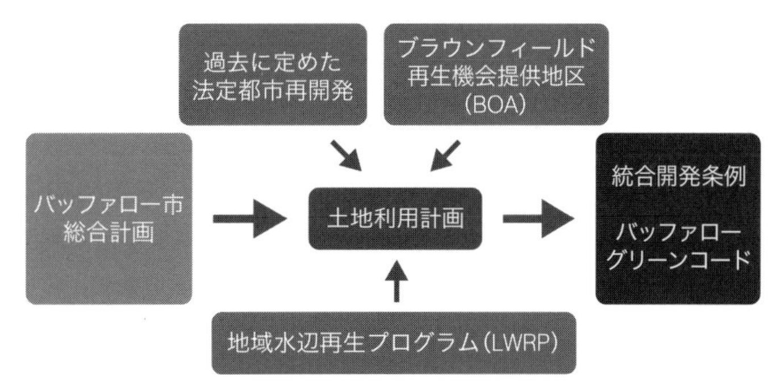

図2・8　総合計画から統合開発条例制定にいたる流れ（出典：City of Buffalo）

地域水辺再生プログラム（Local Waterfront Revitalization Program）

地域水辺再生プログラムは、ブラウンフィールド再生機会提供地区（BOA）と同様にニューヨーク州の州務局が提供する制度であり、州務局が所管する州の沿岸管理計画に各自治体の土地利用や都市計画上の要望を取り入れる制度である。水域に接した立地が多い工場跡地の再生と関係が深い。

バッファロー市は、2005年および2014年に同プログラムに基づく水辺再生計画を改訂しているが、その対象には、四つのブラウンフィールド再生機会提供地区や再開発中の内港地区（エリー運河港湾地区）の大半を含んでいる。水運と陸運の結節点として繁栄した同市において、工場跡地と水辺は特に密接な関係がある。ブラウンフィールド再生機会提供地区の計画では、水辺への公共アクセスの拡大や、オープン・スペースのネットワーク化が指摘されており、水辺と周辺地域の再生を目指す水辺再生計画の影響が見られる。ブラウンフィールド再生機会提供地区は複数のブラウンフィールドの再生の枠組みを提示する計画として機能することを目指しているが、水域と工場跡地の関係が強いバッファロー市では、さらに複数のブラウンフィールド再生機会提供地区を相互調整する枠組みの一部を地域水辺再生プログラムが担っていたのである。

進められた。エリー郡が主体となり、公会堂の建替プロジェクトとして、1996年にアリーナが竣工した。続いて州の経済開発公社の主導により、エリー運河の復元を中心とした再開発計画が立案され、2000年代前半に運河周辺の公共空間整備が先行的に進められた。2000年代後半からは、運河に面する公有地が売却され、ガイドラインに基づいて、民間主体の再開発が進められている（口絵8～10、p.8）。

同地区の特徴は、旧公会堂の建設と同時に埋め立てられたエリー運河を復元し、港湾の歴史を強調するかたちで再開発を進めている点にある。現在も、都心部を貫通する高架高速道路が上空を飛び交っているが、ダウンタウンから切り離されていた臨港地区が、バッファローの繁栄の歴史を強調した魅力的な水辺空間として再生した。実際は運河の埋立に由来する汚染土壌が現在でも存置管理されているが、汚染の調査と管理を進め、開発の安全性と経済性を両立させた。

(2) メディカル・キャンパス

バッファロー・ナイアガラ・メディカル・キャンパスは、2001年に大学や研究機関等によって開始された面的な整備事業である。開発主体は、州立大学バッファロー校・健康保険組合・複数の医療系研究所や財団が2001年から参加している。2002年に最初のマスタープランを発表し、ダウンタウンの北側、メインストリートに接する地区の開発が進められている。

対象地区内には、複数のブラウンフィールドが存在したが、キャンパスに位置づけられた区画の一部は、州の浄化支援を利用して浄化・再開発が進められている。2010年には、当初のマスタープランを改訂し、さらに対象地区を拡大した。

(3) 土壌汚染地の再生を支える仕組み

歴史的にさまざまな港湾利用が行われた地区であるため、多くの土地で何らかの土壌汚染が存在している。再生計画においてブラウンフィールドが強調されているわけではないが、民間による土壌汚染地の再開発では、二つの工夫が行われている。

一点目は、エリー運河港湾地区の場合、売却元の都市開発公社が、敷地の土壌汚染の詳細情報を入札者に開示し、土壌汚染対策を前提にした開発計画を策定している点だ。大型開発の場合は、地下駐車場建設のため掘削が行われるが、事前に汚染情報が提供されることで費用概算と効率的な対策が可能となり、民間の参入を容易にしている。

二点目は、州政府が提供するブラウンフィールド浄化プログラムの適用である。同制度は、掘削除去から、汚染を封じ込めて土地利用を制限して環境地役権を設定するタイプまで、四つの対策手法を定めている。民間事業者は同制度にのっとった対策を行うことで、対策費用に対して税額控除の提供を受けることができる。

これらの工夫は、1節で述べた第一世代の再生支援策にあたるものである

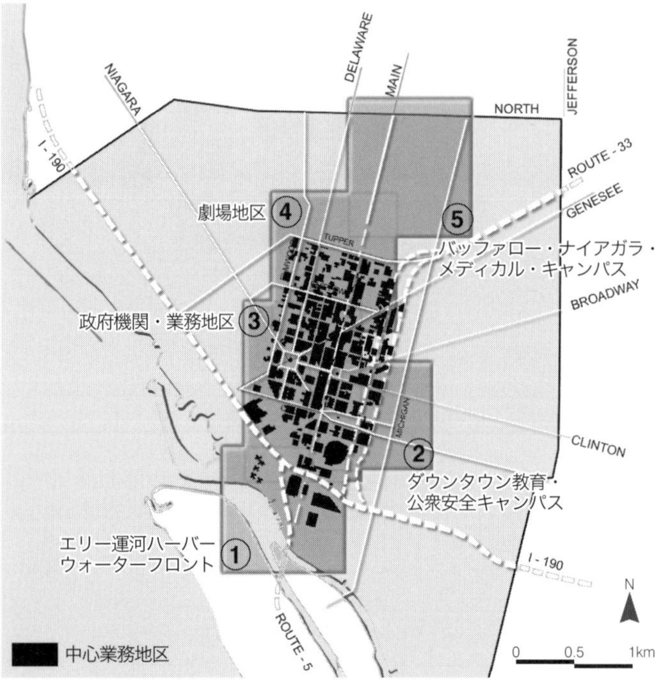

図2･9　拡大ダウンタウンの位置づけ（出典：City of Buffalo (2003) *The Queen city Hub, A regional Action Plan for Downtown Buffalo*）

が、相対的に立地の良いダウンタウン周縁部では十分な成果をあげている。

4 巨大ブラウンフィールドの再生戦略

(1) 市内最大の工場跡地集積地

ダウンタウンからバッファロー川を越えて、南に広がるサウス・バッファロー地区は、複数の製鉄所跡地と廃棄物埋立処分場跡地が、地区の大半を占め、廃車置場や労働者向け住宅地が点在する、市最大のブラウンフィールド地区である。80年代の製鉄所閉鎖と所有企業の破綻により、土壌汚染地が長期間放置されていた。地区面積810 haのうち、32%が低未利用地（2009年）で、地区全域に土壌汚染地が広がっている状況だった（口絵12、p.9および図2·10）。

(2) 環境保護庁の支援により再開発構想に着手

この地区は、1997年に策定されたサウス・バッファロー再開発構想において、初めて地区全体の再生計画が立案された。この計画は、当時本格化しつつあった州と連邦のブラウンフィールド再生支援によるものであり、従来の市主導の工場跡地再開発計画と比べ、土壌汚染地への対応に配慮した計画であった（図2·11）。

計画対象は、2006年から本格化するブラウンフィールド再生機会提供地区の計画区域とほぼ同じであり、地区を複数のサブエリアに分割して再生計画を立案するなど、現在にいたるまで継続される地区再生の原形と言える計画だ。ただし、事業化に向けた枠組みはなく、構想として描かれたにすぎなかった。

(3) レイクサイド業務パークの先行着手

1997年の構想に基づき先行的に着手されたのは、土地所有者の破綻により市の土地取得が見込まれた、地区南西端の運河と製鉄所向けの原材料ヤード跡地であった。市は、所有者から物納された土地や鉄道跡地を活用し、地区全体の区画を整理、中央の運河と一体化した公園を中心に事務所と研究開発・軽工業等の誘致を目指す業務団地（レイクサイド業務パーク）を開発した。汚染対策後、2011年に中央の公園（口絵13、p.9）が開園し、企業の立地が進められている。

(4) 州による再生地区の指定と計画の進展

サウス・バッファロー地区は、2005年に州政府からブラウンフィールド再生機会提供地区の調査対象に選定された。本来は、再開発の可能性検討（段階1）から開始されるが、1997年の再開発構

図2·10　バッファロー川北岸上空から撮影された1970年代のサウス・バッファロー地区（写真奥側）（出典：National Archives (412-DA-7009)）

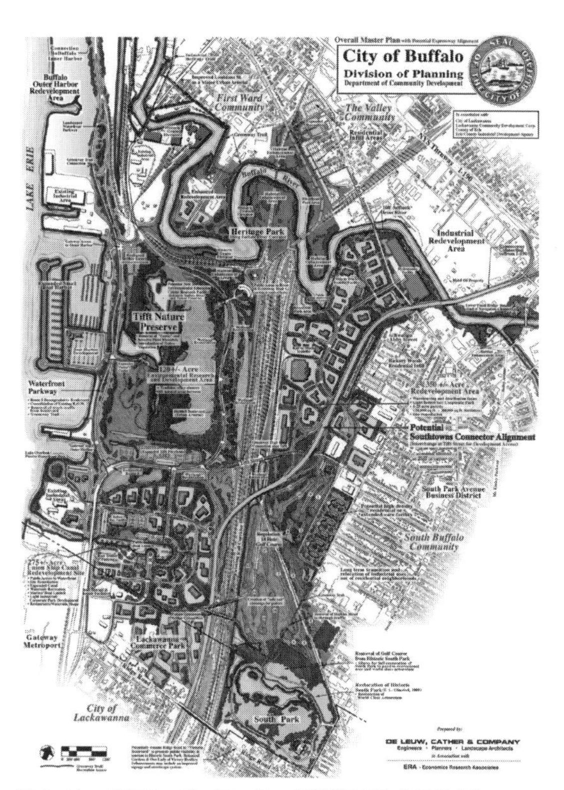

図2·11　サウス・バッファロー再開発構想（1997年）（出典：City of Buffalo）

図 2･12　サウス・バッファロー地区のサブエリア（出典：Buffalo Urban Development Corporation)

想が基礎調査と見做され、段階 2 から開始された。段階 2 は、ブラウンフィールド再生機会提供地区指定の根拠となる再生計画（マスタープラン）策定と戦略サイトの選定を行う重要な段階である。主要地権者・地域住民の代表を含む運営委員会、一般住民との意見交換会に加えて、主要な利害関係者との意見調整を頻繁に実施しながら計画策定が進められた。最終的に九つのサブエリアが設定された（口絵 11、p.9 および図 2･12）。ブラウンフィールドを対象とする計画の特徴は次節で詳述する。

(5) 段階 2 以降のサブエリアの計画進展

段階 2 で設定されたサブエリアの一つである「リバー・ベンド地区」に対して、2011 年に詳細マスタープランが策定された。レイクサイド業務パークと同様に大規模製鉄所跡地を市が取得した地区だったが、州政府の支援により事業化が進められた。当初は業務パークと同様に中小規模の区画に分割予定だったが、最終的には州の財政支援により、エリアの大半を利用した大規模なソーラーパネル開発・製造拠点が建設された。

地区南東端の廃棄物埋立地は、上部をゴルフコースとして利用することが計画されており、2013 年に実現性調査を実施、オルムステッド設計のサウスパーク内の既存コースを移設し、サウスパークを開園当初の姿に復元する計画が進行中だ。ブラウンフィールド再生機会提供地区の再生計画策定により地区全体の再生の方向性が利害関係者に共有された結果、サブエリアの単位で事業化が進み始めている。

(6) 再生が始まったサブエリアを繋ぐ戦略

同地区は、段階 2 の計画が州に認可され、実行戦略を立案する段階 3 の計画が 2013 年から開始された。実行戦略は、再生が先行するサブエリアの詳細計画を包含しつつ、地区全体を結ぶ街路や歩行者道・自転車道の整備、一部のブラウンフィールドの緑地化など、重点整備すべき公共空間が整理され、整備主体や利用予定の補助金も列挙されている。サブエリアで始まった再生を睨みながら、周辺の既成市街地や中小の民有ブラウンフィールドの再生を促すことに注力している。

2･3　ブラウンフィールド再生を地区の再生に繋げる

本節では、サウス・バッファロー地区の再生計画を事例に、ブラウンフィールド再生を中心とした計画の特徴を分析する。

1　環境保護と都市計画の戦略的連携

ブラウンフィールド再生機会提供地区は、州の都市計画部局（州務局）と環境保護局が連携することで「土壌汚染の実態を知ったうえで地区の将来像を計画」し、「地区の再生にとって重要な汚染地を優先的に浄化」する点に特徴がある。具体的には、計画策定前段階の「環境情報の地区再生計画への活用」と、策定後に行う「再生計画の優先順位に基づく環境調査・浄化の公的支援実施」の 2 点に整理される（図 2･13)。

(1) 地区再生計画策定過程の環境情報の活用

同事業の対象地区では、州が定めた事業の枠組みにより、地区内の土壌汚染情報・土地所有情報

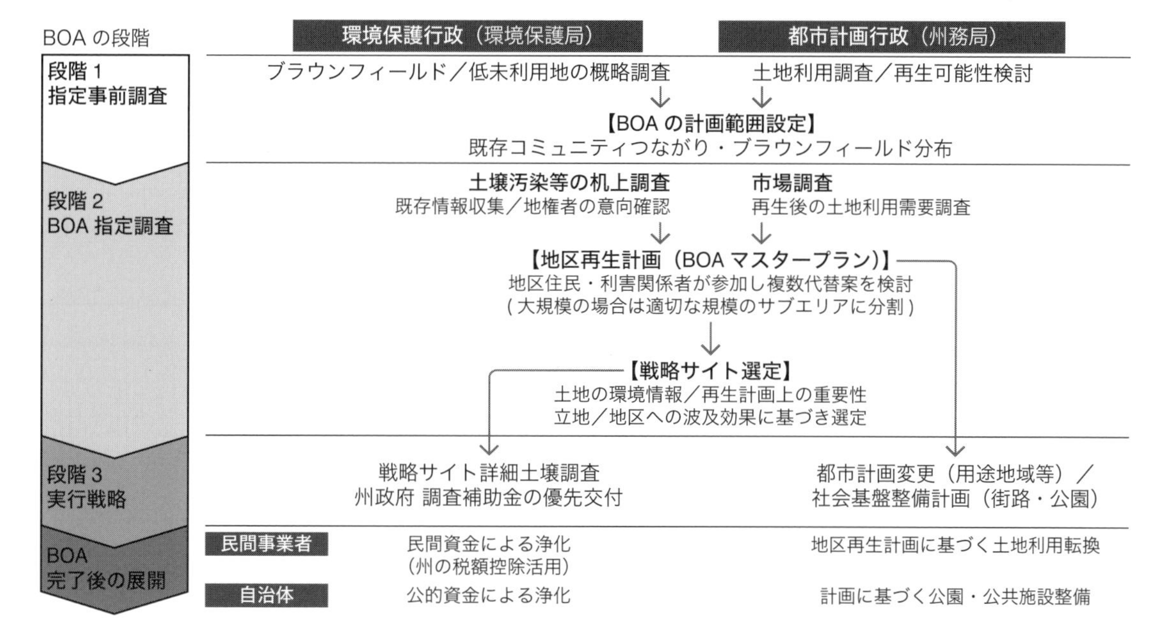

図 2･13　環境保全と都市計画が連携したブラウンフィールド再生機会提供地区（BOA）の計画プロセス

が台帳化され、計画策定に活用される。たとえば、段階 2 では対象地区内の地歴調査や既存の土壌汚染調査に関するすべての情報収集が求められ、策定される地区再生計画にそれらの情報が活用される。浄化に対する公的補助金の大半は、公有地に限定されているため、所有者調査も浄化戦略立案において重要な要素である。

(2) 再生計画に基づく環境関連補助金の配分

再生計画において重要なブラウンフィールドは、戦略サイトと位置づけられ、段階 3 で詳細な土壌調査を実施する補助金を交付され、浄化も最優先で支援される。地区内のその他の土壌汚染地も、環境部局の補助金の優先配分が規定されており、民間による浄化に対しても、一般地区よりも手厚い税額控除が行われる。

2　需要の低い工場跡地に対する空間計画手法

ラストベルトの多くの都市は、人口は減少傾向にあり、開発需要はきわめて限定される。需要の低い状況下での工場跡地に対する空間計画の手法は、積極的な緑地化による密度のメリハリの明確化と、不確実な将来需要を前提にした可変性の確保に特徴がある。

図 2･14　サウス・バッファロー地区の緑地ネットワーク図
（出典：Buffalo Urban Development Corporation）

(1) 積極的な緑地の評価と密度のメリハリ

サウス・バッファロー地区の再生計画は、地区の約 46% を緑地とすることを強調している。実際は、緑地のうち、ティフト自然保護区とゴルフ場予定地は、廃棄物埋立地であるため建物の建設が困難な土地であるが、大規模緑地として積極的に評価し、河川緑地や他の地区内の緑地と接続するネットワークの形成を目指している（図2・14）。

市担当者は、緑地は市民の利用だけでなく、職場環境を重視する企業も多いため、ブラウンフィールド再生後のオフィスパークの企業誘致に対しても有効と指摘する。地区全体を再開発するのではなく、積極的にブラウンフィールドを緑地化して、地区のイメージを一新する工夫をしている。

緑地以外の部分は、フォーム・ベースド・コードを用いて密度感のある街並み形成を目指しており、茫漠とした空き地ではなく、建ぺい地と緑地を明確にして、密度のメリハリを重視した計画である。

(2) 産業を支えたレガシーの活用

船舶輸送に活用されたバッファロー川や掘込運河、工業用の広幅員道路、廃棄物の埋立で生じた地形は、前述の緑地ネットワークに組み入れられ、積極的な活用が意図されている。工業用道路は、街路樹や歩道・自転車道の設置により、低コストで豊かな街路へと転換されており、産業によって生じた遺産を巧みに再生に活用している。また、緑地内に遊歩道を設け、行き止まり道路を減らすことで、開発地区の内外の接続性を高め、周辺地区と計画地の接続性を向上することも狙っている。

(3) サブエリアの設定と優先順位の整理

地区が広大で同時に再開発を行うことが困難な場合、一体性の高いサブエリアが設定される。サウス・バッファロー地区では、全体を九つのサブエリアに分割して、再開発の方向性を示した。ブラウンフィールド再生機会提供地区の多くは、工場跡地が広すぎることに苦しんでおり、所有者や民間事業者の単独の事業では再生が困難な場合が多い。サブエリアへ分割することで、実行可能な計画規模に落とし込み再生戦略を具体化する計画技法は、大規模跡地が連担する地区では重要な意義を持っている。サブエリアの開発は、州のプロジェクト型補助金や民間事業が主体だが、サブエリアの設定と同時にサブエリア間や周辺市街地との接続性の強化に公的資金を投じている点も特徴である。

(4) 市場調査を活用した慎重な用途の見極め

ブラウンフィールド再生機会提供地区は、段階1・2において地区の市場調査を綿密に行うことを規定している。土壌汚染の浄化に主眼を置いた公的資金による環境修復が、浄化後の土地利用に繋がらなかったという反省に立ち、浄化後の土地の再利用の可能性を調査・計画段階で不動産の専門家が検討する。地権者や住民との協議も、市場調査の結果に基づいて行うため、可能性のある現実的な用途について議論が可能となる。

再生計画においても街路・緑地・オープン・スペースと建ぺい地の区分は明確に行われるが、用途の自由度は高い。環境面の条件と市場調査に基づいて可能性がある用途を複数挙げている場合もあり、マスタープランというよりはフレームワークに近い計画と言える。

2・4 工業都市の再生を促す産業と戦略

製造業撤退後の工業都市を支える産業のあり方を、ラストベルトの工業都市の事例を交えて検討し、縮退が進む衰退工業都市において、公的支援と都市計画・アーバンデザインが担う役割を論じたい。

1 工業都市の再生を支える新たな産業

基幹産業を失った工業都市の再生を考えるうえ

表2・3 バッファローの主な雇用主（2013年）

順位	雇用主	雇用数
1	ニューヨーク州	15,123
2	連邦政府	11,183
3	カレイダ医療システム（医療機関）	10,000
4	ニューヨーク州立大学バッファロー校	6,733
5	カソリック・ヘルス（医療機関）	6,628
6	エンプロイヤー・サービス（人材派遣）	6,363
7	M&T 銀行	5,140
8	トップ・マーケット（スーパーチェーン）	5,058
9	バッファロー市公立学区	4,949
10	エリー郡	4,203

（出典：City of Buffalo（2014）*Comprehensive Annual Financial Report*）

で、街を支える新たな産業を見出すことは、都市戦略を考えるうえでも重要な点である。本節では、ラストベルトの都市のブラウンフィールド再生後の土地利用を事例に、衰退工業都市が取りうる再生戦略について、産業の観点から考えてみたい。

(1) 製造業なき工業都市の雇用

工業都市はその発展とともに、富を蓄積し、医療施設や高等教育機関が集積した。ラストベルトの都市において、基幹産業の衰退後の主な雇用主は、政府機関と大学や病院であるケースが多い(表2･3)。

図2･15は、筆者が研究の対象としているラストベルトの三つの工業都市(マサチューセッツ州ローウェル(Lowell)、コネチカット州ブリッジポート、バッファロー)の分野ごとの雇用の変化を図示したものである。1990年以降も製造業の割合が大きく減少し、教育・医療分野の割合が相対的に高まっていることが分かる。

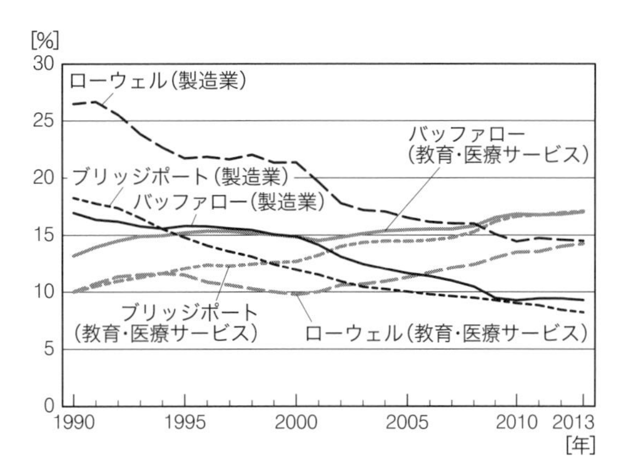

図2･15 米国北東部の衰退工業都市の都市圏における雇用変化 (出典:連邦労働統計局の都市圏の産業別雇用者数に基づき作成)

(2) 大学や病院による雇用の維持と拡大

工業都市の大学の多くは、工場を支える技術者の養成などを目的に設置された工業大学が多いが、第二次世界大戦以降、独自に拡大したり、州立大のネットワークに加入したりしながら、総合大学として発展を遂げてきた。総合大学として多角化することにより、製造業の衰退に大きな影響を受けずに現在にいたっている。

たとえば、米国の産業革命の始まりの地であるマサチューセッツ州ローウェルの州立大学ローウェル校は、繊維業が設立した繊維専門学校と教員養成学校が母体である。現在は、繊維業が完全に衰退したローウェル市の雇用と経済を支え、ダウンタウン周辺のブラウンフィールド再生物件の主なテナントとなっている。市街地にキャンパスが立地することによって、人口が増加し住宅需要も増えるため、間接的な効果も大きい。鉄鋼業で成功したアンドリュー・カーネギーが設立したピッツバーグのカーネギー･メロン大学や、GMが設立したミシガン州フリントのケタリング大学なども同様の事例である。

大学は、教員と学生に加えて、維持管理や飲食などさまざまな雇用を生みだす施設であり、研究拠点の形成や次項で述べる製造業の高度化においても中核的な役割を果たしている。

一方、病院は、診療を行う医師から看護師、事務や清掃など多様な職種の雇用を安定的に生みだす。中長期的には、都市圏の人口減少によって患者自体が減少する可能性もあるが、広域から集客していることもあり、製造業と比べれば落ち込みは小さい。

オハイオ州クリーブランドは、鉄鋼業や自動車産業が大きく衰退するなか、全米トップクラスの規模と技術を誇る病院、クリーブランド・クリニックが、世界中から患者を集めており、近年の同市の最大の雇用主である。病院や関連する研究機関の拡張や再整備が、都市再生戦略の柱となって公共交通の整備や周辺の開発も推し進められている。

マサチューセッツ州ウースター市では、郊外に移転予定だった大規模病院をダウンタウン近傍のブラウンフィールド再開発に誘致し、中心市街地の維持に大きく寄与している。

バッファローでも、ブラウンフィールド再生地区の一つであるメディカル・キャンパスは、州立大学バッファロー校と複数の医療財団が主導しており、大学と病院が地区再生を牽引している。

図 2·16　マサチューセッツ州ローウェルの歴史的な紡績工場を再生した集合住宅（居住者の大半は大学関係者）

(3) 低廉で好立地の住宅としての再生

ブラウンフィールドの住宅による再開発は一般的な用途である。ただし、導入にあたっては、都市内や通勤可能圏内に有力な雇用先を持つ大都市があるかどうかという点が重要である。ニューヨークやボストンなどの都市圏に位置する工業都市は、比較的若い層を対象にした住宅再開発を行い、低廉で好立地の住宅地として打ち出すことに成功した。もともと工業用に敷設された鉄道駅に隣接して公共交通による通勤が可能な場合が多く、運河や河川に隣接した立地や歴史的建造物の再生は、従来の郊外戸建て住宅地と異なる魅力を生みだしている（図 2·16）。

(4) 製造業の高度化と既存労働力の活用

工場跡地を、製造業の用地として再利用することは、熟練した製造業従事者の雇用維持や安価に対応できる土壌汚染対策の観点から考えれば、悪くない選択肢である。しかし、衰退工業都市の多くは、製造業にとっての魅力を失ったから衰退しているわけであり、同種の工場を再誘致することは不可能である。そのため、近年は、環境分野のような拡大可能性が高く、技術的にも高度な製造業を対象に、事務所や研究施設と一体化した製造施設の誘致を行い、付加価値の高い工業への転換を打ち出す都市も多い。大学や医療機関とのシナジーも期待できるため、全米でも有数の大学や研究機関を地域内に持つラストベルトの工業都市の生き残り策の一つとなっている。

事務所と製造・物流が複合した施設の立地を狙うために、工業団地自体の空間計画も変化しつつある。サウス・バッファロー地区の事例で述べたように、緑地や歩行者空間も一定程度充実した再生計画の導入が進んでおり、住宅系用途との隣接も可能な業務用途も少なくない。オープン・スペースを周辺地区と連担させることにより、工場関係者以外の利用が困難な従来型の工業団地から、従業員も地区住民も楽しめる豊かな公共空間を備えた魅力的な地区とすることが、企業誘致の面からも重視されている。

2　工場跡地の再開発から地区再生の戦略へ

(1) 工業都市の再生を促す公的支援の役割

従来のブラウンフィールド再生支援策は、土壌汚染の調査・浄化を対象としており、浄化完了と土地の再利用がリンクしない事例も多かった。しかし、2000 年代に始まる第二世代の支援制度は、ブラウンフィールド周辺の市街地全体を対象に、明確な再生戦略の構築を促す支援に変化した。

地区再生の支援は、競争的資金のため、各自治体は当該地区への適用を要請するにあたり、地区の都市内での位置づけや都市全体の低未利用地の再生戦略が問われる。支援の獲得を目指して、自治体は全市の低未利用地再生戦略や地区の優先順位を検討する。結果として、ブラウンフィールド地区再生の補助金に促されるかたちで、自治体は都市全体の再生戦略と低未利用地の活用の議論を進めた。

もちろん、地区再生の支援を受けた地区すべての再生が始まるわけではない。実現性の低い再生計画は、支援の最終段階に到達せずに支援を打ち切られる。支援獲得にすらいたらない自治体もある。それでも、ブラウンフィールド周辺地区を対象にした計画支援は、自治体さえも目を背けてきた条件不利な工場跡地を直視し、関係者が将来を議論する土台を作りだしており、官民の実務者から高く評価されている。

(2) 多様な政策資源を統合する都市計画の役割

本稿では、都市計画と環境保護に着目したが、ブラウンフィールド再生では、地区や地域の再生を共通の目標に、多分野の政策資源を組み合わせることが広く推奨された。これは都市計画の本来の役割でもあるが、現実には文言だけの連携に終わっていることが多い。ブラウンフィールド再生の現場は、異分野の現実と課題に都市計画が深く入り込むことで、誰もが目を背ける深刻な課題を打破できる可能性を示している。人口減少というパラダイム・シフトを乗り越えるためには、都市計画の根幹にあるはずの、他分野を包含し統合する力こそ、必要ではないだろうか。

[注]

1 国勢調査局データに基づくピーク時人口10万人以上の都市の減少率上位20都市（表2・1）。
2 米国の連邦ブラウンフィールド法では、ブラウンフィールド・サイトは、有害物質・汚染物質の存在または存在の可能性により、拡張・再開発・再利用が困難になっている不動産と定義される。ただし、スーパーファンド法により連邦が浄化管理を行う深刻な土壌汚染地は除く。
3 ブラウンフィールド再生政策の立案に1990年代から関わってきたCharles Bartsch環境保護庁上級顧問へのインタビューによる。
4 バッファロー市都市開発公社副社長David A. Stebbinsへのインタビューによる。
5 フォーム・ベースド・コード（Form Based Code：土地利用の自由度を高める一方で、壁面線や建物高さ等の地区の形態のコントロールに重点をおいた都市計画の規制）。

[参考文献]

・ City of Buffalo（2006）*Queen City in the 21st Century — Buffalo's Comprehensive Plan*
・ City of Buffalo（2010）*South Buffalo BOA Nomination document*

3章　シュトゥットガルト

成長都市から定常化へのパラダイムシフト

坂本英之

3・1　ドイツ都市のパラダイムシフト

1　拡大成長から定常・縮退へのメカニズム

20世紀末から今世紀にかけて、世界の政治・経済体制において根本的、かつ劇的な変化が起こった。ドイツにおいて象徴的な出来事は、いわゆる、壁の崩壊と東西ドイツ統一である。これら政治・経済或いは社会的な課題に加え、環境・エネルギー問題や問題などさまざまな要因が将来の課題として浮かび上がってきている。たとえば、統一後の東西ドイツの格差に加え、人口動態の変化や難民問題など、簡単には解決できそうもない課題も多い。

このような背景の中で、ドイツのみならず世界の先進国における都市はこれまでにないパラダイムシフトが求められている。持続可能な社会の器としての都市のあり方を求めて、まだ多くは実験的段階ではあるが、さまざまな智恵をしぼった試みが始められている。これらは、これからの四半世紀の都市経営の方向を占う重要な試金石である。

近代以降、先進工業国において進められてきた工業化は都市化現象を生みだし、それに応えるかたちで今日の都市計画制度はつくり上げられ改善されてきた。それらが産業構造の変化、人口減少や価値観の多様化を求める新たなパラダイムシフトにどのように対処していくのだろうか。既存の制度を継承しながら新たなシステムを構築するために、とくに、非都市化現象と言われる今日的課題にいかに対処していけるのかが注目される。

連邦制のドイツでは各州およびそれらに属する基礎自治体に都市計画をはじめとする自治権「計画高権」の確立された体制が敷かれている。それぞれの地域に起こるさまざまな課題を背景に独自の都市政策を推し進めている中で、現在のドイツの都市計画における動向をひとくくりにまとめることはむずかしいかもしれないが、シュトゥットガルト市のいくつかの事例を中心にして、ドイツの都市計画の流れを俯瞰しつつ、その実情を確認したい。

2　ドイツ都市の課題

ドイツの将来的な都市開発および再開発でのさまざまな課題に対応するために、連邦交通建設都市開発省（Bundesministerium für Verkehr, Bau und Stadtentwicklung：BMVBS、都市開発および住宅、建設の部門は2013年12月のメルケル首相第三次内閣発足の際、連邦環境自然保護原子炉安全省 Bundesministerium für Umwelt, Naturschutz, Bau und Reaktorsicherheit：BMUBに移管）は下記10項目の具体的な指針を掲げている。

- 変化する枠組み条件のもとで市街地を開発する―都市への視点
- 都心における多様性を保持する― 中心エリアのサービス機能強化
- 都市間における広域連携を図る
- 土地需要の減少をチャンスとする― 子持ち世帯の住環境の質を高め魅力的に
- 社会的に安定した都市区を形成する― 移民（移住）をチャンスと捉える
- 高齢者にやさしい都市改造をインフラに組み

込む

・モビリティの権利確保を都市と環境にやさしく仕上げる

・経済とイノベーション拠点としての都市を強化する

・個人商店の多様性を保持する— 中心エリアのサービス機能強化

・自治体計画と民間投資の協働連携を改善する

これらの項目により、以下の三つの方向性が見えてくる。まず一つには、歴史的環境保全をもとにした中心市街地および都市中心機能を強化しコンパクトシティを目指すこと、そして二つ目として、社会的、環境的に持続可能な都市計画における新たな構造を創出すること、さらに三つ目として、社会的課題解決のための都市計画の目標を設定することなどである。

3・2 ドイツ都市計画の特徴

ドイツの都市計画は、自治体とその住民における共同体意識が醸成する明快なルールをともない、合理精神に裏打ちされた堅牢な制度構造を特徴としている。我が国にも都市マスタープランのお手本として導入された土地利用計画（Flächen-nutzungsplan：FNP（以下、Fプラン））と、また同様に地区計画として取り入れられている地区詳細計画（Bebauungsplan：BBP（以下、Bプラン））は、都市計画制度の根幹をなすもので、今日においても都市計画の実践的ツールとして重要な位置を占めている。

これらの二つの計画は、市議会に設置されている都市計画委員会（建設副市長が議長）において決定される法定計画としての性格をあわせ持つ。土地利用計画は都市全域にわたり土地利用を根幹に交通計画を体系づけ、市街地の他、森林や農地も含む緑地、水域にいたるまであらゆる要素を網羅したものである。また同様に法定計画である地区詳細計画は、限られた区域における建設計画を三次元の空間としてとらえ、市民の参加を促す仕組みも取り入れ、計画における市民の合意形成にさまざまなルールと工夫を凝らし数多くの成果を上げてきた。

これらの二つの計画はいわゆる「概要」と「詳細」の二層構造を構築し、ドイツの都市計画の「堅牢性」を担保するものである。また連邦は州に、州は郡および自治体に計画高権（Planungshochheit）を委譲するかたちで、都市の個性や独自性を重んじてきた。このような背景から、一つの都市の個性的な取り組みが、他都市に波及し連邦政府の新たな法案づくりに結びつく事例も多い。

また1976年に自然保護法との連携が図られたことによる結果、Fプランと風景計画（Landschaftsplan）、Bプランと緑地整備計画（Grünordnungsplan）が一対の計画として策定される義務が生まれた。これまでの二層構造に増して、4者が井桁状の関係を構築し、実効性と安定性のある計画制度が構築された。

これに従い、建物を建ててもよい「建ぺい地」のみならず建ててはならない「非建ぺい地」にまで、公私にわたりアーバンデザインの手法が行き届くことになった。Bプランでは建物の用途、階高からはじまり、建築線によって示される建てなければならない建物の壁面の位置、屋根の棟の向きにいたるまで詳細に決められる。それによって良好な風景を保てると考えているからである。それに加えて、建物を建ててはならない非建ペイ地の仕上げが、たとえばアスファルトなのか土なのか石敷きなのか、または緑地なのか、植えられる樹木の場所や本数、種類や幹の太さなどが詳細に記述される。また、建設にともなう樹木の伐採や緑地等の自然破壊に対する相殺措置（ミティゲーション）も当然ながら義務づけが成されている（口絵3、p.11）。

これらの都市計画制度を運用するにあたり、特徴ある対応が求められる。それには市民参加が重要な役割を果たしてきた。1976年改正の建設法典には、法的計画であるFプランやBプランを策定する際に、案を作成する早期の段階と案が確定する前の段階の2回の市民参加のチャンスが与えられている。その他、実践的運用に向けて、各都市はさまざまな社会実験を試みている。たとえば、シュトゥットガルト市のように都市気象学の先端的知識を活用して、都市における微気候（局地的気候）を制御し、人の営みや社会的な環境負荷を抑える施策も全国的に定着している。

3・3 土地利用の原型をつくったバウシュタッフェルプラン

1 1世紀前のパラダイムシフト

今日の社会構造の変動によるパラダイムシフトに対して、都市計画においてもさまざまな対策が講じられようとしている。都市の縮退に見られるような郊外住宅団地の減築や旧市街地あるいは旧工業地域の再生における施策は、逆都市化現象の時代の先駆けとも言える。都市化現象によって生まれた19世紀の近代都市計画は、当時のパラダイムシフトを求められた結果と考えられる。

19世紀後半におけるドイツの都市化現象はグリュンダーツァイト（Gründerzeit：19世紀末に遅れてやってきたドイツ産業革命とその後のバブル経済期）に代表される経済発展とともに大きな変化を見ることができる。グリュンダーとは「起業家」あるいは「創設」、ツァイトは「時代」という意味で「起業家の時代」と呼ばれる。ブルジョワジーと呼ばれる富裕層を中心にした市民の台頭と、同時に諸侯の統治体制の崩壊をもたらした。またこの時期に、家内制手工業から始まった起業家の手による新会社（法人）が次々とつくられ、都市内に工場

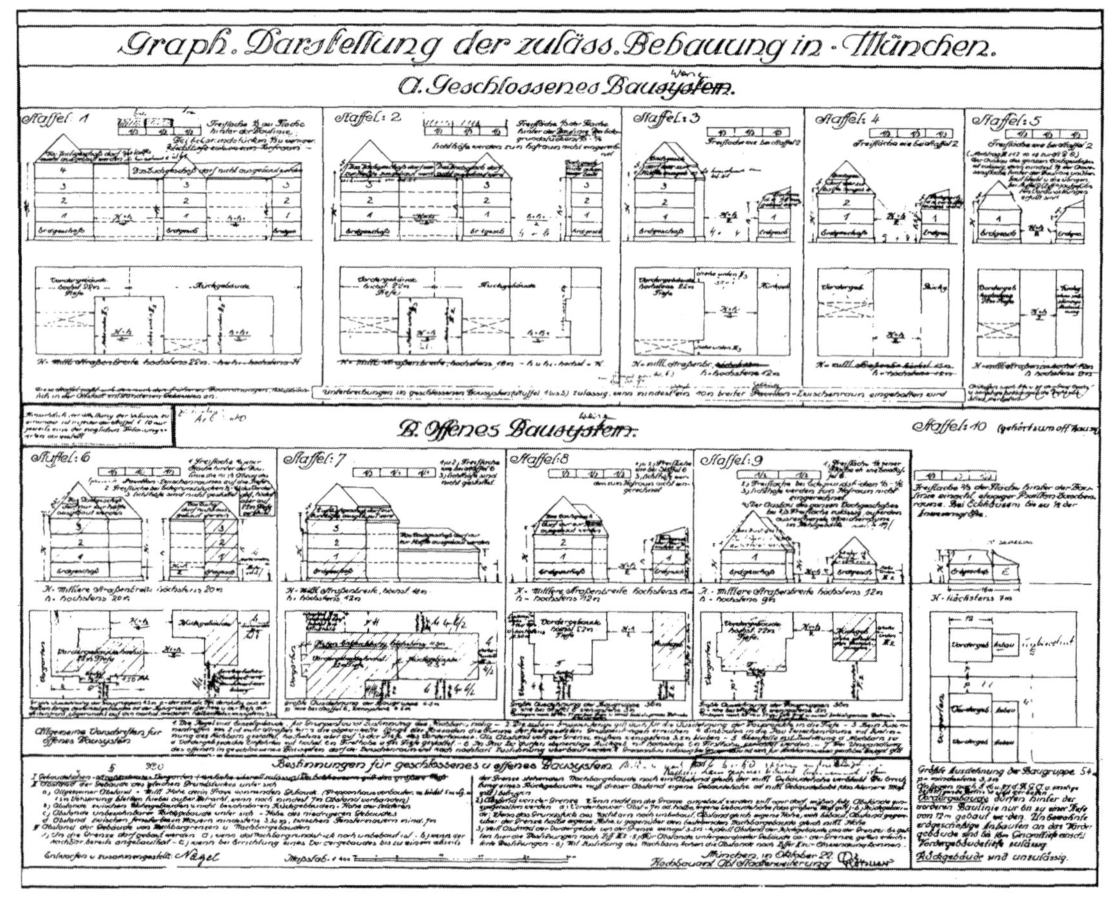

図3・1　ミュンヘン市のバウシュタッフェルプラン（1904年）（出典：Deutsche Akademie für Städtebau und Landesplanung (1984) *Landesgruppe Byern*）
旧市街地計画図（口絵1、p.10参照）と一対をなすもので、10段階のシュタッフェルをグラフィカルに表したもの。図の左上から右下にかけて順を追って建築密度の高いシュタッフェル1（中心部）からある程度低く抑えられたシュタッフェル10（郊外部）までを段階的に示している。街路をつくりだす建築の形式のみならず、中庭のボリュームや背後の建物についても記述されている。

と事務所が続々と生まれた。また周辺農村から多くの都市労働者が集められ、都市の無秩序な開発による混乱が始まった。行政当局は対策のために早急に都市的な計画制度を創り上げる構造的改革を求められた。

20世紀工業化社会の先駆けとも言えるグリュンダーツァイトは、現在の企業の70%が当時創業したものに何らかの関係を持つと言われるほど今日的経済の潜在的基盤をつくったものだと言える。この好景気は、1873年にウィーンに端を発する株の暴落で引き起こされた大恐慌により欧州経済が躓くまで続くが、その後の第一次および第二次世界大戦を経て、今日のドイツ経済および都市計画の基盤をつくった。

これらの社会構造の変化は当然、それまでの都市のあり方に大きく影響した。それまでは、一部の自由都市以外は、諸侯が都市を治め、都市経営の基盤となる都市計画と建設の推進は一部の選ばれた人たちによって行われた。それが大きく舵を切られていく時代となった。各自治体に都市美委員会なるものが生まれるのもこの頃である。このような時代を背景としてバウシュタッフェルプラン（Baustaffelplan：自治体によってはstaffelbauplan）が生まれた（図3･1、口絵1、p.10）。

2　今も生きているバウシュタッフェルプラン

バウシュタッフェルプランは、都市を中心部から周縁部までの密度に応じて、大きく10種類に分類し、土地利用（用途地域）と建築の単体規制から集団規制までを含めたゾーニングプランである。10種類のエリアに対応したそれぞれ10段階の建築規制を示し、各エリアの性格付けを行うとともに、都市全体の機能とかたちをまとめようとするものである。その後、土地利用計画と地区詳細計画に細分化する都市計画の基本事項が組み込まれたものとなっている。都市景観の基本となる「地」に対してゾーニング規制を行い、「図」をつくる記念建造物等による都市シルエットを保護するアーバンデザインとしても機能してきた。混乱した当時の都市計画において、旧市街地の形式を尊重しつつ、三次元的理想像を求め、新しい時代の都市のあり方を探ろうとしたものとして注目される。

3･4　シュトゥットガルト市の都市計画の動向

シュトゥットガルト市は人口約60万人のドイツ西南部に位置する工業都市である。連邦全土の中でドイツ南部のシュトゥットガルト市やミュンヘン市は、自動車産業を中心にさまざまなハイテク企業の集積から、工業都市としての経済的優位性を保ってきた。他都市との比較では、今後の人口増加も期待され、健全な成長を続けていると言える。雇用環境のよさが最大の理由であるが、医療、福祉や教育、文化などの生活環境の質の充実とともに、住宅、都市景観、周辺の自然の豊かさが重要な要因となっている。なかでも環境保護を施策の中心に据えるシュトゥットガルト市は、戦後高度経済成長期にいち早く都市気象学を都市計画の重要な要素として取り込み、アーバンデザインや建築計画の設計指針に盛り込んでいる。また1980年代以降、ダウンゾーニング等の開発抑制に移行してきた同市では、今世紀初頭から、新たに内部開発優先の施策を鮮明に打ち出している。

1　環境保護と都市計画

シュトゥットガルト市はドイツ連邦の中でも南西端、フランス、スイスとの国境に位置するバーデンヴュルテンベルク州の州都である。市政として特筆すべきことは、2013年1月から市長に選出されたフリッツ・クーン（Fritz Kuhn）が同盟90/緑の党（以下、緑の党）に属することである。2009年の市議会選挙以来、緑の党と社会民主党（SPD）などの小さな政党の連立政権が市議会の過半数を占めている。緑の党員は、環境保護を前面に打ち出した政党であり、東北大震災直後の2011年7月の州議会選挙で大きく議席を伸ばした。その結果、州首相に就任したヴィンフリート・クレッチュマン（Winfried Kretschmann）も緑の党員である。連邦では、州都の市長と州首相がともに緑の党から選出されたのは初めてのことである。またこの州にはドイツの中でも環境施策を突出して推進し、「環境首都」として名高いフライブルク市がある。これらを背景として、環境保全に関連ある特徴的な都市施策が行われている。1980年代初頭にはすでにダウンゾーニングやダウンサイジングの考え方を都市計画に用いていた。

2　都市気象学と都市計画

シュトゥットガルト市の環境保全に関わる都市計画で独創的なものの一つが都市気象学を取り入れた「風の道」である。これは市環境保護局の主導で都市計画局が連携して40年近くの歳月をかけて推進されてきたものである。シュトゥットガルト市の場合、局地的な気候特性を示す11種類の「クリマトープ」を用いて都市気候を解析し、そこから導き出された八つのカテゴリーからなる計画の指針によって、Bプラン策定などの新たなプロジェクトや土地利用変更の可能性が発生すると、都市計画に都市気象学の専門家を加えて大気の循環や温度、湿度の調整による快適な環境創出のための規制誘導を行っている。このシュトゥットガルト市の先進的な取り組みと実績を踏まえて、現在はドイツ全土において都市気象学を活用した都市計画が普及している（口絵4、p.12）。

3　開発の抑制と連邦政府の方針

連邦政府が都市計画において行った大きな方向転換の一つとして、Fプランの策定義務の解除がある。Fプランは市全域を計画エリアとして森林や農地、湖沼、河川も含む土地利用と交通、公共施設等の都市インフラの計画を俯瞰し、都市のフィジカルな目標像を示すマスタープランとしてこれまでおおむね10年から15年の目標年次を設定し、そのつど更新されてきた。ところが2004年の建設法典の改正から、見直しを義務づけられてきた各自治体のFプランの策定業務が任意制になった。したがって、シュトゥットガルト市では1995年に2010年を目標年次と設定したFプランを策定したが、2010年を過ぎても次の15年を目標に新たに策定する考えはない。市民向けに発行した2012年版はそれ以前のものに部分補正を施したものである。

また、連邦政府が持続可能な社会戦略として掲げた目標は、自然地あるいは森林・農地等の緑地を居住や交通のために開発する土地利用（基本的にあらゆる開発行為）を連邦全土で2020年までに1日あたり30 haにまで減少させることである。それに従って、バーデンヴュルテンベルク州では今後5年間に1日あたり6.7 haの開発行為（現在）を1日あたり3 haに減少する目標が課された。それ以前からシュトゥットガルト市のFプランはコンパクトシティにおける都市開発の規制の考え方が色濃く反映されたものとなっている。これは自然地や緑地を侵食する土地利用をしないとの態度表明である。2004年にシュトゥットガルト市では病院の建設予定地を緑地に戻すBプラン（非Bプラン化）が策定されている。これは連邦では初めての事例であると言われる。

3･5　インテグレートされた都市開発プログラム

90年代中頃から議論されてきた土地の「節約」（「牧草地」に象徴される農地・自然地に手をつけない！）と中心部の既成市街地再開発の優先は2001年に市議会で条例化された。たとえ小さなものであっても、郊外へのスプロールによる開発を禁止するものである。その結果、多くの牧草地等における新しい建設計画が中止された。これ以上の自然地への介入をしないことを決めたシュトゥットガルト市において、都市開発の中心事項はいかに既存市街地内部で開発に適した場所を見つけ、現在不足している住宅等の都市インフラを整備しながら、かつ民間投資を促すシステムを構築するかである。そのために2004年に都市計画局が中心となり庁内横断のプロジェクトチームを立ち上げ、グローバル経済の進展や地域の社会経済的な転換から多様化する都市のニーズを視野に入れ、都市開発のあり方を探った。2011年からいくつかの建設プロジェクトも具体化され、その成果が目に見える形になろうとしている。

1 シュトゥットガルト市内部開発プロジェクト

プロジェクトは、まず「シュトゥットガルト式持続可能な建設用地管理システム（Nachhaltiges Bauflächenmanagement Stuttgart（NBS））」という研究事業とEU助成プロジェクトである「遊休地再生開発マネジメント（Manager Coordinating Brownfield Redevelopment Activities（COBRAMAN））」が2001年に開始され、加えて2004年に「シュトゥットガルト式内部開発モデル（Stuttgarter Innenentwicklungs Modell（SIM））」が社会実験として進められた。都市内部を開発することは、既存の土地利用を一度解除したり、むずかしい近隣関係を解決するなど、官民共同で内部開発の障壁を乗り越える作業である。建設用地の潜在的可能性が定期的に開発業者、土地所有者や建設業者等の関係者にネット上で分かりやすく伝えるシステムも開発された。

持続可能な建設用地管理システム（NBS）では2001年から2003年にかけて行われたカールスルーエ大学との共同研究から約350カ所の候補地があげられ、約340 haの開発可能な土地が都市内部にあることが分かった。それらの土地が調査され、約60カ所の土地の履歴について情報をネット上に配信している。土壌汚染の状況、自然保護、種の保存の状況など2004年以降、さらに厳しくなった環境アセスメントにも配慮している。これらは内部開発を進めるうえで重要なサービスと言える。これらの土地には都市気象的にも敏感な土地が50カ所にのぼる。また、都市計画の重要な場所をモデル地区として指定し、土地利用の諸手続を進め、地区マスタープランによる模擬設計が試みられ、実現可能性についても詳しく検証されている。

また遊休地再生開発マネジメント（COBRAMAN）は、遊休地、とくに工業用地や鉄道操車場跡地、軍事用地などの社会構造や産業構造の変換による土地利用の見直しが計画されている地区、いわゆるブラウンフィールドに特化した開発を管理するプロジェクトである。どれだけの密度で住居の建設が可能か、あるいは土壌汚染を含め周辺環境に対する整備に掛かるコストなどについて調査研究されている。欧州地域開発基金（European Regional Development Fund：ERDF）から82％の補助が与え

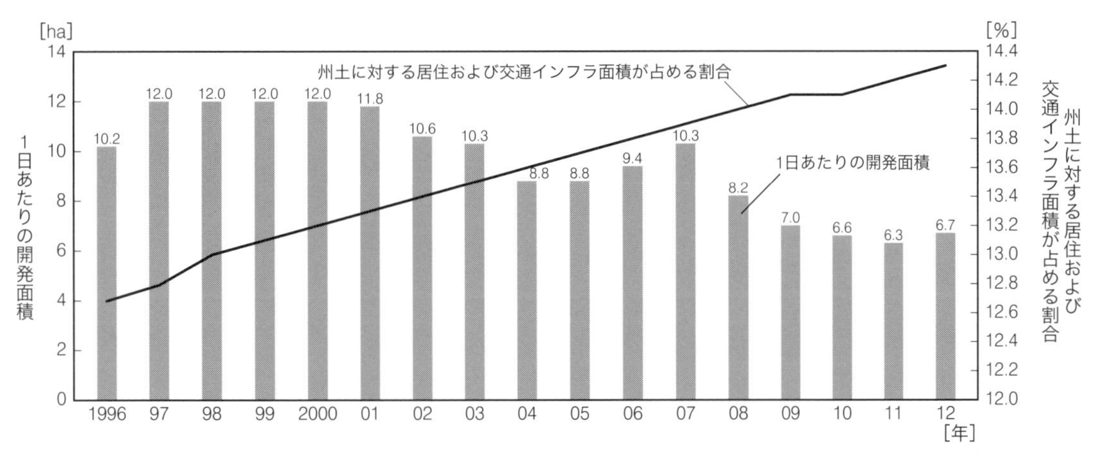

図3･2 1996年以降のバーデンヴュルテンベルク州における居住および交通インフラ開発の推移（出典：Nachhaltiges Bauflächenmanagement Stuttgart（2015）*Lagebericht*）
連邦が持続可能な社会戦略として掲げた目標は、居住や交通のための土地利用（基本的にあらゆる開発行為）を連邦全土で2020年までに1日あたり30 haにまで減少させることである。それに従って、バーデンヴュルテンベルク州では今後5年間に1日あたり6.7 haの開発行為（現在）を1日あたり3 haに減少しなければならない。図では、市街地および交通インフラの開発面積が増加していることを端的に示している。2007年にはまだ、1日あたり10.3 haの土地が新たに開発されていたが、2011年までに6.3 haまで減少した。しかし、2012年には再び6.7 haに上昇している。土地利用の節約に対するさまざまな努力にもかかわらず、2012年の居住および交通インフラに使用された土地の州全体に対する割合は14.3％と、増加は堅調である。

られる。2年ごとに提出される報告書をもとに見直しが図られる。

最後に内部開発モデル（SIM）は、上記の研究成果をもとに不動産業者や建設業者などの民間活力を活用した実施に移すための戦略的な計画である（口絵5、p.12）。シュトゥットガルト市では、2009年からは、運用に向けて概要のまとめを行った。それらは、①建設用地の潜在力の総合的活用、②都市居住のための適切な助成（内部開発と住宅建設の保証により、高次の都市環境の質へ）、③住宅建設助成のための割り当て保証（手頃な住空間、ソーシャルミキシングと街区の安定）、④都市計画的な質の保証（建築文化の尊重、コンセプトの多様性、都市気候的な基準）、⑤市財政軽減のための費用償還（社会インフラ、緑化、開発コスト）などである。その後2012年までに、民間業者の受け入れと参加意欲を高めるため、社会実験を重ねながら開発業者等との対話型によるプロセスの最適化と応用を試みている。

2　社会的適正居住とアーバンデザイン

都市内部の開発では、居住環境の整備が欠かせない。とくに社会的弱者への配慮、つまり福祉に重点を置いた施策が優先される。ドイツにおけるパイオニア的役割を果たしたプロジェクトとしてはミュンヘン方式と呼ばれる「社会適正居住施策（Sozialgerechte Wohnnutzung）」をあげておかなければならない。参加する民間開発業者は助成や融資および税金の減免措置などを受けることができるが、社会的なインフラ、たとえば地区内道路の整

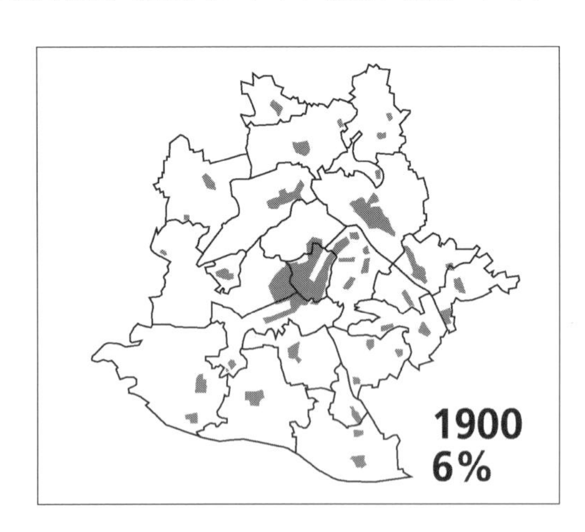

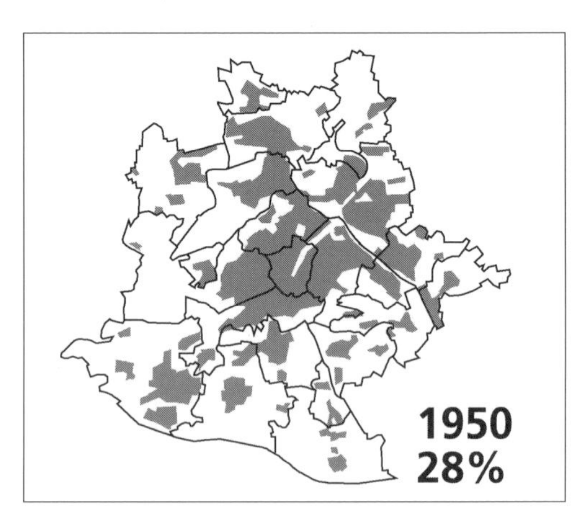

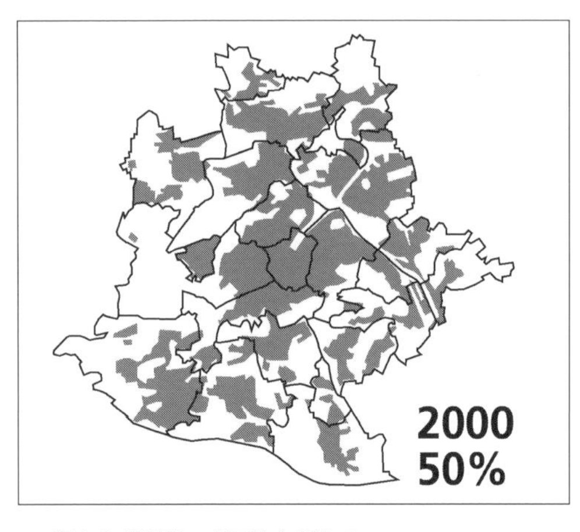

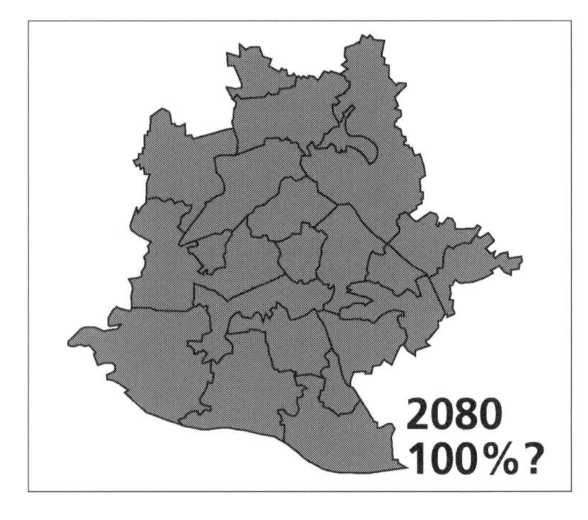

図3･3　都市内部開発の必要性を訴える（出典：Landeshauptstadt Stuttgart（2008）*Beiträge zur Stadtentwicklung 40*）
1900年にはわずか6%の土地利用しかなかったが、2000年には50%になり、都市の成長限界に達している。持続可能な都市経営のための内部開発は今後さまざまな世代にわたって引き継がれなければならない。そのためには新しい情報共有と管理システムとを構築しなければならない。

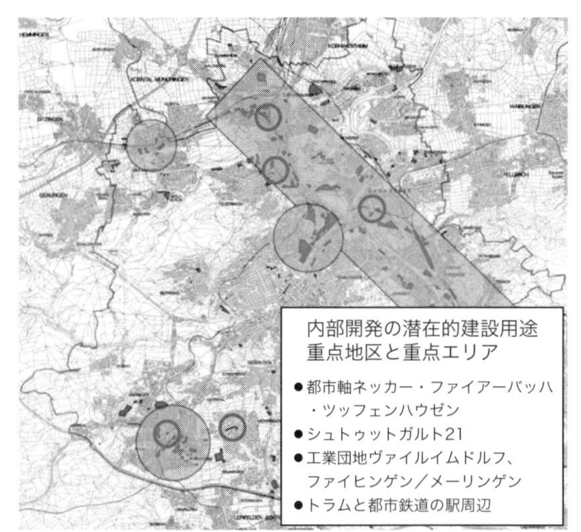

図 3･4　内部開発の潜在的建設用地の重点地区と重点エリア（出典：Stadtplanungsamt Stuttgart）
点在する重点地区をまとめた重点エリア（①ネッカー川流域の産業跡地のエリア（図中帯状の部分）、②鉄道操車場跡地シュトゥットガルト 21 のエリア、③ファイヒンゲン工場団地跡地など）を定めて、エリアマスタープランを策定して、都市全体の中での位置づけを図っている。

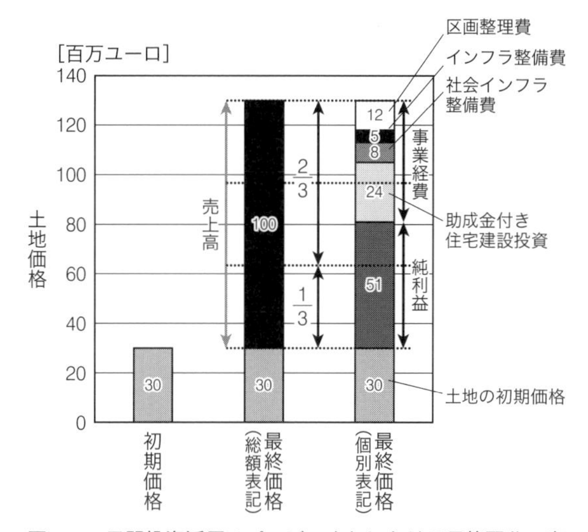

図 3･5　民間投資活用のプロジェクトにおける予算配分の事例（出典：Neues Whonen zwischen Stadt und Heidelandschaft（2004）*Referat für Stadtplanung und Bauordnung Landeshauptstadt München*）
初期の土地価格3000万ユーロ（30%）に対して1億ユーロ（100%）の事業費がかかったプロジェクトの例である。その内訳は、敷地譲渡額1200万ユーロ（12%）、インフラ整備500万ユーロ（5%）、社会インフラ整備800万ユーロ（8%）、助成された住宅建設費2400万ユーロ（24%）、純利益5100万ユーロ（51%）、土地価格300万ユーロ（30%）である。売上高から事業経費（整備費用）と土地の初期価格を引いた分が純利益となる。図の中の1/3と2/3の数値は、民間投資企業の利益保証（1/3以上）の閾値を示す。

備や幼稚園、公園整備等を行う義務を負うだけでなく、一定の割合の住宅を整備しなければならないというルールを定めている（図 3･5）。

シュトゥットガルト市の都心部における再開発事業を行う場合、B プラン策定段階で 20%の床面積を住居として確保した計画を提出しなければならない。さらに、ソーシャルミキシングが必須条件となっている。そのために住居の床面積の 3 分の 1 を特定の住居プログラムに沿った住居を実現しなければならない。社会住宅、中間的所得者層のための賃貸住宅や廉価な分譲住宅（マンション）などがそれである。

このモデルの目的は、新規の大規模住宅団地を計画することではなく中心市街地にある既存の都市計画区域内であり、例外的であっても、少なくとも都心の計画区域内に「社会的にインテグレートした開発（Sozial-integrierte Entwicklung）」を目標とした地区を生みだすことにある（図 3･6）。交通のインフラとしてもトラム、バス、タクシー、自転車、徒歩の結節する拠点的インフラを備えていることが前提として望ましい地区となる。

図 3･6　シュトゥットガルト・ネッカー（Stuttgart - Necker）地区における内部開発地区（出典：Stuttgart NeckarPark（2010）*Rahmenplan ehemaliges Güterbahnhof - Areal, Neue Mischung in einem Netz hochwertiger Freiräume*）
元貨物の集積場を住居、職場、商業、学校、病院などによる多用途の地区を緑地、外部空間、ランドスケープとともに創出する。トラムなどによる公共交通インフラの整備が前提である。

3･6　シュトゥットガルト 21 と州民投票

1　プロジェクトの背景と概要

工業都市シュトゥットガルトは欧州の臍の位置にあるとも言われる。半径約 700 km 圏内にはドイツ全土に加えて、フランス、スイス、イタリア北部、オーストリア、オランダ、デンマークの欧州の主要経済圏が含まれ、欧州鉄道網の拠点になりうると言う。欧州の物流の拠点として、その潜在力を高めるために、ドイツ鉄道（DB）は、シュトゥットガルト中央駅の近代化と輸送量とスピードのアップを目指して、「終着型駅」からホームを地下化した「通過型駅」への改造プロジェクトを企画した。地上部には駅隣接の中心市街地に約85 haの巨大な開発予定地が生まれ、これは持続可能な建設用地管理システム（NBS）の大きなポテンシャルでもある。また、ドイツ鉄道はこの広大な土地の売却益により、プロジェクトの推進を図る計画である。計画敷地のおよそ3割、約30 haを公園緑地として整備するものである。

開発プロジェクトが発表されたのは1993年である。1997年には、市により中央駅改造による総合再開発地区マスタープランが策定されたが、1990年代後半からの景気後退により実施が延びていた。地区内には市立図書館がオープンする等、地区の拠点施設の建設が始まっている（口絵7、p.12）。

2　直接民主主義とアーバンデザイン

このプロジェクトは、プロジェクト自体の是非を問う州民投票が実施されたことでも注目された。州民投票は、先述のバーデンヴュルテンベルク州議会選挙において躍進した緑の党が、「反対」を声高に訴えてきたこの巨大プロジェクト「シュトゥットガルト21」を扱う上で現実的な着地点を見出すためにも必要だったと言われる。また、市民の強い反対運動の多くは、当初約25億ユーロと見積もられていたこの国家プロジェクトの予算が、その後45億ユーロ、さらに56億ユーロに膨れあがっていたことであり、しかも、ドイツ鉄道（DB）は、膨れあがった約12億ユーロを国と州にも分担することを要請していた。

州民投票は、2011年11月27日に実施され、「プロジェクトを解約するか」の問いのかたちで行われ、結果は、州の有権者762万人の48.3%にあたる約368万人が投票に参加し、41.2%が賛成、58.8%が反対となった。解約が州民投票で成立するためには、有効投票の過半数が賛成することに加え、賛成が有権者の1/3以上ある必要がある。しかし、賛成票は有権者の19.8%と届かなかった。地域別で見るとシュトゥットガルト市では、投票率67.8%ともっとも高く、賛成47.1%で有権者の31.8%、また、環境首都と呼ばれるフライブルク市では、投票率44.6%、賛成66.5%で高かったものの有権者に対する比率29.5%に留まるという明らかな結果となった。

3・7　丘陵地の整備
グリーンUからグリーンリングへ

1　シュトゥットガルトの「U字緑地（グリーンU）」と緑のネットワーク化

その姿形から「U字緑地」と呼ばれている。都心部の「宮廷公園」から「キレスベルク丘陵公園」までの約8 kmの距離をU字形で結んだものだ。2012年に新たに竣工した「グリーン・ジョイント」により整備計画の最終工程が完了した。目的は、庭園や公園、あるいは墓地などの多様な緑地を連結させて、都市の内部にU字形の緑の軸をつくりだすことにあった。

原案は、1939年に開催された帝国庭園博覧会のためのコンペで採用された造園家のヘルマン・マッテルン（Hermann Mattern）の1等案だが、折からの第2次世界大戦で中断され、その後、長い年月をかけて整備され、1993年にシュトゥットガルト市で開催された国際庭園博覧会において、ほぼその全体が実現されたものである。

橋梁や歩道橋が「宮廷公園」からヴィラタイプの丘陵住宅地、さらには「ローゼンシュタイン公園」「ヴィルヘルム離宮」「リープフリードリヒ庭園」等の歴史的庭園緑地を繋いで「キレスベルク丘陵公園」までをシームレスに連結する、実に広大で一体的な庭園ランドスケープの軸線をつくりだしている。またこれらの結節点を繋ぐ軽快で美しい形状の橋梁は、欧州の橋梁設計において著名なシュトゥットガルト大学教授のイェルク・シュライヒ（Jörg Schlaich）によるものである。

この「U字緑地」の軸線上にあるさまざまな要素は多様な時代や人物の関わりでそれぞれの個性を見せてくれる。このように「U字緑地」は、ランドスケープ計画、あるいは造園的としてのみならず、庭園文化や庭園史的な興味を持ってする逍遙をも促すものである。実際にこの「U字緑地」を歩いてみると、庭園や公園、あるいは墓地を通り抜けながら、さきほどの歩道橋の立体交差により、約8kmの延長距離を自動車やトラム等の車両交通と交差することなく、ランニングやローラースケート、あるいは自転車や散歩など、さまざまな速度で人々が思い思いに楽しんでいる様子がうかがえる。

2007年に行われたシュトゥットガルト市民へのアンケートでは、緑地やレクリエーション施設は都市生活における高い満足度に繋がっていることを示している。シュトゥットガルト市民にとって、「グリーンU」は広々とした、また都心にある気分転換の場所として定番となっている。

シュトゥットガルト市は54％が公園、余暇のための緑地、農地やワイン葡萄園、森林や河川で占められており、ドイツの人口50万人以上の都市における緑地面積の比較では全国1位である。地理的要因についての調査では、自宅から緑地や余暇空間への距離が100m以下となる住宅に住んでいるのは人口のほぼ半分にあたる48.6％にものぼる。さらに100mを超え250m以下の距離に居住している市民は40.2％となる。強力にに進められている都心部および周辺部の緑化のおかげで、500m以上の余暇空間への距離に住んでいるのはわずか0.6％の市民である（口絵9、p.13）。

人口規模で約60万人のシュトゥットガルト市はドイツにおいて大規模な都市の範疇に入る。その中でも、都心に位置し、拡張された緑地により、ほぼ90％の市民が公園・緑地などの憩いの場から250m以内の距離に住み、居住空間の質を高く保たれたエリアに生活している。

2 ハルプヘーエンラーゲン（Halbhöhenlagen）とグリーンリング

周囲を丘で囲まれたシュトゥットガルト市では、その周囲を囲む丘陵と斜面緑地「ハルプヘーエンラーゲン（Halbhöhenlagen）」による盆地状の地形的特徴を街の個性とし、シュトゥットガルト市のランドスケープにとっては、なくてはならない要素としている。市では2004年に将来構想として、

図3・7　丘陵地の範囲を示す航空写真（出典：*Rahmenplan Halbhöhenlagen*, 2008）
中心市街地を囲む丘陵地。

図3・8　丘陵地の典型的な風景（出典：*Rahmenplan Halbhöhenlagen*, 2008）
濃い緑とヴィラタイプの住宅、そしてドイツで最も都心近くで栽培されていると言われるワイン葡萄園がつくりだす良好な生活環境と景観を保全している。

先述のグリーンUを発展させて周囲の丘陵とつないだグリーンリング構想を打ち出している。全人口の1/3、約19万人が居住しているこの地域は五つの区域に分けられ、市中心部にも近く、建築と緑による質の高い居住性を具えた場所として市民に定着している。濃厚な緑に囲まれたこの住宅地は、都市気象学的に、あるいは都市景観的に注意深く保全していかなければならない財産であり、また、シュトゥットガルト市の緑の割合がいかに高いかを明快に示すものである。

この街を構成するものは、①盆地の底に展開する代表的な公共建築、公園、通り、緑地による都心部、②葡萄畑や庭園景観、一体的に連続した緑の空間、プライベートガーデン、パノラマ通り、眺望の視点場などを持つ斜面緑地と丘陵地、③隣接する南部ドイツに拡がる広大な森林地帯「黒い森」である。

丘陵地および斜面緑地は1896年から1897年にかけて策定された市街地拡張計画により始まった(口絵10、p.13)。19世紀末のドイツの高度経済成長期（グリュンダー・ツァイト）の頃に社会的な要請によってつくられた都市の拡大成長計画だが、シュトゥットガルト市では住宅供給のための開発計画にとどまらず、良質な居住環境と保養空間を担保する計画であったため、今日にいたるまで、1世紀を経た現在も基本部分は、その魅力の多くが継承されている。しかし、同様に変わってしまった部分も存在している。それらを是正しこれからの100年に備えていく計画である。これらのBプラン見直しに際して、建築物および工作物の撤去、或いは減築が妥当とされた部分も66カ所にのぼる。

3•8 生活者の都市シュトゥットガルト

政治、経済、あるいは歴史的背景の違いから、ドイツでは東西のみならず、南北においても地域格差が顕著に見られる。そのような状況の中でもシュトゥットガルト市は、比較的安定した環境の中で都市建設が行われてきたと言える。とくに人口の推移を見るかぎり、今後も人口減少による都市の縮退が目の前に迫っているわけではない。しかし、移民問題や人口動態、環境保護などの社会構造的な変化に対して、新たな戦略を立てる必要に迫られている。

都市が建設の時代から経営の時代に入り、ドイツにおける一般的な都市施策は、歴史的な旧市街地エリアを中心に都心部、産業跡地や軍事跡地、空き家などの目立つ住宅地区などの再生を図り、郊外に広がったエリアを自然地に戻すなどの施策による持続可能性の追求が基本を成している。多様性を担保する用途混合、ソーシャルミックスやジェントリフィケーションの抑制などの社会施策とアーバンデザインが一体になっていることも特徴の一つである。とくに内部開発における住環境対策では、社会的弱者への配慮、つまり福祉に重点を置いた計画が優先されている。また、都心再生には民間投資を優先的に活用し、都市内部の多様性を担保しつつ居住性の質を高めることに重点が置かれている。

シュトゥットガルト市は、これまでの拡大成長志向から持続可能な定常都市、或いはその先の備えとして縮退も視野に入れた都市施策へと新たなパラダイムシフトの舵を切っている。都市をインテグレートされた有機的総体ととらえて活性化を図り、さまざまなライフスタイルを実現できる場として、魅力を高めている。それらは市民参加における情報の公開・共有の徹底と、市民の理解を得るために科学的根拠を駆使した合理精神で進められている。ドイツの都市施策は地域間格差から、向き合う課題は多様であるが、シュトゥットガルト市は大きなマスタープランづくりから比較的小さな生活の舞台づくりへ、都市空間の質を高める整備へと、向き合う課題の焦点を移しながら、生活者の都市の実現に取り組んでいる。

4章　福島県南相馬市小高区

原発被災地域の復興における経営

窪田亜矢

4・1　経営概念と原発被災地域

1　経営とは何か

原発被災地域における復興は、東日本大震災(2011年3月11日14時46分発生)から5年半をへても、誰も実感できずにいる。それどころか、原発被災とは何か、という点すら、私たちは理解できていないのではないか。

そうした状況認識に基づいて、本章では、経営というキーワードを軸に、原子力発電産業が日本社会に導入された当時の背景を理解しつつ、福島第一原子力発電所から20 km圏内にあった福島県南相馬市小高区における被災後の取り組みを整理して、どのような「経営」概念が復興という局面において有益なのか、論じたい。

(1) 経営の語源

経営という言葉は、中国最古の詩集である詩経の「霊台」に見出される。高さのある建築物を建てるにあたって、縦糸を語源とする経という縄張り作業と、周囲に砦を巡らす営という作業を合わせて意味している。「霊台」は早くに完成したことになっているが、その理由は、庶民が喜んで作業に参加したからというストーリーである。

よって語源としては、経営とは、建築や土木の工事や事業を始める前に行う準備作業や計画のことを指す。

さらに、経営者たる人がそうした準備をうまく整えれば、経営者以外の人々によっておのずと事業が成功するという意図も含まれているといえよう。

(2) 本章における経営

近年では、そうした経営計画に加えて、組織が組織の存続のために、その存在理由となっている事業を実践し、継続していくことが、経営という概念において重視されつつある。とくに、経済的な循環が滞らないことが組織存続の条件であるという認識は、社会的に共有されていると言えるだろう。

当然、組織の主体によって、経営の中身はまったく異なってくる。たとえば、国家を経営主体と考えれば、財政負担となっている地域に対する公共投資の判断基準を設定し、選択と集中をすべきだという議論がなされる。しかし、選択と集中の典型的な政策である市町村合併によって、国家が負担する経費は増加したという研究があるように、市町村合併がそもそも本当に財政状況を向上させるのか、不明である。また、地域側からみたときの、国の経営のあり方に対する意向や、地域による経営との差など、あわせて検討する必要があるだろう。何をもってして優れた経営と言えるのか、その判断となる価値観は、社会が熟慮して構築していくべきだ。

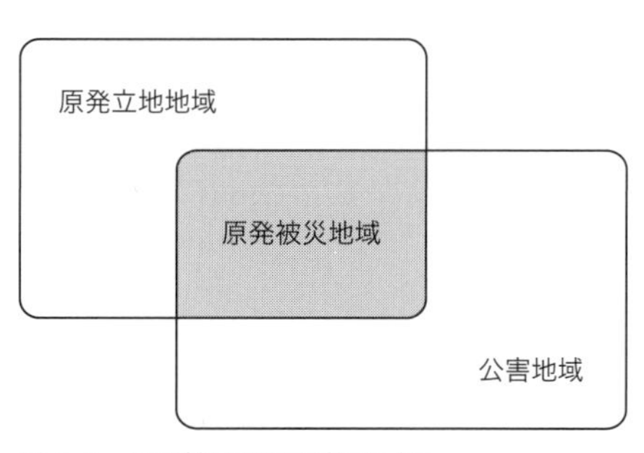

図4・1　原発被災地域の位置づけ

本章の対象は、津波と原子力発電所（以下、原発）の爆発による複合被災地域であるが、主に原発の方に着目したい。原発被災地域を主体として、地域の存続がどのように意図されてきたのか、また実践されてきたのか、という点が、本章における経営概念である。

原発被災地域については、原発立地地域という側面と、公害地域という側面が重複しており、その両者から考えたい。

2 原発立地地域

(1) 日本における原子力発電

1963年に東海村の試験炉で動力発電が行われ、1966年に同じく東海村の商業炉が稼働した。その背景には、敗戦後に全面的に禁止されていた原子力研究が解禁された1952年のサンフランシスコ講和条約がある。直後には第五福竜丸の被曝が1954年に起こっているが、世界を分断した冷戦構造に加えて、第一次石油危機の影響もあり、国家政策における原子力発電産業は重みを増していく。

1974年6月3日には電源三法が成立することで、原発立地および周辺の市町村は交付金を得られるという仕組みが形成された。1960年代当初から、電力会社による原発立地選定は進められており、土地所有者や自治体への交渉についていくつかの実践を踏まえたうえで、構築された仕組みだった。当時は、原発を立地しても他の産業に比較すると雇用の促進効果は薄いが、エネルギーの創出をはじめとする多様な意義を持つ原子力発電産業は国家として必須であり、国家全体でみたときの利益を立地地域に還元するという理由が、一連の政策の根拠となっていた。つまり原発立地地域とは、国家が補償的な措置を用意しなければ経営が成立しない地域であり、それでも創出すべきという認識が国にあったことは歴史的な事実であるといえよう。

(2) 原発立地地域の特徴

一方、原発立地地域側からすれば、経済の自然（じねん）的な活性化には結びつかないものの、総合的に地域の存続を考えて、公共施設の整備などが優先されるとき、原発を受け容れるという経営判断をしたということになるはずである。

しかし、実態はそうでもなかったようだ。たとえば東海村にしても富岡町にしても、住民や自治体が主体的に経営を検討したという状況ではなかったと推察される。1980年代半ばに、当時の中曽根首相が「下北を原発のメッカに」と発言した。その後、核燃料サイクル施設の整備事業が始まった六ヶ所村において、大手不動産事業者が土地の買占めを進めた[注1]。1969年新全国総合開発計画において、むつ小川原地域が石油コンビナートの建設予定地になっていたことが下地になっている。

それでも、三重県芦浜など、地元住民、とくに漁業者が中心となって激しく反対運動を展開し、原発の整備計画をはねのけた地域もある。よって、どのような地域特性が原発の受容・非受容を分けたのか、という点は非常に重要な今後の研究的課題である。

本章では、1964年「原子炉立地審査指針及びその適用に関する判断のめやすについて（原子力委員会）」による原発立地地域の特徴を以下のように整理しているので、原発を設置する側の論理として参照したい。

まず「万一の事故に備え、公衆の安全を確保するため」に、原則的立地条件を三つ挙げている。

1）大きな事故の誘因となるような事象が過去においてなかったことはもちろんであるが、将来においてもあるとは考えられないこと。
2）原子炉は、その安全防護施設との関連において十分に公衆から離れていること。
3）原子炉の敷地は、その周辺も含め、必要に応じ公衆に対して適切な措置を講じうる環境にあること。

そのうえで「立地条件の適否を判断する」ために「立地審査の指針」を三つの条件として提示している。

1) 原子炉の周辺は、原子炉からある距離の範囲内は非居住区域であること。

ここにいう「ある距離の範囲」としては、重大事故の場合、もし、その距離だけ離れた地点に人がいつづけるならば、その人に放射線障害を与えるかもしれないと判断される距離までの範囲をとるものとし、「非居住区域」とは、公衆が原則として居住しない区域をいうものとする。

2) 原子炉からある距離の範囲内であって、非居住区域の外側の地帯は、低人口地帯であること。

ここにいう「ある距離の範囲」としては、仮想事故の場合、何らの措置を講じなければ、範囲内にいる公衆に著しい放射線災害を与えるかもしれないと判断される範囲をとるものとし、「低人口地帯」とは、著しい放射線災害を与えないために、適切な措置を講じうる環境にある地帯（例えば、人口密度の低い地帯）をいうものとする。

3) 原子炉敷地は、人口密集地帯からある距離だけ離れていること。

ここにいう「ある距離」としては、仮想事故の場合、全身線量の積算値が、集団線量の見地から十分受け入れられる程度に小さい値になるような距離をとるものとする。

さらに原子炉の冷却のために大量の水を利用するため、海岸沿いの立地が必須である。そこで人口が少ないとなると、漁業を生業の中心とする寒村や海岸砂丘地帯となる。そのような海岸地帯とは、1960年、池田内閣が国民所得倍増計画において示した太平洋ベルト構想に象徴される工業化促進やそのための公共投資の対象地域からは外れていることになる。所得は総じて低いといえよう。

また、海岸沿いは、一般的に、地震が生じれば津波が来襲し、台風や高潮によってたびたび浸水するなどの災害を経験した地域である。とくに、敗戦直後の度重なる巨大な台風被害によって、2千人を超す犠牲者が一度に生じる事態となっていた。しかし、それ以降は大きな水害が生じなかったことは総じて災害に対する認識を鈍らせていたのかもしれない。それでも1986年チェルノブイリ原発事故をはじめとしてさまざまな原発をめぐる危機は何度も繰り返されていた。

なぜ原発の安全神話が流布したのか、その理由の解明は本章ではいたらない。しかし、東日本大震災の被害を経験している現在において、1960年代から2011年までの半世紀の間、自然災害に対する警戒や対応策は、原子力産業を促進する国家や電力会社などの企業側のみならず、受け容れる側の地域にも、まったく足りていなかったことは確かだ。

3　公害地域

(1) 公害の発生と国家による対応

日本の公害問題の原点として、しばしば19世紀後半の足尾銅山の鉱毒事件が指摘される。鉱業や工業を中心とする産業地域においては、いわゆる大規模な事業者による企業城下町が形成されることが多く、悲惨な被害に対する配慮よりは、企業活動の継続が重視される状態にあった。

しかし、敗戦後になると状況が変わってくる。企業の生産活動の結果として生じた環境破壊による被害、とくに水俣病、イタイイタイ病、第二水俣病、四日市喘息の四大公害病などの被害は、あまりにも凄惨だった。1967年には公害対策基本法が制定された。経済開発との調和に配慮するという調和条項を含んでいたが、1970年の公害国会をへて、その条項は削除された。ようやく国家の経営意図が変わったときだったといえよう。公害抑制の効力については多様な評価があろうが、典型7公害を明示し、1993年には発展的に環境基本法となった。

1960年代には公害の発生を規制する法制度が制定され始めた。自然環境保護政策とも相俟って地球環境の持続性や環境負荷の低減を目的とする法制度が整っていった。1990年代には廃棄物対応の必要性が深刻化し、循環型社会の形成が目指されるようになった。各製品に対応したリサイクル法は、そうしたビジョンにおのずと関係主体が向かうような、すなわち経営感覚に沿った法制度であったといえよう。

2000年代以降には、フローの管理だけでなく環境ストックの管理にも着目する必要性が指摘されるようになった。

具体的には、2003年には自然再生推進法が制定されたが、事業費が限定的で担い手に乏しく、自然再生事業を推進するために必要な法定協議会も近年は増えていない。農地についても、耕作放棄地や限界集落を問題とした対応策がとられ始めた。1998年全国総合開発計画（第五次全国総合開発計画「21世紀の国土のグランドデザイン― 地域の自立の促進と美しい国土の創造」）においては、中山間地域や過疎地、離島などの条件不利地域を、都市的サービスとゆとりある居住環境、豊かな自然環境を享受できる21世紀の新たな生活を可能にするフロンティアとして位置づけた。最近では、空き家・空き地問題が顕在化し、国土交通省を中心として法制度を整えつつある。

しかし環境ストックの有効な管理はまだできていない。自然環境のみならず人工環境の維持管理も併せて一体のものと捉える経営理念が必要とされている。

(2) 公害地域の特徴

一方、公害地域側からすると、調和条項が典型的に示したような多様な価値の比較による取捨選択をしたいのではなく、地域住民の命や健康や生活が絶対的な価値として存在しており、その継続を可能にする制度を必要としている。こうした価値観は、公害が生じる前は、他の地域と同様に明確に意識されていなかったかもしれない。しかしひとたび公害が発生し、環境が損なわれるとその回復や地域の総合的な再生には大変な時間や労力を要すること、すなわち被災を徹底的に経験する。そのような中でも、水俣や四日市、川崎、西淀川、足尾銅山などにおいては、環境汚染の回復に止まらず、環境先進地域への取り組みがみられ、コミュニティ形成支援を通じた新たな地域福祉・医療の体制の確立や、観光などの新たな産業を取り込んだ地域経済の再生などが目指されている。

これらの事例からは、命・健康・生活の継続を絶対的な価値として共有しつつ、多様な人々や組織が連携し協働する体制が必須であることが分かる。しかし、公害地域における再生の取り組みは特定の地域に限定されたものであり、一般的に促進する法制度はまだ整っていない。

4 原発被災地域

(1) 原発被災をめぐる訴訟と法制度

原発被災に対して国家や行政はどのような対応をすべきかという点は、いまだ確定してない。そのため個別の案件は訴訟として争われることになる。

2012年の環境基本法の改正をへて、放射性物質による環境汚染は原子力基本法に委ねる規定が削除された。さらに2013年には、大気汚染防止法および水質汚濁防止法、環境影響評価法において放射性物質を適用除外とする規定を削除し、放射性物質は公害物質となった。つまり、東日本大震災をへて、放射能汚染物質の公害性が明示されるようになった。しかし、原子力基本法も2012年に改正され、第二条1項「原子力利用の安全の確保については、確立された国際的な基準を踏まえ、国民の生命、健康および財産の保護、環境の保全ならびに我が国の安全保障に資することを目的として、行うものとする」が追加されている。原子力利用に対する国家の経営判断として、深刻な公害を引き起こす可能性があるという側面と安全保障という側面が入り混じっていることが分かる。

(2) 原発被災地域の復興を支える経営概念

既述のように（3項（2））被災の前後では地域の特徴は根本的に変化するので、原発を導入する前の時期、原発が立地して被災するまでの時期、被災後から今にいたる時期のそれぞれに分けて、原発被災地域の経営概念を考えたい。とくに、原発被災地域と原発立地地域との違いである、被災後から今にいたる時期に着目する必要があるだろう。

原発被災は、健康被害をはじめとする悪影響と汚染状況との間に数値的な閾値が存在しないとされる。そのため、さまざまな単位を使ったさまざまな基準が設定されるという状況が生じている。原発被災地域にしてみると、基準の設定主体の思惑が被災者や被災地域への配慮を包含していると思えないことも多い。そのため補償として要求できる除染の程度について環境省と争う事態となり、大変な苦労を重ねることになる。とくに、自主避難者への公的支援策は非常に乏しいことは強く指摘されている。

また、被災によって、立ち入り禁止や長期にわたる避難のために、多くの事業所が廃業や仮設事業所への移転をせざるを得なくなった。このような状況は津波被災地域でも同様であるが、原発被災地域において、被災前の産業構造は、少なからず原発立地の影響を受けていたため、もとには戻らない。縮退時代に突入している現代において、新たな産業構造を構築しなければならない。

原発被災地域は一枚岩ではない。帰還困難区域、居住制限区域、避難指示解除準備区域という三つにゾーニングされたが、それぞれで直面している課題は大きく異なり、分断された状態にある。

避難指示解除準備区域については、解除がすでにすんでいる自治体も少なくなく、本章の事例として取り上げる南相馬市小高区も2016年7月12日に解除され、この範疇に該当する。いずれの自治体においても人口が激減したままの状況は改善されておらず、医療、商業、教育などあらゆるサービスが戻っていない。耕作放棄地や空き地・空き家問題は、鳥獣被害も大変悪化しており、非常に深刻である。

居住制限区域は、避難指示解除準備区域と同時に避難指示が解除されていることが多いが、放射線汚染は厳しい状況にある。自治体側からすると一斉に解除することで自治体内部の分断要素を排除したい考えだが、地域住民からすると汚染度合いの違いによる対応を求める場合もある。

帰還困難区域については、今後がまだみえていない。「帰還困難区域の取り扱いに関する考え方」が2016年8月31日、原子力災害対策本部復興推進会議によって示された。帰還困難区域の中で、居住を可能にする復興拠点を設定整備し、広域的なネットワークで除染を進めるというものだが、特定の範囲に限定された地域において生活ははたして成立するだろうか。

同じ自治体に立地している地域でも、汚染の度合いや被災の種類・規模が異なれば、必要な再生事業も多様となる。一つの行政区や集落においても、帰還したい世帯と避難の継続を保証してもらいたい世帯がある。同じ汚染状況の環境にあっても意向はそれぞれだ。一つの家族の中でも、5年半に及ぶ避難生活の中で、意向や意識は分断されてきた。典型的には、若い世代は子どもの生育環境として懸念し、帰還しない選択をしがちである。一方、高齢者は本人が帰還を希望するだけでなく、移転によるストレスも指摘されている。当然、5歳分の年齢は体調や体力に大きな影響を及ぼし、同一の被災者においても心持ちは変化せざるを得ない。

さらに福島第一原発の管理状態には不備が多く、中間貯蔵施設の設置の見込みや廃炉事業の実施の見通しは、しばしば変わってきた。これがそれぞれの主体に大きな影響を及ぼしてきている。

東日本大震災による原発被災地域の被災が過去のものではなく今も継続していることは、災害関連死が増加し続けていることでも明らかだ。2015年12月段階で福島県での災害関連死者数は2000人を超え、津波による直接死よりも多くなっている。南相馬市は関連死が483人、最多である。

誰の経営の失敗なのだろうか。

4・2 福島県南相馬市小高区の事例分析

1 南相馬市の被災と対応

(1) 東日本大震災の被災状況

南相馬市は、1000年続く相馬野馬追の聖地である。平家による軍事訓練として始まり、鎌倉開府においても神事であるとして継続してきた。東日本大震災が起きた2011年も規模は縮小したが、開催した。

東日本大震災による福島県南相馬市の人的被害は表4･1のとおりとなっている。合併前の市町が北から鹿島町、原町市、小高町となっていたが、鹿島町と原町市の境が福島第一原発から30 km圏、原町市と小高町の境が20 km圏にほぼ該当した。偶然の結果ではあるが、元の行政範囲で別れたことにより、補償などをめぐって、そうした単位での分断がさらに強まったかもしれない。

3月11日19時3分政府による原子力緊急事態宣言が発令された。3月12日15時36分に1号機が水素爆発し、18時25分に福島第一原発20 km圏内に避難指示が出された。3月15日11時には、20〜30 km圏内に屋内退避指示が出されたが、3月25日に自主避難要請に変わった。放射性物質の移動と汚染の把握にともない、4月22日には、20 km圏外で事故後1年間の被曝線量の積算が20ミリシーベルトになりそうな区域を計画的避難区域（避難）とし、20〜30 km圏内を緊急時避難区域（緊急時に屋内退避か避難する区域）、20 km圏内を警戒区域（例外を除き立ち入り禁止）と設定した。

こうした措置は、津波で行方不明になった人の捜索を途中でやめることを意味していた。また再度の立ち入りまでの間に、飼っていた家畜は餓死した。戻った方々が目にした光景は凄惨なものであり、その処置をする酷さは想像を超えるものであったに違いない。

(2) 複合被災への対応

南相馬市では、桜井勝延市長がインターネットの動画サイトを通じて世界中に支援を訴えた。また、市役所の場所を移動して避難することはしなかった。

2011年8月には南相馬市復興ビジョンを、同12月には南相馬市復興計画を策定している。全市民が復興へ向けて共有すべきスローガン「心ひとつに世界に誇る南相馬の再興を」が掲げられた。基本方針としては、1) すべての市民が帰郷し地域の絆で結ばれたまちの再生、2) 逆境を飛躍に変える創造と活力ある経済復興、3) 原子力災害を克服し世界に発信する安全・安心の

図4･2　南相馬市小高区と原発の関係（出典：益邑明伸作成）

表4･1　南相馬市の人口動態

区	住民基本台帳人口 2011.2.28	市内居住者	市外避難者	転出者	所在不明者（死亡者含む）
鹿島区	11,610	9,487	1,083	568	472
原町区	47,050	30,383	11,148	4,336	1,183
小高区	12,834	5,762	5,917	731	424
合計	71,494	45,632	18,148	5,635	2,079

（出典：南相馬市役所（2012年12月31日現在））

表4･2　南相馬市の浸水面積

区	地区	面積 (km²)
鹿島区		15.8
原町区		14.5
小高区	塚原〜角部内	5.6
	井田川〜浦尻	4.9
	小計	10.5
合計		40.8

（出典：南相馬市復興計画（2011年4月8日現在））

まちづくり、として整理されている。また、土地利用ゾーニングのイメージ図が掲載された。ダイアグラムに止まるものの、早い時期に、復興の方向性を強く提示することが市の役割だと考えていることが分かる。

また、市長は脱原発を主張しており、小高区が警戒区域になったことにより交付対象となった「原発施設等周辺地域交付金」2011年度分5500万円の受け取りを辞退した。市議会において市長は少数派であるが、2014年1月の選挙では再選されている。

避難指示の解除時期をめぐっては大きな議論になった。2016年5月に何度か開催された解除前の市民説明会において、生活環境の整備に関する不安の声が示され、とくに、医療環境や調剤薬局の設置、商店の再開、地域交通の足の確保、教育環境の今後のあり方に対する要望が非常に多かった。すぐに帰還するという選択肢以外にも避難生活の継続への支援に対する要望も多く聞かれた。おおむね解除に賛同する声が多かった。一方で、西部での開催回においては、除染がすべて終わっていないこと、汚染濃度が下がっていないこと、田畑への客土が悪く農業の再開はまだできないこと、賠償が6年間の満額にならないことなど、解除時期が早すぎるという指摘が多くなされた。いずれの回でも、市民の意向をもっと聞くべきという意見があった。

2016年7月12日に解除した。

その後、同年8月には再度、市民説明会がなされたが、解除前ほどには多くの市民が集まらず、新たな議論も展開されなかった。

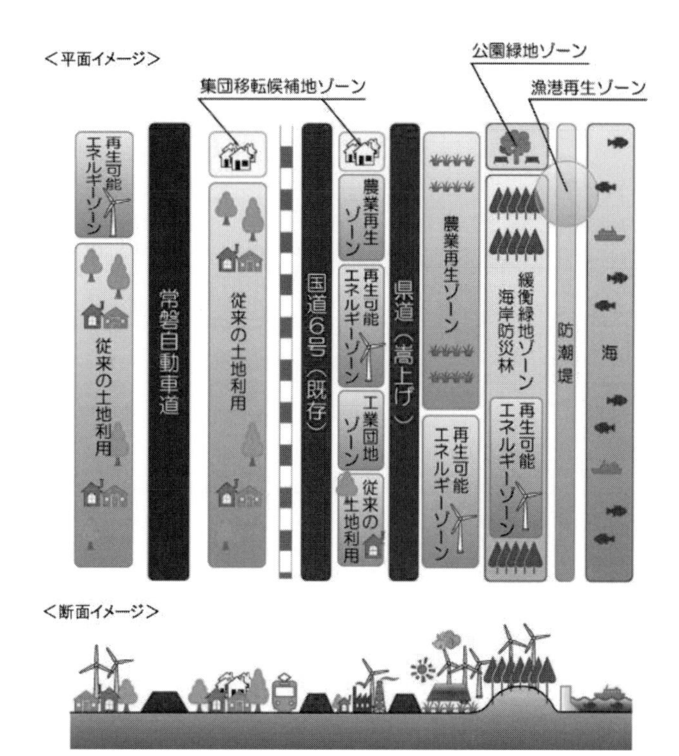

図4･3　復興計画の土地利用イメージ図

2　小高区の概要

(1) 地形と歴史

福島県南相馬市小高区は、太平洋から阿武隈高地の間に位置しており、東西10 km、南北8 km、面積91.95km² ほどの広がりをもつ。人口は震災前でほぼ1万人だった。

以下、立地に応じて三区分したそれぞれの概況を記す。

1）海沿い

太平洋側は、南北方向の海岸沿いの段丘、東西方向の河川に沿った段丘や砂地、かつては入江だった干拓地などで構成されており、河川の規模は大きくない。よって震災前の状況としては、段丘の上部から麓部分にかけて人家が集まり集落となっていた。住民インタビューによれば30年ほど前までは砂地の幅がずっと広く、小舟も多く、漁業を生計とする人も少なくなかったが、しだいに砂地が減っていき、南の請戸漁港などで働くか、遠洋か、漁業以外の職が増えていた。

津波被災によって、低地の多くでは、人家が流され、田圃は湛水し、壊滅的な被害となった。災害危険区域の指定によって住めなくなったエリアが広がっており、集落の存続がむずかしくなっている状況に直面している。放射能汚染については、きわめて低い。

2）中間部

国道6号線とJR常磐線が南北に延びているが、その西側はゆるやかな起伏はあるものの平らな土地が広がっている。中世には小高城だった場所は現在、小高神社となっているが、河岸段丘の突端に位置する。その南に広がっている小高川沿いの扇状地が、小高のまちの中心部（まちなか）である。小高城は、かつて浮舟城と呼称されたが、まちなかの地下水位が高くしばしば霧が発生したからだと言われている。

周辺は基本的に田圃となっているが、飯崎、吉名、岡田など、戦後の戸建て住宅地による新興住宅地が元の農村集落に付加される形で開発されているケースもみられる。

津波はほとんど到達しなかった。放射能汚染度も高地部に比較すると高くない。まちなかの駅前通りは約1.2 kmに及ぶ商・工・住の混在地域だが、避難指示が解除される前から商売を始めていた事業者もいる。

3）山際

阿武隈高地の麓に位置し、背後が森となる。傾斜や気温などから農地の適性に乏しく、養蚕が盛んだった。幕末より農地開拓が進み、二宮御仕法に基づく、ため池作りが盛んに行われた。ため池は堤（つつみ）と呼ばれた。潅漑のみならず、冷たすぎる水をぬるめるのに役立ったと言われている。1970年代になると、さらに奥地に大柿ダムと水路のパイプラインが整備された。

減反政策の影響もあり、果樹園としての農地利用や酪農や畜産への進出にも取り組んでいた。南部は放射能汚染が厳しい部分を残しており、帰還者の割合は低い。

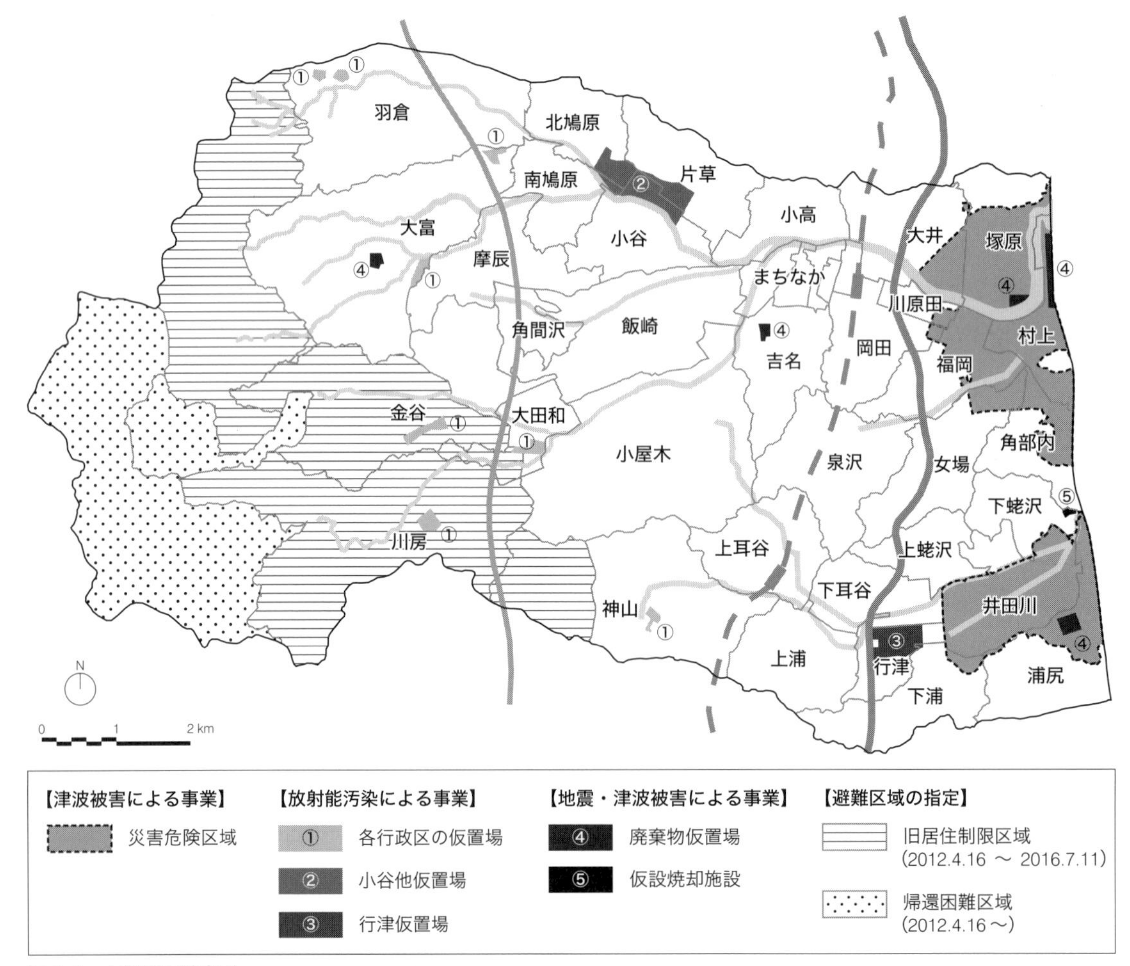

図4･4　小高区の行政区（出典：太田慈乃元図作成）

(2) 合併と行政区

小高区は、2006年に鹿島町、原町市と合併して、南相馬市となるまでは、小高町であった。合併に際して位置づけられた地域自治区で、区役所をもつ、元の自治体単位である。また、それぞれで地域協議会を設置し、各区の意思を南相馬市が汲み取る仕組みが構築された。

小高町は最終的には南相馬市としての合併となったが、その直前には南に接する浪江町との合併協議会が設置されていた。

1954年に小高町に福浦村と金房村が合併している。小高町は1889年の町村制実施の際には小高村だったが、2年後に小高町に改称された。福浦村は、1889年の町村制施行によって、福岡村、女場村、角部内村、泉沢村、水谷村、蛯沢村、耳谷村、行津村、上浦村、下浦村、浦尻村、村上村、神山村の13の村が合併している。これらの村々はいずれも後述する大字である。金房村も同様で、北鳩原村、南鳩原村、羽倉村、大富村、大谷村、金谷村、大田和村、川房村、上根沢村、小屋木村、飯崎村、小谷村の12村の合併で発足した。

実際の生活圏域としては、明治以前から震災直前まで続く大字が有効であった。具体的には、共同の村社、墓地、堤などを持ち、水路や道路の清掃などの際には、各世帯が労働力として人足を出して協働作業を行ってきた。お祭りに関連する舞などの組織や老人会、消防団、婦人会なども充実していた。こうした大字の単位は「行政区」と呼ばれて、市役所や区役所との強い繋がりとともに、行政区長会が毎年2度ほど開催されて、横の繋がりも保っていた。

小高区は39の行政区によって構成されている。

行政区長は、2年に一度ほどの割合で、選挙や話し合いで決められている。それぞれの行政区をまとめる非常に大変な任務であった。

たとえば除染したときの廃棄物を、双葉・大熊町で建設予定の中間貯蔵場に運び込む前に、仮に置いておく仮置き場問題がある。中間貯蔵施設の土地所有者の合意がとれず整備が遅れそうだということは報道のとおりである。しかし除染によって生じた廃棄物などを放置していては復興にも向えないという認識の中、いくつかの行政区では、仮置き場を受け入れるという苦渋の判断をしている。その結果、帰還した世帯の家の庭の後ろからフレキシブルコンテナバッグの山がみえてしまったり、当初の設置期間が、中間貯蔵施設の設置延期にともなって延長されたりという事態も生じている。

このように、小高をめぐっては何度か合併などを繰り返してきているが、近世にまでさかのぼれる土地と密着した暮らしの単位である集落が今も実態として生き続けていた。

震災後は避難でバラバラになった住民の安否確認をしたり、市役所・区役所からの連絡を各世帯に伝えたり、今後の見通しがつかない中で帰還のための準備をしたり、と激務であった。

3　協働の拠点：小高復興デザインセンター

(1) 設立までの経緯

2014年春、筆者らが縁あって小高の被災者の方と知り合い、夏には野馬追見物などをしながら議論をしていく中で、行政主導の復興で市民の意向が反映されていないという不満があること、とくにまちなかに集中しがちで小高区全体の議論ができておらず、三次元の風景として復興計画を考えたいという意向があることが分かった。

そこで、小高区住民の方々を中心に声かけして、これからの小高の復興まちづくりについて話し合いをしていくことになった。まずはすでに策定済みの中心市街地整備計画を補完する提案を取りまとめた（口絵2、p.15）。具体的には、これまでのまちなかの歴史を、水害や火災などからの復興の歴史として解釈し、人々の暮らしの記憶の中に、取り戻したいまちなかの姿があると考えて、丁寧なインタビューを繰り返した（図4･5）。同時に、小高区全体に対する地域構想のために、さまざまなレベルで分断が進む中で、合意できることは何かを議論し、七本の柱としてまとめた（表4･3）。

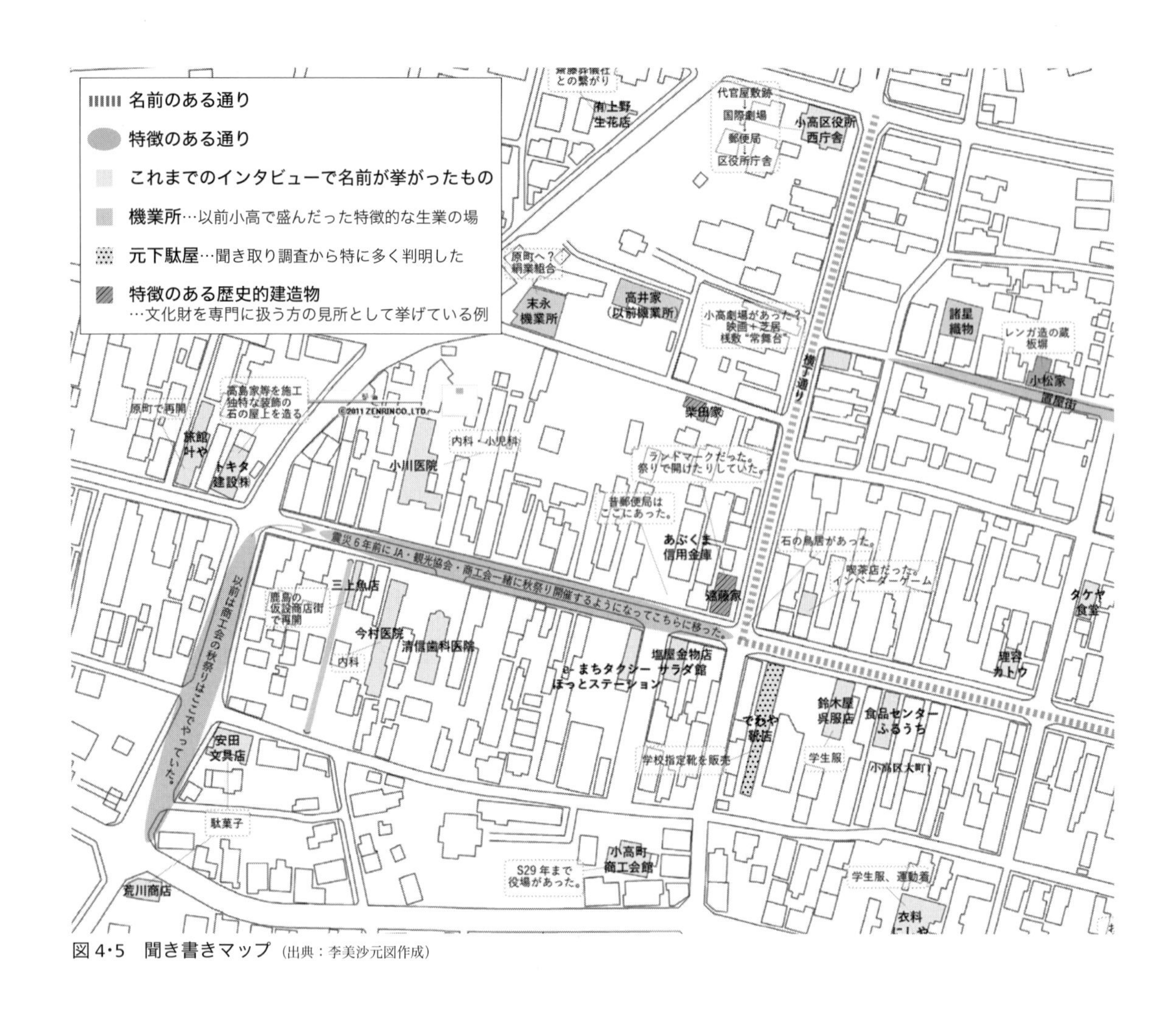

図 4･5　聞き書きマップ（出典：李美沙元図作成）

表 4･3　小高を再構成するための七本の柱

多様な在から成る	東西 10km、高低差 500m、多様な行政区には、自治の仕組みと文化があります。震災を契機に、失われつつもあります。小高らしいゆたかさを認識し、共有することに意義があります。
これまでの蓄積を活かす	歴史的な建造物、養蚕や機織りの記憶は、過去の蓄積です。これらは小高らしさの要素であり、小高再出発の原動力となるでしょう。
まちなかが再生拠点小高区の主柱になる	在と小高のまちなかの関係の深さは多様でした。在がまちなかを支え、まちなかが在を支えていた時代もありました。避難指示解除後の拠点として、まちなかの役割が重要です。
新たな生業に挑戦する	小高は、農業、漁業、絹業、流通、工業…厳しい状況に際して新たな産業や知恵で乗り越えてきました。たとえば大富では、農業不振の中で酪農研究会を組織し、成功してきました。
活動が芽生える	人が集う場や情報を共有する場ができ、再開した店や事務所もあります。漁業や酪農を再開する決意をしている人もいます。小高の将来像は、そうした活動の先にあります。
人と小高の、いろいろな繋がりをもつ	小高への想いは人によって様々ある中で、それぞれに合った形で、まちとの関係を育みたい。未成年世代との丁寧な対話も重要です。
災害・放射線リスクに向き合う	将来世代のためにも、放射能汚染のリスクとの向き合い方を模索しつつ、度重なる災害を乗り越えてきた経験に、また一つ、知となるものを残したいものです。

こうした作業の会合や組織を、小高区地域協議会（以下、協議会）のワーキンググループとして位置づけ、提案を受けとめていただいた。さらに、市民版パブリック・コメントや仮設住宅の集会所における座談会を開催して、周知につとめ、協議会から市に対して、協議会案として提案した。

こうした活動からの展開として、2016年7月、小高復興デザインセンターが始まった。南相馬市役所からの東京大学への委託研究として主要な事業費は確保している。常勤職員が、市の職員として2名、東京大学研究員が1名で、東京大学から筆者の他、研究員や学生らが現地で調査や会合を行っている。

(2) 活動の中身

1) 設立の目的

原発と津波の複合被災は未曾有の事態である。縮退時代において、既存の方法論で、復興が実現するのはむずかしいかもしれない。

まずさまざまな課題を発見し、市民、行政、外からの支援者が力を合わせて一つずつ解決していくしか方法がない。そうした実践をへて、失敗からも学び、次の実践に活かしていかねばならない。とくに、外からの支援者としては、いくつもの大学がそれぞれの専門分野における実践的研究を蓄積しているが、その成果が日々の生活に活かされる状況とはなっていない。また多くのボランティアが駆けつけてくださる状況はいまだに続いているが、人口が激減し、土地の維持管理の担い手がまったく足りていない状況において、うまく助けてもらうことも重要なことだ。

こうした認識を踏まえて、住民の意思や行政区との連携を重視しながら、実践と探究によって小高を復興していくことがセンターの設立の目的である。

2) センターが掲げる小高の将来像

センターは図4･6のように小高の将来像を設定している。その意味するところは、市の掲げる復興計画の基本方針が、市民全員が帰還者となり、経済的な復興を遂げることであるのに対して、市

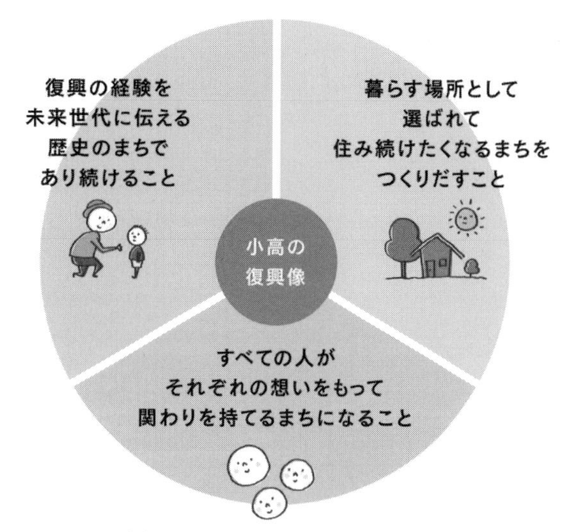

図4･6　小高復興デザインセンターによる地域の将来像（出典：仲光寛城元図作成。小高復興デザインセンターウェブサイトより）

民一人一人の復興像や行政区の将来像についてはもっと多様な未来があってよいはずだという考え方である。二つは対立するものではなく、市の基本方針を補完するものである。

4　行政区における多様な実態

小高区を構成している行政区のうち、海沿い、中間部、山際からそれぞれ一つずつ抽出し、2016年10月までの実態を整理したい。

(1) 浦尻（海沿い）

海岸沿いの旧漁村をマチと呼び、海岸段丘部の上をヤマと呼ぶ。二つのまとまりを繋ぐ坂の途上の太平洋を見晴らすところに村社である綿津見神社と鉄筋コンクリート造2階建ての公民館がある。浪江・小高原子力発電所の構想は、1960年代初頭から中頃にかけて動きが始まったが、地元住民の強い反対運動を受けて繰り返し延期となっていた。東日本大震災を受けて、浪江町の馬場有町長も桜井市長も計画に反対の意向を明確に示し、2013年3月、事業主であった東北電力も計画の中止を正式に発表した。現在、政府によって進められている福島･国際研究産業都市、通称イノベーション・コースト構想において、ロボットテストフィールドになることが決定している。

低地部では、湿地帯を土地改良によって田圃化

しており、専用漁家や専用農家というよりは、多様な生業を複合させていた。小さな店などもあった。一方、ヤマでは風除けのイグネを北側にめぐらし、南側に庭や水場、北側に南面する母屋、傍に作業小屋や隠居部屋、ときに蔵という農家の敷地がゆったりと並んでいた。

被災によってマチは災害危険区域となり、海岸林や堤防が整備される予定である。住めなくなった住民の多くは行政区外に移転だが、中には、ヤマの空き家に移り住む世帯もある。被災前に始まっていた国指定史跡の貝塚を活用した公園整備計画は、2016年9月になって委員会が再始動した。

図4･7　浦尻
上：津波に耐えた松、右手に浦尻の村社である綿津見神社の参道
中：被災後に取り付け道路と駐車場を整備した共同墓地
下：ヤマの典型的な家屋と敷地の使い方

現在の行政区長は、被災前は長年、遠洋漁業に携わり、地元のことに貢献してこなかったとご自分ではいう。しかし被災後に行政区長になってからは年間300日、仮設住宅から通い、大荒れだった地区を蘇らせた。共同墓地への道路を整備し、年配の方々がこれからもお墓参りを継続できるようにした。住民の方々もこうした行政区長の数々の努力を知っているので、被災後も人足には80世帯から人が集まり、道路清掃などにも精を出したという。

放射能汚染濃度は低いが、若い世代は帰還しない傾向にある。今後、厳しくなる一方と予想される財政事情も勘案して、行政区長は、大字会においては、すぐには帰還しない方の土地を明確にして、維持管理のあり方を考えようと投げかけた。従来は、農業を営みたい人に土地を貸して借地料を得ていたので、意識の切り替えにはいたっておらず、まだ反応は鈍いという。

行政区長や住民の方々とよく議論しながら、土地の利用と維持管理、貝塚公園やロボットテストフィールドの地元への貢献などが統合したプランを描く必要があるだろう。

浦尻では、行政区長をはじめとして帰還する人が中心になって、被災前のつながりを生かしながら、激減する人口によって行政区を持続していく方法を模索している。

(2) 上浦（中間部）

上浦は、天明の大飢饉（1782～1787年）にて人口の半分を失った。その後、46世帯という戸数を厳密に守ることで、半世紀後の天保の大飢饉（1833～1839年）では一人も餓死者を出さなかったと言われている。46世帯は明治以降も存続し、震災直前も数値はほぼ変わっていなかった。

驚くべきは、これまでの上浦のさまざまな歴史を地元の住民の方々が非常によく知っていることだ。その契機が、『大字かみうら史』である。竹下内閣のふるさと創生資金を使ったということだが、上浦という集落の形成、集会所・消防屯所などの施設の普請、河川や田圃の整備、街道筋の聖なる場所、神楽保存会や青年団などの組織などの他、すべての世帯の家系図にいたるまで、ありとあらゆる上浦の歴史が詳細に記述されている。執筆のための委員会が立ち上がり、できあがった冊子は全世帯に配布された。当時の委員会メンバーには今も現役で活躍されている方もいるが、60歳代になったご子息が復興に向けて努力されているという方もいる。

上浦は三つの谷戸、すなわちサクから構成され、すべてのサクが蓬田と呼ばれる田圃に面する。蓬田は、二つの川が合わさるところに立地するため、美味しい米がよく穫れることで有名だった。専業農家は少なく、生業複合だった。学校や市役所勤務も多かった。また、江戸時代から鋳造業が伝統的に盛んであり、被災後に一度は移転したがすでに現地に戻って事業再開している鋳造所がある。ここでパート勤務をしていた上浦の世帯も多かったという。

津波被害もなく、放射能汚染も際立って高くない。しかしもともと高齢化しており、本人が帰りたくても心配する家族が反対するケースも少なくない。

そうした状況において避難生活をきちんと記録したいというご意見もあった。農地をはじめ土地の管理を、上浦だけではなく小高全体で支える仕組みを構築することも必要だ。

上浦は、行政区長が一人で先導するというよりは、行政区長経験者も数多く、彼らが共有の財産として歴史を認識している点に特徴がある。自発的な集まる場所づくりも始まっている。

(3) 川房（山際）

川房は山際に位置し、西は阿武隈高地の裾野である。生業複合型の世帯を支える広い敷地が並んでいるが、作業もできる広い庭、南面する母屋、蔵などで構成されている。

小高区の中でも南部に位置し、汚染濃度は高い。

川房行政区では、除染委員会、賠償委員会、地域再生委員会という三つの組織を立ち上げた。除染委員会は、環境省や現場事務所と何度もやりとりし、大学研究室にモニタリングを依頼し、賠償委員会は訴訟の準備を引き受けるなど、積極的に活動してきた。いずれも行政の対応に対して、強い不満を抱える。町医者のように長い期間にわたってモニタリングをして、適切な除染や暮らし方を提示する専門家を望む声もある。

ただ地域再生委員会は、やるべきことが具体的にみえていないという。若い世代がすぐに帰還するとは考えていない、しかしいつか帰って来られるようにしたい、という考えがあった。そのため、夏のお盆の時期に「若者の集い」を2015年から開始し、市長が参加した。2016年にはセンターが参加し、20代から50代までの川房の被災者の方々、約20名とワークショップを行った。避難指示の解除後であったが、その時点で参加者の中

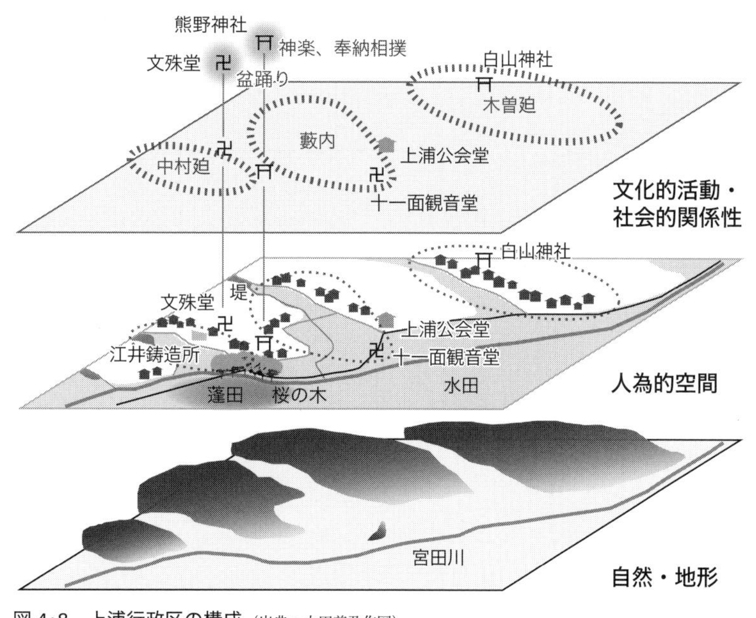

図4・8　上浦行政区の構成（出典：太田慈乃作図）

には、帰還した人も帰還の目処がついている人もいなかった。川房で行っていたイベントの数々、とくに運動系の集まりの思い出が語られた。帰れるものなら帰りたい思いを誰もが持っていたが、すでに仕事にもついて新たな生活を構築していた。行政区長による声かけや飲み会など楽しい会合があれば集まれるが、自分たちで自発的に今後の行政区のあり方を検討するところまではできない、しかし川房は大事なふるさとだというのが共通した意向だった。

2016年9月現在、5世帯が帰還しているとのことで、大きな声をあげることなく静かに生活したいという意見もある。しかし震災前に人が集まっていた公民館や社会福祉協議会会館は荒れている。

同じ行政区でも、帰還した人と今は帰還していない人では、望みが大きく異なる。

4・3 原発被災地域の復興における経営

原発被災地域を、原発から復興した地域にする知見はまだ確立されていない。

だれを主体として何の維持を考えるかによって経営のあり方はまったく異なる。どのような状態を目指すのか、何を危機や資源と捉えるかも異なる。

帰還者が極端に少ない中で帰還している方の生活を支えることは社会が責任を果たすべきである。帰還者が極端に少ない、というのが原発被災の特徴だからだ。

同時に、原発被災地域では、すぐの帰還だけが最善ではなく、多様な選択肢が用意されるべきだ。しかし複数の選択肢は、被災前の環境を取り戻すことを困難にするかもしれない。

原発被災は急激な人口縮退と未知な汚染を引き起こした。縮退傾向が強まる中で、それでも何かに取り組みたい人の実践を支援し、そこで得られた成功や失敗を共有し、次の実践に活かしていく必要がある。とくに、専門家や、被災者に寄り添うボランティアなどの外部者と巧く連携して、復興に貢献する仕組みが欠かせない。

そうした仕組みを実現するために始めたのが小高復興デザインセンターだが、実践と探究を往還できる体制を維持するためには、財源も関係主体が提供しあって長期的な活動を支えなければならない。現在は、市の予算の他、大学研究室が研究費を外部から獲得している。今後は分野や大学を超えて、活動主体を広げていかねばならない。

近代以降に社会通念となった数を増大させる成長を継続するという経営概念ではなく、命・健康・生活に最大限の価値を置いたうえで土地に根づいた復興の知恵を継承し、環境を再生させながら、ふるさとの多様なあり方を維持するという経営理念と、そのために必要な計画や布陣を構築する必要がある。

[注]

1 鎌田慧（1991）『六ヶ所村の記録』岩波書店

[参考文献]

・ 淡路剛久・寺西俊一・西村幸夫編著（2006）『地域再生の環境学』東京大学出版会
・ 太田慈乃・萩原拓也・李美沙・益邑明伸・川田さくら・黒本剛史（2016）「原発被災地における文化的景観」ポスター、奈良文化財研究所・文化的景観研究集会
・ 小高町（1975）『小高町史』
・ 大字史かみうら編纂委員会（1986）『大字かみうら史』
・ 窪田亜矢（2016）「五年目の復興計画を検証する―津波被災地と原発被災地の二つの事例から」（『都市問題』公益財団法人後藤・安田記念東京都市研究所、107巻3号「復興の現在- 震災から5年」特集所収、pp.88-96）
・ 永井進・寺西俊一・除本理史編著（2002）『環境再生―川崎から公害地域の再生を考える』有斐閣
・ 益邑明伸・窪田亜矢・李美沙（2015）「南相馬市小高区大富地区における酪農研究会の発足と震災後の展開」（日本建築学会大会（関東）農村計画部門PD資料『農山漁村の持続力を支える地域組織とは』所収、pp.15-18）
・ 南相馬市（2011）『南相馬市復興計画』
・ 李美沙・窪田亜矢（2016）「原発複合被災地における事業所再開に関する研究―避難指示解除準備区域に指定された南相馬市小高区の第2次・第3次産業を対象として」(『日本都市計画学会大会論文集No.51-3、pp.1054-1061）

2部

成熟社会を支える
アーバンデザイン

URBAN DESIGN

5章　バルセロナ

社会的弱者と向き合う
ポスト都市再生のアーバンデザイン

阿部大輔

5·1　空間再生のバルセロナ・モデルの系譜

バルセロナは出版熱の高い都市である。とくに興味深いのは、行政自らがその都市政策やアーバンデザインの実例について熱心に出版を続けていることである。我が国では、プロセスとしてのまちづくりの個別事例に関する著作は官民を問わず数多く出版されているが、都市の進むべきビジョンや具体的な都市再開発・公共空間整備等の政策を、魅力的な図版とともに網羅するようなプロジェクト集は、管見の限りほとんど存在しない。旧市街、カテドラル前の広場に面する建築家協会の書店に入れば、30 cm 四方の独特なフォーマットの図書が何冊も並んでいる。

行政のプロジェクト集出版文化の端緒となったのが、1983 年に出版された「バルセロナのプランとプロジェクト 1981-1982（Plans i Projectes per a Barcelona, 1981/82）」である。これ以降、同様のプロジェクト集が定期的に出版されてきた。

図 5·1　市発刊の都市プロジェクト集
最新のプロジェクト集（左）と 1982 年に出版された第一号（右）。

バルセロナのアーバンデザインが世界的に知られるようになった背景の一つに、こうした出版物が果たした役割も大きかったと考えられる。上記の図書の出版が都市政策上の一つのエポックを示すと仮定すると、その政策展開はおおまかに「初動期からオリンピックまで」「オリンピック期」「ポスト・オリンピック期」「成熟期」「モデル都市以降」に分けることができそうだ。

1　民主化後の初期都市再生政策（1979～1986 年）

第一期として区分されるのは、フランコの死後、初めて民主的な選挙が行われた 1979 年から、オリンピックの開催が決定した 1986 年までであろう。長年にわたり培われてきた反フランコ運動をベースとするコミュニティ・レベルでの環境改善を求める住民運動やそれに関連する議論、そしてカタルーニャ工科大学バルセロナ建築学校（ET-SAB）の知の蓄積をうまく活用しつつ、民主化後のバルセロナの空間再生へ向けた着実なプロセスとプロジェクトが進展した時期である。

フランコ独裁政権時には、目立った公共投資がなされず、既成市街地は老朽化が著しく進行した。とくに、スラム化の兆候があった旧市街や 1960～70 年代に郊外部建設が進んだ住宅団地、山裾にへばりつくように形成されたバラック地区などの居住環境の劣悪さは、誰の目にも明らかだった。疲弊が進んだ地区をゲットーと見なして区域内で完結するような事業を行うのではなく、衰退市街地に改めてアイデンティティを取り戻し、居住者以外の市民もその界隈を訪れるような地区に再生することが構想された。建築家オリオル・ボイガスが市の都市計画局を率いて、街路・広場・公園といった公共空間を疲弊した歴史都心や郊外部に多数埋め込んでいった。

当時の市の都市計画局長ボイガスの小論文「もう一つの都市性へ向けて（"Per una altra urbanitat"）」の要旨を整理すると以下のようになる[文1]。

- 「プランからプロジェクトへ」：抽象的なプランではなく、建築単体の事業に留まることもない、中短期のスパンで実現されうる都市レベルの事業を盛り込む。
- 「公共空間の重視」：再生すべきは疲弊した市民の生活であり、それを担保するのは公共施設ならびに公共空間である。
- 「都心の衛生化を進め、郊外をモニュメント化する」：郊外のバラック市街地や住宅団地における都市的性格の欠如を克服し、匿名的だった地区にアイデンティティをもたらす。
- 「界隈レベルのニーズから開始する」：都市は局地的な課題の集積する総体である。まずは界隈の抱える現実的な問題解決から着手し、一定の成果を収めてから都市全体との接続を考える。
- 「市民に響く再生政策」：コミュニティの生活の質を改善する、目に見える数多くのプロジェクトを断続的、連鎖的に実施することで、市民に具体的な再生を実感してもらう。

今日のバルセロナが魅力的な都市空間を備えている大きな背景には、この時期に精力的に取り組まれた既成市街地の改善がある。具体的には、建て詰まり問題が深刻だった旧市街における多孔質化戦略（老朽化した建造物群を取り壊し、新たに公共空間として整備し、地区全体に歩行者動線を生みだしていくこと）や、グラシア地区（かつての集落を核とする歴史的市街地の一つ）の歩行者空間化（1982 〜 85 年）といった地区再生があげられる。住環境のうち、「図」としての建造物だけでなく、「地」のオープンスペースを重点的に改良していくというアプローチが特徴的である。

2　オリンピックを契機とするインフラ整備（1986 〜 1992 年）

1986 年 10 月にオリンピックの開催が決定した。同年に、オリンピック事業のマスタープランが策定された。このプランは「新たな中心性（La Nova Centralitat）」と銘打たれており、都心の外周部に位置するモンジュイックの丘、オリンピック村、バル・デブロン、ディアゴナル通りの未完部分が整備対象となっていた（口絵 1、p.16）。

この 4 地区のうち、ディアゴナル通りを除く 3 カ所は、オリンピックという爆発的な推進力なくしてはおそらく積極的な再整備事業が望めなかったと思われる地区である。当時、市民にとってなじみの場所とは言いがたかった当該エリアを、単に施設整備の対象としてではなく、オリンピック後を見据えて、地理的にも機能的にも、都市全体に大きな影響を与える地区へと転換していく。市民生活に関係のない地区などない、というのが「新たな中心性」政策の骨子だ。つまり、この 4 地区がオリンピック後の市民生活にとって意味を持つ新たな都心になる。モンジュイックは体育館や競技場、プール等の施設群を備える大規模公園として、また美術館が立地する文化ゾーンとして、オリンピック村は質の高い都市サービスや公共空間が配された水準以上の住宅地として、バル・デブロンは質の高い施設、とくに衛生・健康施設やスポーツ施設、大学施設が整備された地区として、ディアゴナルは地区に根づくサービス業の維持が図られながらも、大学地区およびスポーツ地区として、それぞれの機能や特徴をいっそう強化する方向で整備がなされ、市民にとってイメージアビリティの強いエリアへと変貌させた。

市内のみならず近隣市町村を含めた大都市圏レベルでのインフラの改善が進んだ。オリンピック事業が成功した一つの要因に、戦略的に指定された重点整備区域と都市内の空白地帯（工場跡地等）を空間的にうまく接続させたことがあげられる。オリンピック関連の施設整備に留まらず、オリンピックという契機を最大限有効に活かし、市民の生活環境改善に繋げた点は、その後のバルセロナの都市政策の「モデル化」を支える大きな要因となった。

この時期の代表的な改善事業に、オリンピック選手村の建設と浜辺の整備(当時工場による土壌・水質汚染や不法占拠が問題となっていた海沿いのエリアを市民のための公共空間として再整備した）や市内の環状道路整備があげられる。バルセロナの負の歴史を背負っていたモンジュイックの丘（旧城塞であり、刑務所や処刑場も立地する、血塗られた場所であった）も、メイン会場として生まれ変わった。

3　アーバンデザインの成熟期と投機的野心の萌芽（1992 ～ 2000 年）

オリンピックという好機をオリンピックだけに留めず、むしろそれを契機に包括的な都市改造に乗り出そうとする野心的な姿勢は、この第三期に大きく花開く。1980 年代から着手された旧市街や郊外部の再整備が軌道に乗り、再生を実感できる説得力ある空間が生まれだした。第三期は、第一期、第二期の基本的指針を引き継ぎ、実現していくプロセスでもあった。

「第二のリノベーション」がオリンピック後のスローガンだった。イルデフォンソ・セルダのプラン（1859 年）以降、もっとも都市構造の形成が遅れていたのがバルセロナの北東エリアであった。市内の主要幹線道路であるディアゴナル通りはグロリアス広場で事実上行き止まりとなっており、そこから海岸線に向けて広がる旧工業地域は疲弊が深刻で、遊休地も多く、都市機能上ほぼ意味を失っている状況にあった。第三期には、このエリアの再開発を進め、既成市街地との統合を図ることが命題であった。

1990 年代後半から末にかけては「アーバンデザインの成熟期」であると言える。第一期に地区レベルから発生した公共空間改善運動をベースにしつつ、それを地区レベルから都市レベル、大都市圏レベルにまで広げていった。建築から都市、土木までのさまざまなスケールを横断するプロジェクトが起草、実現された。また、旧市街のすぐ外側に広がるグリッド状の計画的市街地(拡張地区)の修復や街区の再編にも着手されるなど、整備対象が相対的に居住環境に恵まれてきた既成市街地にも向け始められた。疲弊の程度に関わらず、市内のすべての界隈が再生運動のプロセスへと巻き込まれていったのである。1990 年代中盤以降は、旧市街ラバル地区の現代美術館(MACBA、1995 年完成）等の文化施設の建設も進んだ。製造業で栄えた古くからの工業地域を新たに IT 産業集積地に転換する 22 @プロジェクト（1995 年～)、海岸沿いのブラウンフィールドの再開発（2000 年～）などの、後に議論を呼ぶアーバンデザイン提案がなされたのもこの時期である。その意味では、バルセロナ・モデルが変質する大きな変換点を内包していた時期であるとも言える。

1999 年は、バルセロナ・モデルが世に膾炙する重要な年であった。市によるプロジェクト集も 1999 年には 2 種類出版されている。オリンピック前後の一連の取り組みが評価され、1999 年には英国王立協会 RIBA の金賞を都市として受賞する。同年には、リチャード・ロジャースが著書『都市この小さな国の（*Cities for a Small Country*)』や『都市のルネッサンスに向けて（*Towards an Urban Renaissance*)』においてバルセロナの経験に言及し、イギリス諸都市が学ぶべき都市として言及したことも、バルセロナ・モデルの存在を世に知らしめることに一役買った。

4　バルセロナ・モデルへの疑念とゆらぎ（2000 ～ 2004 年）

モンタネール（2011）は、20 世紀末から 2004 年あたりまでの時期の特徴として、「バルセロナ・モデルの商業化」を挙げている[文2]。ただ、都市計画が都市の広告塔として商業化の傾向を強めたのは何もバルセロナに限ったことではない。ポスト工業化社会に、都市として何を拠り所に新たに発展していくかが、各都市に厳しく問われたのである。

バルセロナの場合、都市の生産機能を牽引してきた旧工業地域ポブレノウの面的なコンバージョンが20世紀末から本格的に取り組まれた。創造産業の導入と育成が地区再生の切り札であった。国内外のメディアはこぞってバルセロナを創造都市として取り上げた。国内外からの投資を大々的に呼び込もうとする地元の魂胆も見え隠れする。それまでバルセロナ・モデルが意識的・無意識的に尊重してきた地域の歴史遺産の保護や住民の生活環境の改善の視点が抜け落ちた、トップダウン型の都市計画であった。

トップダウン型であっても、第三期までは市の強気の姿勢は少なくとも民間デベロッパーに対しても同様であったため、明確なプランニングの意図を政策に反映させることができたが、1997年頃から不況の影響もあり徐々にプランニング主導から市場経済主導へと姿勢を変えていく。工場跡地を利用し、大規模マンション開発やショッピングセンターを創出しようとするデベロッパーに対して、規制緩和を認めていくのであった。こうした規制緩和は市民の生活の質改善に向けたものではなく、経済的合理性を最大限に尊重した結果であった。モンタネール（2011）は、「不動産的関心に合致し、大規模なインフラ改善を行い、市民参加に十分配慮していることを見せ、都市自体が持続可能性を追求しているかのように装う、というのがバルセロナの都市計画のコンセプトになったかのようである」と厳しく指摘している[文3]。

うまく立ち行かない22＠に続き、当時のジョルディ・クロス市長の肝いりで開催された2004年の世界文化フォーラムをめぐる一連の都市政策は、それまでに理解されてきたバルセロナ・モデルの決定的な終焉を告げるものとして、多くの批判がなされた。アクセスの悪い敷地にスケールアウトした施設群を配し、隣接するエリアは高級ホテルや会議場を並べたコンベンション・センターとする。近隣の労働者地区との接続はほとんど考慮されておらず、現在でも一種異様な風貌をさらし続けている。

5　ポスト・都市再生期のアーバンデザイン（2004年〜現在）

2004年の世界文化フォーラムの失敗、2006〜2010年頃にかけてのバブル経済とその崩壊、スペイン全体の深刻な不況といった苦しい状況が続く時期である。まさに都市の「経営」が問われたのがこの時期からであった。21世紀初頭のバルセロナの命運をかけた22＠が軌道に乗らず、都市を支える産業の発掘に四苦八苦する背景で大きく進んだのが観光系産業の増殖である。また、都市周縁部ではスラム化が進み、都市内格差が顕在化してきている。バルセロナが国際都市としての地位を固める中で、新たに必要となっているインフラ整備の問題もある。

一方で、オリンピック時のカリスマ市長であったパスカル・マラガイが州の首相となり、空間再生と社会的包摂を主な眼目とする「界隈法（Llei de Barris）」が制定されたのが2004年であった。バルセロナも界隈法を用いて、都市再生の裏で顧みられないうちに環境悪化が進んでしまった問題市街地の再生に取り組んでいる。

また、2015年6月に若干41歳（当時）のアダ・コラウがバルセロナ史上初の女性市長の座についてから、公営住宅の整備や観光地化抑制のプランづくり等、社会的利潤の追求をより前面に押し出した政策が展開されつつある。コラウは2009年に結成された「住宅ローン被害者の会（PAH）」のリーダーでもあり、住宅強制退去に代表される前政権の社会的弱者軽視の姿勢を鋭く批判してきた。新たな都市経営の展開が期待される。

6　バルセロナが追求してきた空間の質

以上の整理を踏まえると、バルセロナのアーバンデザインとは、都市内の問題市街地を特定し、市民が実感できる空間的再生を短期間で連鎖的、面的に実施し、そうした地区が都市内で重要な位置づけを獲得できるよう戦略的に機能の再配置を行い、地区間の往来がスムーズになるようにアクセシビリティを改善し、あらゆる地区が市民の人生に関わることができるような都市づくりを市民主体のプロセスをとりながら、官民協働で実現していくことである、と説明できそうだ。以下、個別具体的な検討に入るにあたり、いくつかの視点を整理したい。

第一に、問題市街地が抱える「問題」の質の変遷である。第二期あたりまでは、スラム地区など誰の目にも明らかだった居住環境の衰退が論点であった。地区ベース、「まちかど」ベースでの問題解決が優先された。第三期は、都市全体の構造から見た時の未整備地区の存在が問題であった。個別的な地区の活性化から、都市全体の再編成に視点が移っている。第四期以降は、市街地そのものが抱えている問題というよりはむしろ、バルセロナの国際的な競争力の向上を都市全体で考えていく際に生まれてくる問題に焦点がある。ここでの問題は、プロモーションの問題だけではなく、モデルがブランドに変質したからこそ顕在化した問題をはらむ。

第二に、地区レベルでは比較的初期から継続的に居住環境の再生が試みられてきた。今後は、すでに一定の評価を受けてきたさまざまな空間がどのように再整備あるいはマネジメントされているかが問われなければならない。

第三に、界隈法の取り組みから明らかなように、1983年のプロジェクト集から30年弱が経過した現在、都心部や郊外部の衰退市街地の社会的隔離の問題が改めて議論の遡上にのぼっている。一般的に不動産価値が低く、開発が容易に進まない都市内格差の影響を直接的に受ける都市周縁部の整備介入方法とマネジメントがいまいちど問われている。

第四に、上記の点と関連するが、バルセロナが国際的に高い知名度を獲得し、観光都市化が進む中で、移民との多文化共生の問題や条件不利地区に住まう単身高齢者などの社会的弱者の包摂の問題も浮上している。バルセロナの都市計画がこの現代的な問題関心をどのように内在化しているか、具体事例を通して考察する。

5・2 公共空間主導の地区再生
「つくる」からマネジメントへ

1983年に出版された市の最初のプロジェクト集の中で、とくに集中的に提案の対象となっていたのが旧市街とグラシア地区であった。いずれも歴史的市街地であり、旧市街はバルセロナの核として発展し、グラシアはかつての村落を基盤として1897年にバルセロナの拡張計画に統合され、現在にいたっている。歴史も空間の密度も異なる両地区であるが、「都市計画道路への対応」と「小規模な公共空間の連鎖」により、地区再生を果たした点が共通する。

1 グラシア地区：既存の道路構造を強化し、小規模広場を繋げる

グラシア地区は行政区としてのグラシア区の中心地であり、19世紀半ばから急速に市街化が進んだ歴史的市街地でもある。地区の南側をグリッド状の街区の連なる拡張地区（新市街地）、北を環状道路、西をグラン・デ・グラシア通りに取り囲まれた約1.3 km^2、人口約5.2万人の界隈である。古くから独自の生産活動や商業活動が発展し、コミュニティ・ベースの活動が根づく地区でもある。

グラシア地区は、後述する旧市街ほどではないにせよ、街区の過密化、建造物の老朽化や機能の欠如（地区内のフラットのうち、シャワーを備えているものは60%にすぎなかった）、無秩序な建て替えとそれにともなう伝統的商業機能の駆逐、公共施設の不足、公共空間の欠如、広場や街路の駐車場化といった問題を抱えていた。

また、1976年に策定された大都市圏レベルのマスタープランにおいて、新市街（都心部）から地区の北に接する環状道路までを貫通する都市計画道路が計画された。民主化後の段階ですでに問題化していた都市内の交通渋滞を解決するための措置であるが、いくつかの歴史的建造物や広場を取り壊すことになり、グラシア地区が維持してきた親密なコミュニティは瓦解を余儀なくされる。そこで、まず、交通問題は新たな計画道路を地区内

図 5･2　ソル広場

図 5･3　多孔質化で生まれた公共空間（アリャダ・ベルメイ通り）

に通すのではなく、地区を取り囲む既存の道路の交通機能を強化し、地区内の街路を歩行者空間としてネットワーク化することで解決する方法がとられた。歩行者空間化の際に、既存建造物の修復とあわせて実施されたのが地区内に点在するヒューマンスケールの広場の再整備であった。地区共通の駐車場のように違法駐車によって占拠されていた古くからの広場を改めて住民の生活の場として蘇生するために、路上駐車を禁止し、植樹やベンチなどを巧みに配置することで、交通動線と広場空間を明確に分離した。路上駐車の問題は、いくつかの広場（ソル広場やウニフィカシオ広場）に地下駐車場を建設することで対応した。

2　旧市街：公共空間のマネジメントと観光地化への対応

(1)　多孔質化による居住空間の再編成と文化施設の挿入

旧市街では、独裁政権時代に有効な環境整備がほとんど着手されず、老朽化に歯止めがかからない状態が続いた。その主原因の一つに実現されない都市計画道路の存在があった[文4]。都市計画道路の指定を受けた土地は収用されるため、所有者は適切な維持管理に消極的な姿勢をとらざるを得ない。結果、建造物の老朽化が進行し、廃墟寸前のフラットは移民などの住処となり、古くからの街路の風景が不可逆的に変化する。1980 年代中盤まで、建造物の老朽化や公共空間の荒廃ならびに不足、移民の増加や治安の悪化などの問題が深刻化していたが、1985 年に再生プランが策定され、これまでに以下の戦略が実施されてきた。

- 多孔質化による公共空間の創出、それらを繋ぐ街路の整備・修復による空間の連鎖
- 立ち退きの対象となる地区住民のための住み替え住宅の整備
- インフィル型集合住宅の建て替えによる町並みの保全
- 歴史的建造物の保全再生。文化施設への転用。現代美術館（MACBA）＋修道院をリノベーションした現代文化センター（CCCB）＋旧病院をコンバージョンしたカタルーニャ図書館＋市内一の賑わいを見せるボケリア市場の再整備を軸とする「文化界隈」の創出

(2)　公共空間を成熟化させる：近寄れない場所をなくしていく

多孔質化とは減築による密集市街地の再生のことであり、1980 年代半ばから衰退が著しかった地区にスポット的に公共空間を散りばめながら、分節されていた界隈間をつないでいく戦略がとられた。都市再生政策の光と影が明確に見られるのが、ラバル地区である。地区の北側は、現代美術館（MACBA）や現代文化センター（CCCB）といった文化施設を軸に、近隣のジェントリフィケーションが進み、現在では市内を代表する文化ゾーンとなっている。一方、バリオ・チーノと呼ばれる売春や麻薬といったインフォーマルな活動の拠点を含む地区の港寄りの界隈では、貧弱なインフラと居住環境、治安の悪化が依然として解決されずに

いた。地理的には近くとも、地区の住民でさえ「近づけない」場所が点在していたのである。当時から現在にいたるまで、ラバル地区に代表される旧市街の再生に通底するのは、雰囲気の悪い場所に人の流れを継続的に呼び込むことで、空間の公共性を確保することであった。

ラバル地区の中央をくり抜くようなかたちで誕生したのが幅員約60 m、長さ約320 mに及ぶラバル遊歩道（Rambla del Raval）である。公共空間と呼ぶには一瞬躊躇するその圧倒的なスケールに対する批判はあるが、すでに移民街となっている周辺界隈共通の「中庭」のように機能している。巨大な猫の銅像（コロンビア出身の彫刻家、フェルナンド・ボテーロの作品）はいまや地区のシンボルだ。週末にはフリーマーケットも開かれ、観光客だけではなく徐々に地区外の住民も足を運ぶ場所になりつつある。ラバル遊歩道は、公共空間を介した、地区住民の社会的文化的統合への試みでもある（口絵5、p.17）。

目抜き通りであるランブラス通りを古くからの街道でもある薄暗いサン・パウ通りに入り、歩みを進めると、この遊歩道に到着する寸前に右手側に広場が見えてくる。サルバドール・セギー広場である。地区に古くから根づく広場であるが、その周辺は港町特有の赤線地帯でもあり、また、麻薬売買の巣窟でもあった。広場は幾度となく整備・修復がなされたにもかかわらず、度重なるバンダリズムの発生で、公共空間としての機能を長らく失った状態にあった。

バンダリズムの巣窟であり続けた広場とその界隈の解決策として、市は2009年にカタルーニャ州の映画館（Filmoteca de Catalunya）を山の手のエリアから移転させ、あわせてサルバドール・セギー広場と街路を隔てていた段差やフェンスを除去し、映画鑑賞という行動がなされる場にふさわしい空間づくりを先導した。移転先のイメージの悪さもあり、市民の映画館離れを懸念する向きもあったが、国内外さまざまな映画のプログラムを廉価で立て続けに実施する州立映画館の魅力に惹かれ、十分に人の流れが呼び込まれている。広場に面する街路には依然として派手な原色の衣装に身を包んだ売春婦の姿があるが、かつての荒れ果てた広場の姿はそこになく、むしろ近隣のバルやカフェが出すオープンテラスの賑わいが新鮮な空気をもたらしている。広場の奥には簡易な児童遊園も併置され、子連れの移民の姿も目立つ。多様な社会階層と多様な活動がある一つの空間の中で織り交ざることの効用を、この広場は示している（口絵6、p.17）。

3　交通動線を強化し、市民の空間とする：インフラのデザイン

バルセロナ・モデルが評価された点の一つに、オリンピックを契機とする都市インフラの整備がある。従来、インフラ整備は、市民の生活を支える社会基盤のうち、欠如しているものあるいは不足しているものを建設あるいは修繕することを言う。近代化の過程で建設が進んださまざまなインフラは、徐々に老朽化が進み、再整備の対象になりつつある。インフラ整備では、新たな交通ネットワークの導入に加えて、既存の幹線道路の修繕が問題となることが多い。バルセロナでは、都市内に足りないインフラを追加していくという従来の考え方ではなく、インフラの整備を近接する地区と関連づけ、空間的な連続性をもたらし、道路空間ですら市民のための生活空間へ転じようとするアーバンデザインが展開されてきた。インフラ整備は全市民にとって重要な課題であるが、それらが立地する都市周縁部の生活環境の再生にも資するアプローチが検討されたのである。

(1) 環状道路の再編

バルセロナには市内を走る三種の高速道路が山側、市街地、海岸線に走っており、これらは互いに組み合わさることで環状道路（Ronda）を形成している。いずれも高速道路の性格も兼ねた自動車量の多い交通の大動脈であり、大都市圏レベルの交通の処理や市内への自動車交通の配分を請け負っている。

市街地環状道路（Ronda del Mig）は、その名のとおり、市街地を走る総延長約 11 km の幹線道路である。この環状道路は幅員も連続性もまちまちであるところが特徴である。建設されたのは 1969 ～ 1970 年にかけてであり、バルセロナが爆発的な人口増加を経験しているさなかであった。道路の機能を強化しつつも、インフラが地元を分断する迷惑施設にならぬよう、市は長年、環状道路の沿道のコミュニティと協議を重ねてきた[文5]。

異なる地区を結びつけ、さまざまな流れが行き交う「ノード（交差点）」が戦略的に再整備された。都市の「ノード」は往々にして空間の質についての議論がなされぬまま、日々の使用に耐えるだけであったが、ノードそのものを再生することで、都市内で重要な位置づけを獲得し、ひいては周辺地域の居住環境改善にも寄与しようという考えである。隣接するオスピタレット・デ・ジョブレガット市との接続点にあるセルダ広場は、単なるバルセロナ近郊の交通ロータリーから、近年では有力な不動産投資先としてその性格を変えつつある。また、グラシア地区との交差する場所にあるレセップス広場は、複雑な交通動線を巧みに整理し、環状道路が分断していた二つの地区を結びつけるとともに、地区内に不足していた比較的規模の大きな広場として再生した。あわせて地区図書館も新設し、全市民レベルのイベントを重ねる中で、徐々に市民の生活風景の一部分を刻む重要な空間へと変わっている（口絵 2、p.16）。

(2) 負の存在を新たに地域資源として再生する

既成市街地と海岸線を分断する道路をいかに処理するかは、常にアーバンデザインの焦点となってきた。初期の成功事例は、旧市街と旧港湾を分断していた海岸環状道路（Ronda del Litoral）を半地下化し、市街地と港湾部に連続性を持ち込んだフスタ埠頭（Moll de Fusta）の再整備の例である。同様のデザインは、ガルシア・ファリア遊歩道の整備にも適用された。高速道路でもあり、一般的には歩行者との共存を認めない自動車が占用する空間である海岸環状道路を半地下化し、市街地と浜辺を繋ぐ緩衝剤としての公共空間が整備された。ガルシア・ファリア遊歩道は、あまり植樹がなされていない硬質な歩行者空間であり、サイクルロードとして、ジョギングロードとして、近隣市民を中心に親しまれている（口絵 3、p.16）。

5･3 バルセロナ都市再生の光と陰

1 次世代の産業育成の停滞

脱工業化時代の産業のあり方が厳しく問われる時代である。バルセロナも例外ではない。伝統的に製造業が基幹産業だったバルセロナであるが、サービス産業、とくに観光業の著しい伸びとともに、ここ 20 年弱、新たに都市を支えるモーターとして創造産業の育成を掲げて、旧工業地域の再開発に取り組んでいる。

19 世紀以降のスペインで最重要の工業地域であった海際のポブレノウ地区。衰退工業地区である同地区を IT 産業集積地として再整備し再生を図ろうとするのが 22 @プロジェクトであり、ここ 15 年余りバルセロナを代表する再開発として国内外から注目を集めてきた。

ポブレノウの再生に向けて、市は 1999 年に 22 @と呼ばれるプランを作成し、最新の IT 関連活動を重点的に展開する地区として位置づけた。地区の住工混在の魅力を継承しつつ、新たな雇用を生む創造産業を埋め込んでいく、というのが 22 @

図 5･4 22 @プロジェクト
工業建築のリノベーションと現代建築をミックスした工業地域の再生。

プロジェクトの基本的戦略である。

これからの都市を支える主要産業の一つとして創造産業を地区に誘導し、育成するという本来の目的は、結果的に地区内へのアクセシビリティや公共空間の改善を促している。ポブレノウ一帯は交通インフラが伝統的に貧弱であったが、光ファイバーや空気調和機集中管理システム等の新たなインフラの導入に合わせて、道路空間の再編が進みつつある。地区への来訪者の70%は公共交通や自転車、徒歩で来られるようにするというのが地区のモビリティ改善プログラムの主旨である。また、地区内は工業用途であり、公共空間や緑地を埋め込んでいく発想に欠けていたことに鑑み、22 @プロジェクトでは民間の工業用地の10%を緑地に、そして地区全体でも再開発対象地の面積の10%を公共の用に供する敷地（公共空間あるいは公共施設）として提供することを定めている。

また、地区の決定的な特徴として、集中的に立地していた産業遺産の存在がある。22 @は街区再編の方法として、容積率インセンティブの付与による効率的な再開発を誘導しており、結果として産業遺産が取り壊されてしまうケースも少なくない。そこで市は産業遺産保存プランを作成し、保護すべき工場建築を特定するとともに、積極的に活用するアプローチを探っている。大学のキャンパスに転用したり、市の都市計画局のオフィスに転用したりすることで、市民が定期的に地区を訪れる仕掛けもなされている。

しかし、かねてからの不況もあり、思惑どおりには産業クラスターの誘導が進まず、職住近接の街区づくりが暗礁に乗り上げている。脱工業化時代の新たな産業育成とその基盤整備づくりを、魅力ある都市空間づくりに結びつけていくことのむずかしさを22 @は見せつけている。

また、地元出身の多くのアーティストたちがアトリエを構え創作活動拠点となっていた地区を象徴する工場（Can Ricart）が住民との十分な折衝を持たぬまま、半ば強制的に取り壊されるなど、22 @計画は当初からまちづくりのプロセスとして大きな問題を抱えたままである。取り壊しの後に新たに整備されたのはジャン・ヌーベル設計のポブレノウ中央公園（Parc del Centre del Poblenou）であったが、その評判は当初から「バルセロナが犯した重大な失態の一つが、ヌーベルによるポブレノウ中央公園である」と散々だ（全国紙 El Pais 紙 2007年7月17日）[文6]。周囲からの流れを断絶するようなデザインとなっており、日中でも利用者の数は決して多くない。このように、22 @は、空間の質の点からも、住民参加の手続きの点からも、しばしば批判の対象となる事業であり、バルセロナ・モデルの変質をもっとも端的に示す計画であると言える。

2　進む公共空間の私有化：賑わいは誰のもの？

公共空間の私有化問題もあらわになりつつある。歩道にオープンテラスが展開し、そこで人々が食事をとりながらおしゃべりをして過ごしている、という風景はバルセロナでは一般的であるが、そうしたオープンテラスが歩道や広場を占拠してしまい、近隣住民の通行や滞留に支障を来す例も出てきた。そこで市は、オープンテラスの利用を規定する条例を2013年に制定した。歩道幅員の50%以上は歩道として確保すること、店舗のファサードからテラスまでの距離は必ず1.8 m以上確保すること、隣接する住宅群の邪魔にならぬよう建物開口部から横に2 mは離すこと等が定められている。我が国では、歩道にオープンテラスを定着させる試みがいくつかの都市で展開されており、公共空間の使いこなしに苦心しているが、観光地化にともなう歩道の私有化が進むバルセロナでは、公共空間としての歩道が持つ意味が改めて問われる事態となっている。また、自らの界隈に点在する公共空間の積極的な使い方やルールを自分たちで提案し、改めて住民の生活に根づいた日常生活の舞台へと変えていく活動を展開するグループも増えてきた。たとえば旧市街では、住民有志団体フェム・プラサ（Fem Plaça）が広場改善プログラムを自主的に構築、実施し、広くコミュニティ再生へと繋げている。フェム・プラサは「広場をつくろう」という意味であり、いま存在する公共空間をリアリティのある「場」に変えていこうとするアプローチである。

3 行きすぎた観光地化問題

旧市街は言うまでもなくバルセロナ観光の一大拠点である。バルセロナが観光都市化する中、旧市街特有の問題が浮上してきた。観光公害である。旧市街は伝統的に居住用途の強い界隈でもあるが、それらも短期滞在向けの貸フラットやホテルへと姿を変えている場所が多い。家賃も上昇するので、資金力のあるチェーン系のホテルが旧市街の町並みを埋めていく。界隈に歴史的に根づいていた小売店舗や町工場等が占用してきた場所が、ツーリスト向けのレストランや土産物屋に置換されてしまう現象も発生している。よい生ハムやワイン等の日用品を扱っていた昔ながらの商店は、気づけば移民が経営する安さが売りのコンビニエンスストアに様変わりしている。地中海のオープンな雰囲気を楽しみにくる各国からの観光客は深夜まで大騒ぎを続け、住民は安眠することもできない。地区が悪い方向にテーマパーク化している。

こうした状況を受け、市は旧市街における用途プラン（Pla d'Usos）を作成し、観光系用途のコントロールに乗り出している。具体的には、旧市街をその通りや街区のまとまりに応じて性格付けし、区域ごとにホテルや観光系商店の立地を規制する。2009年に承認された改正用途プランでは、いっさいのホテル用途を禁じる大胆な措置が盛り込まれていた。土地所有者や観光業者の猛反発もあり、2015年の夏に修正・可決された新たな法案では、幹線道路に面する街区におけるホテルの建設を認める等、一定の譲歩が引き出されているが、これ以上のテーマパーク化を避けたいとする市の強気の姿勢は維持されている。

また、空き部屋シェアを促すAirbnbの普及により、都心の一般的なフラットが続々とゲストハウスに転用される事態が相次ぎ（その多くが無許可

図5･5 観光地化に反対する住民運動

営業である）、住民と観光客との軋轢の深刻化が都心全体に広がってきたことを受けて、2017年1月に観光宿泊施設抑制プラン（PEUAT）が可決、承認された。これは、すでに数多くのホテルやツーリスト・フラットが立地し、それらが界隈との紛争を招いている旧市街や拡張地区といったエリアは宿泊系用途を抑制し、今後の宿泊施設は現在相対的にホテル数が少ない都市郊外部に誘導するという戦略である。コラウ市長はすでに2016年11月に違法宿泊施設を摘発するための部局を発足させ、近隣からの通報を募っている。観光人気を背景とする不動産投機にバルセロナ都心の各界隈がどのように対抗するか、コミュニティの力が試されている。

4 バルセロナ・モデルへの批判

バルセロナ・モデルに対して、主に地元のイデオローグからさまざまな批判がなされてきた。とくに文化人類学者のマヌエル・デルガドは、バルセロナ・モデルが対外的なイメージ形成に際してつくられた虚構にすぎず、「集権的専制政治の介入主義ならびにテクノクラート型のモデルであり、参加型民主主義の促進にほとんど何も貢献しておらず、地域の住民運動の弱みに付け込むばかりであり、近年勢力を増しつつある活発な社会運動に対して敵対的・攻撃的ですらある」と著書『嘘だらけの都市 ―「バルセロナ・モデル」のペテンと悲劇』において、バルセロナ・モデルを推奨する行政や専門家、メディアなどを厳しく批判している[文7]。

事実、バルセロナ・モデルを比較的好意的に取り上げてきたのは、その出自分野でもある建築・都市計画であり、社会学や政治学、人類学はそのプロセスの自己完結性、つまり市民主体のまちづくりを軽視する市の姿勢、また公的資金を投じて結果的に土地投機を招いている現状に対して常に批判的であった[文8]。

都市政策のほころびが顕在化する中で誕生したのが、前述したアダ・コラウ市長である。彼女は、都市空間をもう一度市民の手に取り戻そうとする新世代の象徴である。民間の利潤偏重の色合いを強いていた近年の都市政策に対抗する形で、社会性の高い、より市民主導による小規模なアーバンデザインが着実に進展しつつある。

5・4 社会的包摂を支えるアーバンデザイン

1 都市内格差を改善する：界隈法の取り組み

世界から賞賛を得た初期から中期にかけてのバルセロナ・モデルは、密集した、あるいは分散した衰退地区に公共空間を創出し、都市空間の質的改善に努めてきた。薄暗い密集街路における都市衛生の改善、荒廃住宅の改修などの小さなプロジェクトが市内各地区で「点」として取り組まれ、それがしだいに「点」と「点」を結ぶ動きを呼び起こし、さらにコミュニティ全体（＝「面」）の改善に展開されていった。その過程では、社会的排除されてきた移民たち、あるいは貧困層が、社会的に包摂されていくプロセスも観測された。再生が一段落した後に、ジェントリフィケーションや多文化共生の問題が顕在化し、「再生した」地域の中で、再び住み分けが進行する事態を招いている。都市間の格差以上に、都市内の格差が深刻になりつつある。恒常的な高い失業率を背景として、社会階層の二極分化が進んでおり、それは都市内における格差、すなわち社会階層の空間的な分離としても現れている。

バルセロナを州都とするスペインのカタルーニャ州では、都市再生政策の裏で進行する社会的排除の問題を地区の物理的空間の改善と結びつけて解決に導くための州法を2004年に制定した。各自治体は界隈法を活用し、「特別に注意が必要な地区」の再生に取り組んでいる。界隈法の制定を受け、改めてバルセロナでも市内の条件不利地域の選定作業が必要となった。バルセロナ・モデルと賞賛された都市再生政策の一方で、あまり顧みられることがなかった都市周縁部や、依然として居住環境に問題を抱えている歴史的市街地の一部がプログラムの対象に選定された[文9]。

たとえば、サンタ・カテリーナ地区とボン・パストール地区を例にとろう。前者は古い市場を核とする歴史的市街地であり、1980年代からの再開発をへてもなお、劣悪な居住環境に改善の兆しが見られなかった地区である。旧市街では市街地の多孔質化によって再生が図られてきたが、サンタ・カテリーナ地区も例外ではない。問題は、生みだされた公共空間のその後のマネジメントであったり、近隣住民のための施設の不在であったりした。同地区では、空き店舗の再生等による地区内商業の活性化、老朽化した街区の修復促進、社会的包摂を眼目とする施設整備（高齢者住宅、職業訓練施設、若者が自営する文化スペースなど）、多孔質化により生まれた公共空間のさらなる整備（緑化やゴミ処理システムの導入を含む）といった戦略をもとに、社会的包摂を実現するためのアーバンデザインが進められている。

後者のボン・パストール地区は、ベソス川沿いの工業団地に隣接する労働者向けの低廉住宅地区（Casas Barratas）として1930年代に建設が進んだ界隈である。交通の便も悪く、移民が集住する典型的な周縁部である。同地区では、老朽化の進んだ街路・広場・低廉住宅の修復、市場の再整備、ジプシーとの融合を図る社会福祉事業等が進められている。社会的弱者が暮らすコミュニティにおける居住環境の改善が主な眼目であった。

2015年にいたるまで、バルセロナからは合計13地区が界隈法の適用を受け、空間再生と社会的包摂を統合するプログラムに着手している。地理

図 5･6　サンタ・カテリーナ地区

図 5･7　ボン・パストール地区

的に見れば、旧市街の周辺と北部の山裾および高速道路に隣接した周縁部に対象が集中している。まさに、バルセロナにとって、こうした地区こそが都市再生後に改めて顕在化した社会的に問題を抱えたエリアなのである。

バルセロナが界隈法を用いて再生に取り組んでいるのは、状態に悪い団地や街区が多数立地し、地区施設は老朽化し、公共空間は活力を失っていた地区である。そうした地区は観光都市バルセロナの喧噪をよそに、観光客が足を運ぶこともなく、単身高齢者や移民の集住地区としての性格を強めつつある。バルセロナの試みは、公共空間の整備と社会的包摂プログラムを織り交ぜながらさまざまな界隈のニーズに丁寧に応答することで、地区住民の帰属意識や自負心を回復させ、生活の質を大幅に改善することを狙っている。都市再生先進都市であるがゆえに生じた、いわば再生後の亀裂や断層を修復している。そこには、初期のバルセロナ・モデルが有していたソーシャリズム的な都市再生の思想を見いだすことができる。

2　市場を核に食育やコミュニティ参加を促す

バルセロナには 46 の公設市場が存在する。観光スポットとして名高く、いずれも旧市街に立地するボケリア市場やサンタ・カテリーナ市場だけでなく、市内の特徴あるさまざまな界隈に大小さまざまな市場が市民の生活を支えている。

市場のほとんどは、外国人滞在者にすぎない私たちにはきわめて活発な日常生活の風景に見えるが、近年、廉価なスーパーのチェーンの進出に押され、新鮮な食材を市場で直接買う機会は減少しているという。また、近年の傾向として、移民を含む低所得者層の家庭ほど子どもに対する食教育に無関心であり（たとえば朝食を抜く頻度が多い等)、荒れた食習慣であることも多い。当然、子どもの肥満の問題も出てくる。就業時間の関係もあり、親自身も市場で食品を購入する頻度が低下している。

そこで、バルセロナ県の主導により、地域内の市場間で公営市場ネットワーク（Xarxa de Mercats Municipals）を構築し、子どものみならず市民教育としてキャンペーン「市場が私たちを見守っている（El mercat em cuida)」を展開している。これは、市場で売られている農作物や乳製品、肉や魚の品質の高さを伝える教育プログラムであり、主に小学校高学年をターゲットとする。地域空間を支える不可欠なインフラとして各都市や農村における市場を位置づける試みである。

バルセロナ県の市場の活性化に関する図書『市場 ―共生の現場（*El mercat, espai de convivència*)』のタイトルから明らかなように、市場は食生活・食文化の源泉であり、生活の必要上、多様な人が流れ込み、交差する空間である。市場原理に任せておくと、やがて弱体化してしまう可能性のある市場という生活遺産を、広域レベルで守り、活性化する取り組みである。

3　都市の「空隙」を使いこなす：自生する公共空間

バルセロナにおいて減築による引き算型の都市再生が精力的に実施されたのは1980年代後半から2000年頃までであり、多孔質化が依然として都市政策の最前線にあるわけではない。むしろ、初期の多孔質化政策に見られた考え方は、形を変え現代に受け継がれている。空間そのものを多孔質にしていくというよりも、都市の新陳代謝の過程でまちなかにぽっかりと出現してきた「空隙」に着目し、それをコミュニティ活性化のための起爆剤として一時的に使いこなす方向にシフトしつつある。つまり、かつては政策的空白の中で稠密に形成された都市空間の中に空隙をつくるアプローチであったが、近年では変化の過程で置き去りにされていたり、重要な場所にあるにもかかわらず再開発の着手までに数年かかってしまうような「空き地」を再編集する動きが活発化しつつある。界隈の中で、抜け殻のようになってしまっているオープンスペースに新たな鼓動を吹き込む活動が展開されつつある。

バルセロナ市が2012年以降主導している「空き地活用プログラム（Plan de Buits）」はその代表例だろう。この政策は、都市内に生じた空き地（公有地）を対象に、市民参加や市民による公共空間のマネジメントを促進するような用途や活動を期間限定で埋め込むことで、地区再生のきっかけをもたらすことを目的としている。地元紙によれば、「経済利潤の最大化ではなく、社会的利潤の創出」のためのツールであり、「暫定的な都市政策になりうるか？」と問いを投げかけている[文10]。コンペの形で実施され、地区にとっての対象敷地の重要性やプロジェクトの経済的自立性、社会的効用、創造性・先駆性等を評価基準に、実施者が決定された。コミュニティ農園として再利用されているところが多い。選定されたグループの一つであるNPO組織「まちかど再生（Recreant Cruïlles）」は、拡張地区において生じたかつての修道院跡地を舞台に、近隣界隈の児童の遊び場や都市農園としてゲリラ的な土地利用を展開している。いずれも一時的な使用のみ許可されている点が特徴的で、そこで試されたさまざまなアプローチがその後のまちづくりに大きなヒントとなることが想定されている。

図5・8　自生的な公共空間

4　道路空間の再配分：セルダグリッドの再評価

市民運動家アダ・コラウが初の女性市長となって以降、立場の弱い市民の側に寄り添った都市政策が矢継ぎ早に展開されてきた。その一例が、「スーパーブロック計画（Projecte Superilles）」だ。

セルダによって原理がつくられたバルセロナの都市構造であるが、拡張地区に広がるグリッドの街区は、その一辺を約113 mとする。これは、400 m四方の街区を三等分したスケールであった。つまり、セルダは、都市の発展を見据えるにあたり、一つの建設ユニットとして400 m四方のスーパーブロック（その中に合計九つの街区）を設定したのである。

合理的に形成されたグリッド市街地であるが、それゆえに自動車交通の多さと、建て詰まりの結果としての公共空間の欠乏が問題となってきた。公共空間の欠乏については、個別の建造物の建て替えに応じて街区内部を徐々にセットバックさせていくことで中庭を取り戻す政策が功を奏し、いまでは40以上もの街区で小規模な心地の良い空間が獲得されている。その一方、街区の外側は依然として自動車交通に支配され、歩行環境も良好であるとは言いがたい。

そこで、コラウ市長を支える都市計画チームが

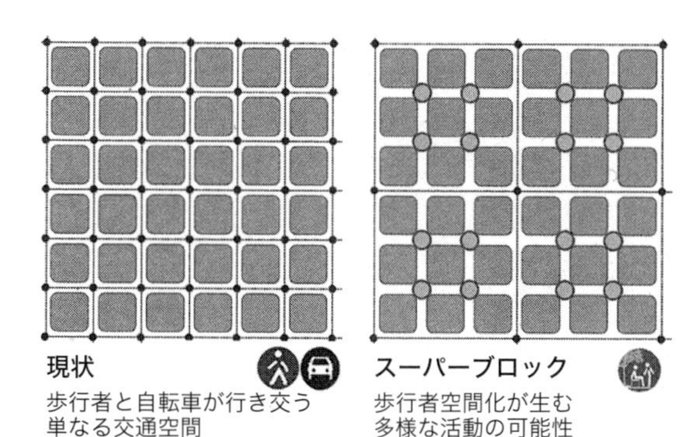

図5·9　スーパーブロック計画（出典：Ajuntament de Barcelona（2015）*Plans i Projectes per a Barcelona 2011-2015*, Ajuntament de Barcelona）
自動車交通はスーパーブロックの外側に限定。400m 四方の内側は歩行者空間に再編される。

構想し、実践に移しているのが、現在のグリッド市街地を改めて400 m四方のスーパーブロックとして捉え直し、そのスーパーブロック内の中の街路をすべて歩行者空間化することで都市機能の再編も促すという、きわめて大胆かつ実験的な試みである。

現在は社会実験中であるが、対象地となった古くからの工業地（ポブレノウ地区）では、新たに公共空間として浮かび上がってきた道路や交差点において、住民や市民団体がさまざまな仕掛け（暫定的な子どもの遊び場やパエーリャ大会等のイベント）を展開している。自動車交通をブロックすることで新たに生み出される自由な空間には、まだまだ可能性が眠っているという当然のことを思い知らされる。

バルセロナがこの40年あまり取り組んできた都市再生の原則的戦略は、都市内に出現した大規模な空き地の再開発、工場跡地や駅・線路跡地のような遊休地の再開発、新たな公共空間の創出、衰退市街地の再整備、交通網の再整備等の都市問題を都市形態の問題として解決し、全体としての都市形態を完成させることであった。すでに都市のほとんどは近代化が完了しているので、本質的な都市改造はもはや旧市街や拡張地区といった都心部で実現されるわけではない。物的改善がひと段落した「ポスト都市再生」時代には、既成市街地の文脈を読み込んだ丁寧な保全的刷新、そして無秩序に開発が進んだ郊外部、工業地域、海岸部、山裾といった都市の周縁部の段階的再整備と個性化こそが、これからのアーバンデザインの主題となるのである。

[注]

本稿は、筆者自身による下記の文献と重複する内容を含んでいる。

・ 阿部大輔（2015）「都市を映し出す公共空間：揺らぐバルセロナ」（『建築雑誌』Vol.130、No.1676、pp.22-25）
・ 阿部大輔（2014）「バルセロナ・モデルの変容と転成」（矢作弘・阿部大輔編『持続可能な都市のかたち―トリノ、バルセロナの事例から』日本評論社、pp.106-136）
・ 阿部大輔（2013）「《第二の郊外化》をマネジメントする」（阿部大輔・的場信敬編『地域空間の包容力と社会的持続性』日本経済評論社、pp.55-81）

[引用文献]

1 Ajuntament de Barcelona（1983）*Plans i Projectes per a Barcelona 1981-1982*, Ajuntament de Barcelona
2 Josep Montaner, Fernando Álvarez, Zaida Muxí（eds）（2011）*Archivo crítico modelo Barcelona 1973-2004*, Ajuntament de Barcelona
3 同上
4 阿部大輔（2009）『バルセロナ旧市街の再生戦略』学芸出版社
5 Giacomo Delbene（2007）*Proyecto BCN. Estrategias urbanas. Geografías colectivas*, Ajuntament de Barcelona
6 http://elpais.com/diario/2007/07/17/catalunya/1184634446_850215.html（最終確認日 2017 年 1 月 27 日）
7 Manuel Delgado（2007）*La ciudad mentirosa. Fraude y miseria del 'Modelo Barcelona'*, Catarata
8 代表的なものとして、文献 6 のマヌエル・デルガドの一連の著作の他に Horacio Capel（2005）*El modelo Barcelona: un examen crítico*, Ediciones del Serbal 等がある。
9 Oriol Nel·lo（2012）*Ordenar el Territorio: La experiencia de Barcelona y Cataluña*, Tirant Humanidades
10 Marc Martí（6 de junio de 2013）"Plan Buits: ¿políticas urbanas para mientras tanto?", *Diario.es* http://www.eldiario.es/catalunya/pistaurbana/Plan-Vacios_6_140046010.html（最終確認日 2017 年 1 月 27 日）

6章 ミラノと柏の葉

革新的ランドスケープを用いたアーバンデザイン

宮脇勝

6･1 ミラノ垂直の森

1 新しいアーバン・ランドスケープ

現代都市において、新たなランドスケープを組み込むことは、都心であればあるほど、その用地の確保から見て、容易ではないと考えられてきた。しかし、欧州の都市再生を見るならば、開発における革新的ランドスケープデザインの投入がめざましく、本稿はこの点に着目する。

たとえば、イタリア経済の中心都市のミラノで都市再生が姿を現しているが、大規模開発にランドスケープを用いたアーバンデザインがある。中でも新たな段階を先導している例として取り上げたいのが、アーバンデザイナーのステファノ・ボエリ（ボエリ・スタジオ）が提案した「垂直の森（Bosco Verticale：ボスコ・ベルティカーレ）」である。

ミラノの都心再開発の中心に、シンボリックに建ち上がった垂直の森は、今、ミラノだけでなく、ヨーロッパの一般の人々に元気を与え始めている。その革新的な事例は、建築系専門雑誌ではなく、一般のテレビメディアに取り上げられることに表れている。それはイタリアのみならず、ヨーロッパに広がっている。

図6･1　2015年に完成した「垂直の森」の外観

ここでいうランドスケープとは、西洋的な意味でのランドスケープ・アーキテクトの仕事のことであり、ヴォイド（屋外空間）や緑を中心に、開発全体を構成する仕事である。

ランドスケープと建築が混在一体となった姿は、これまでのどの建築デザインよりも強いインパクトを持ち得ている。従来からの表層的な壁面緑化とは一線を画していて、まさに森が立体化するイメージで、生態的機能を有し、建築家に波紋をもたらしている。この概念は、さまざまな展開をもたらす可能性を秘めている。

こうした挑戦的な建築が、ミラノの都心の一つの駅前で実現したことから、ランドスケープからアーバンデザインを次の時代に変化させる可能性を、本稿の前半で論じたい。

2 垂直の森の開発経緯

(1) ミラノ市の都市計画の転換

ミラノ市の都市計画は、イタリアの中ではあまり目立たないものであった。それは、文化財にあふれるローマ、ナポリ、フィレンツェ、ヴェネツィアなどに代表されるイタリアの都市計画と異なり、現代建築の多いミラノは、あまり目立った都市計画を行ってこなかった。それでも、プランナーは、90年代頃から新しいミラノのための戦略を提案するようになってきた。とくに、ピエール・ルイジ・ニコリンは、ミラノの都心近傍にランドスケープを用いたボイド空間を、大規模開発とセットで配置する計画を提案していた。しかし、実際に資金のないミラノでは、開発にはいたらず、提案倒れになることが常であった。

その中でも、ガリバルディ駅周辺の土地は、戦後からまとまった未利用地があり、副都心の構想が持ち上がっていた。そこには、ミラノ市役所もあり、業務系を中心とした都市開発が想定されていて、何度かコンペが開かれていた。しかし、地権者たちに合意をもたらすような開発は何一つ進まず、長い間塩漬けとなったままの土地であった。

世界経済の低迷をへて、2000年代に入ってしばらくすると、ミラノ都心部の再開発が徐々に息を吹き返し、規制緩和の流れが始まった。それを後押しするかのごとく、ミラノ市の戦略的な都市計画が発表され、都心の地下鉄の延伸とその駅上の都市開発が連動するようになった。その中心にあるのが、ガリバルディ駅周辺とミラノ見本市跡地（新見本市会場は郊外に移転済）の開発で、いずれも大手不動産会社が計画を進めている。都市計画の主な手段は、都市再生事業に相当するもので、従来の都市計画のゾーニング規制ではなく、官民の協議によって「プログラム協定」を定めるエリアに指定し、より柔軟な開発とその誘導を行う方法を取っている。しかし、日本の都市開発と異なるのは、地区のアーバンデザイン性を重視して、

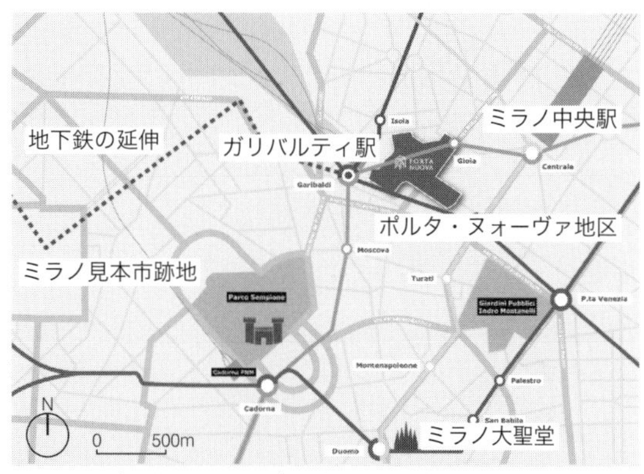

図6･2　ポルタ・ヌォーヴァ地区開発の位置

図6･3　ポルタ・ヌォーヴァ地区の全体模型
ミラノ市の都心部の新たな姿が実現されつつある。写真の左端に見える高層建築が、ロンバルディア州庁舎である。「垂直の森」は、写真の右上に２棟で位置している。中央部分の大きなオープン・スペースは、地区の開発許可の際にプログラム協定を用いて、官民共同で創出する大きな公園で、「垂直の森」は公園の緑地と連続する計画である。

複数の設計者の選定に力を入れている点である。

ミラノ見本市跡地では、土地を有していたエクスポ・ミラノが事業者と建築家を組み合わせたコンペを行い、シティライフ社（CityLife）がスター建築家のザハ・ハディッド、ダニエル・リベスキンド、磯崎新を組み合わせた案を提出して当選し、現在建設中である。一方、周囲のランドスケープも独立したコンペで、モダンなデザインに決まった。

一方、ガリバルディ駅周辺のポルタ・ヌーヴァ地区の開発には、2004年に不動産会社のハイネス・イタリア社（Hines Italia）が、その土地の取得に乗り出した。グローバル企業であるハイネス社（Hines）は、開発用地を三つ（ガリバルディ地区、ヴァレズィーネ地区、イゾラ地区）に区分し、それぞれのエリアの特徴を持たせる建築家の選定とそのマスタープランを採用した。ミラノ市との協議をへて、その開発ヴォリュームとボイドの配置が定められ、都心に高層ビルとオープン・スペースが姿を現すことになった。

(2) イゾラ地区の特徴

2006年から2007年頃、建築家のステファノ・ボエリは、2015年開催のミラノ・エクスポを構想しているとき、都市と自然の関係をテーマに研究していて、新しい建築の方向性として、ランドスケープの導入を着想していた。彼は従来の、金属やガラスで覆われた建築物のあり方を見直し、生物多様性の観点から、持続可能な本格的な緑化を立体化することに着手した。その都市像は、『Bioミラノ』という彼の本の中で明らかにされている。この本に描かれたフレスコ画のような長い絵の中に、たくさんの建築手法が提示されていて、その一つが「垂直の森」である。

ボエリは、ポルタ・ヌォーヴァ地区の北側のエリアを担当することになり、既存の工場の廃屋を占拠していたアーティストたちや、地区内の地権者たちと何度も協議を重ねた。残すべき建物と壊すべき建物、「記憶の家」と名づけられた新しい公共施設、緑地のオープン・スペース、住宅棟を検討し、公共施設のコンペを行った。垂直の森の住宅とアーティストのためのインキュベーション施設は、ボエリが自ら設計した。

また、このイゾラ地区内には、ミラノ市役所の庁舎が面していて、開発規制によって生みだした公園用地を含んでいた（図6･3の中央に位置する大きな公園部分に相当する）。ボエリは、ここを国際コンペにし、オランダのランドスケープ設計事務所インサイド・アウト（Inside Outside）を選出し、「樹木の図書館」という庭園タイプの公園コンセプトを採用した。

興味深いのは、この公園は、ハイネス・イタリア社が一体的に購入したポルタ・ヌォーヴァ地区の中である点である。ミラノ市は新たに大きな公園を整備する目的で、ポルタ・ヌォーヴァ地区の開発権を認める際に、「プログラム協定（AdP：Accordo di Programma）」を通じて、官民共同で公園を整備する規制を掛けている。こうした開発許可規制を使って、高層ビルの建設を許可する代わりに、市役所に隣接した大きな公園をミラノ市は獲得したのである。

(3) ガリバルディ地区の特徴

その他にもアーバンデザイン手法として注目さ

図6･4　ミラノ市都市計画図PGTのポルタ・ヌォーヴァ地区（部分）（出典：ミラノ市）

図の南側には歴史的町並みの保存地区があり、図左下に地区名となっているポルタ・ヌォーヴァの門が位置している。ガリバルディ駅周辺の開発用地には、通常の都市計画規制を表示せず、官民のプログラム協定などによって建築規制を定める協議型の制度が利用されている。

れる点に、ガリバルディ駅の正面に位置するガリバルディ地区である。この地区のマスタープランを作成したのは、アメリカの建築家シーザー・ペリである。駅前には、かつて空き地のまま大きな道路があるだけだったのだが、道路の線形を変更し、道路の上部を立体化してペデストリアンな屋外空間と高層建築群が取り囲む立体化が進められた。このおかげで、駅前の歩行者空間が、さきほどの大きな公園に繋がっていて、通過交通が分断することがない。建築物の一部が道路の上空に建設されている地区断面である。また、歩行・自転車空間の全体は、建築家ヤン・ゲールが監修した。

このように、歩行者と自転車、動植物のためのランドスケープを中心にして、土木インフラ、建築の配棟を全体コーディネートする計画技術を用いており、官民が境界線を変更しながら、合理的、立体的に実現に向かったことは、アーバンデザインならではの成果である。

3 「垂直の森」のマネジメント

(1)「垂直の森」の機能

「垂直の森」の緑化は、決して表層的なものではない。高さ 110 m と 76 m の高層棟 2 棟からなる「垂直の森」には、およそ 800 本の樹木が植えられている。樹木の高さは、7.5 m 程度で、最終的に 8 m の高さを維持するように計画されている。これだけで 2 ha の平面的森に相当している。高木には鳥が飛来し、生息を支援することを意図しているため、人間との共生を前提にしている。また、低木は 4000 本、つる等の地被植物は 1 万 6000 株植えられていて、昆虫も生息することから、その緑化はもはや森であるというのである。

このマンションの住民 1 人当たりに換算すると、2 本の高木、8 本の低木、40 株の地被植物、20 羽の鳥と蝶が分配される計算だ。

また、樹木の生育を持続可能なものとするために、ミラノ市郊外で 3 年ほど実験して確かめたうえで、建物に植樹している。実際、植える位置の高さ、湿度、方位、風といった影響を考慮したうえで、25 種類の樹種が選定されている。

とくに 4 面の方位が異なる立面をデザインするために、それに適した高木、灌木、低木、草花が

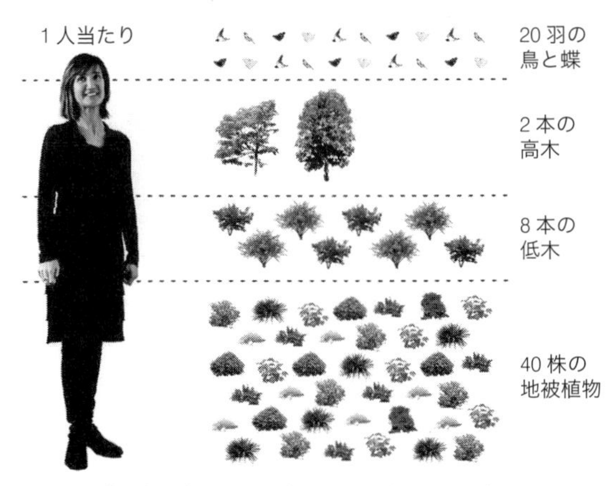

図 6･5 「垂直の森」の 1 人当たりの配分コンセプト (出典：Boeri Studio)

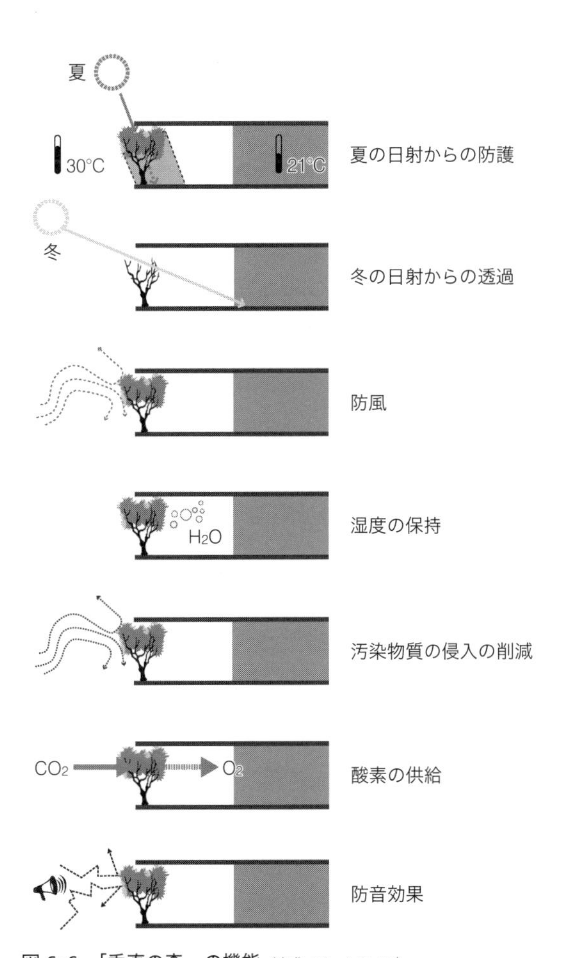

図 6･6 「垂直の森」の機能 (出典：Boeri Studio)
建物の外側に樹木を配置することで、たくさんの機能が果たせる点を分かりやすく解説している。

異なる季節ごとに色彩を放つように、計画的に配置されている。これは、ランドスケープ・アーキテクトが積極的に関与して実現している。このため、遠くから見ると、小さな山のような姿で、都市景観に異彩を放っている。季節によって、色が変わって見える天然のファサードが、林立する固い外観の建築物と対比される。こうしたイメージは、一般の人々に好意的に受け止められていて、テレビメディアに再三取り上げられている要因となっている。明らかな都市の緑化の姿に、人々の賞賛が集まっているのである。

日本では、その緑化効果を数値で厳密に証明しないと採用できないような、機能主義に陥っているかもしれない。一方、イタリアのボエリのように、環境の基本機能を示したうえで、積極的に表示し、PRに努めることのほうが重要で、今後より機能性を高めていくことに繋がるように思われる。だから、こうした取り組みをすぐに過小評価してはいけないだろう。今は、新しいアイデアを伸ばすことのほうが重要だからである。

(2) 専門技術者間の協力の効果

建築家や技術者といった専門家は、垂直の森のような立体的な緑化に、長らく否定的な意見を持ってきた。第一に、実現性の否定である。これは技術面のみならず、マンションの販売の側面にも及ぶものである。そうした全面否定によってこれまで実現しなかった。しかし、それは今回ボエリによって、見事にくつがえされた。

もっとも根強いのは、建築と造園のお互いの技術的分離にあると思われるが、それぞれの技術的側面の独立性を重視するあまりに、共同をさけている。「垂直の森」では、建築家とランドスケー

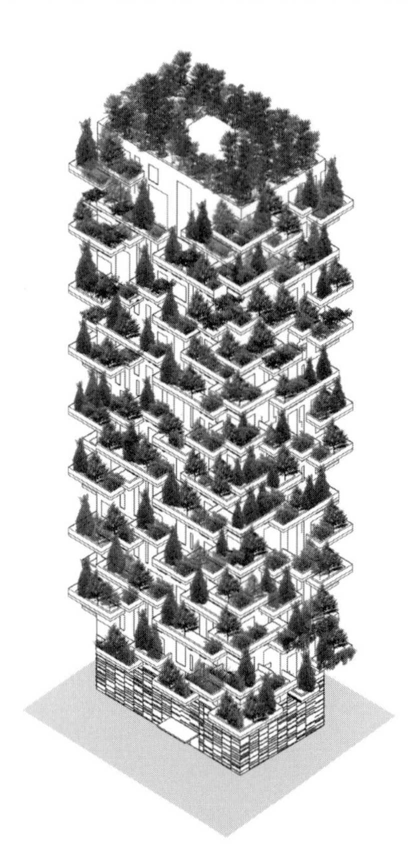

図 6・7 「垂直の森」のコンセプト図（出典：Boeri Studio）

図 6・8 バルコニーの断面図（出典：Boeri Studio）
高木の高さが建物の2層分に相当する。バルコニーの強度を高める工夫や、樹木の枡の工夫がビルトインされている。

図6･9　中国で提案されたマウンテン・フォレスト・ホテルでの応用例（出典：Boeri Studio）

図6･10　マンション販売所に置かれていた模型

プ・アーキテクトの一体的な仕事は、前例を見ないほどに意欲的に取り組まれている。この点が、日本に欠けている重要なポイントの一つである。

(3) 挑戦する精神

次に重要なのは、新しいビジョンに降りかかる技術的問題を克服する、挑戦する精神である。アーバンデザインのような大きなビジョンであれ、バルコニー単位の小さな緑であれ、新しい挑戦がなければ、イノベーションは起こらない。そこには技術者が勇気を持って向き合い、持続的に研究する必要があり、これも今の日本の建築業界に欠けた部分であろう。

緑地面積を確保しにくい都心部において、立体的な緑化を一般化することは、かねてからの目標であるはずだが、その緑化は屋上緑化や壁面緑化を用いても、きわめて陳腐で、表層的なものが多い。

「垂直の森」が困難に直面するのは、実際、バルコニーに張り出す形で800本のも樹木が植えられるため、その加重に耐えられる建築構造にする必要があるからである。

これは技術的にバルコニーの強度を高める仕組みが内包され、解決されている。また、次に問題となるのが風の影響で、樹木の落下を防ぐ必要がある。そのために、実験が繰り返されており、枡の工夫と落下防止のための措置が加えられている。

こうした工夫の数々を解説しても、ボエリを批判することは、イタリア内で起こっているように簡単であるが、ボエリのようにさまざま生じる問題を、一つ一つ乗り越えて、実現化に向かわせる強さがある点を私たちは学ぶべきであろう。その環境ビジョンは、まるで自動車が排気ガスを出さなくなるようなイノベーションを起こすのと同じように、ランドスケープが前面に出たアーバンデザインは、確実に多くの人々を喜ばせ、未来の都市が、決して環境に悪いものではないということを予感させるような、直接的に景観に訴えかけるものである。

そのランドスケープデザインは、ボエリによって強調されていて、ビルバオのような特異な建築シンボル性を持ってメディアで取り上げられるかもしれないが、ボエリのビジョンはそうではなく、ごく自然と都市が森に包まれていく姿を描いていて、個々の建築のデザインが隠れていくものである。

この方法論は、ミラノだけでなく、いろいろな国々で展開し、生態系と同じように、さまざまな風景を作りだすメカニズムを同居させている。したがって、このような挑戦は、第一歩であって、ランドスケープを用いたアーバンデザインや建築デザインの革新をもたらす手段の一つとして期待されると言えよう。

(4)「垂直の森」の維持と管理

「垂直の森」を実現するうえで欠かせないのが、維持管理のための仕組みである。とくに重要なのは、給排水のシステムで、革新的なのは建築物のインフラにあらかじめ組み込んだことである。建築物がまるで一本の樹木のように、水を吸い上げて個々に独立したバルコニーに水を行き届かせるように設計されている (図6･7)。こうした自動給水システムにより、居住者には過度な負担が掛からないように維持管理が考慮されている。

また、ランドスケープの維持に関わる費用の負担も、通常マンションの共用部に配置する緑地と同等の負担ですむことから、共用部の管理費として、各住戸でまかなえる範囲である。実際に、樹木の剪定は、ガラスの清掃のようにロープで下りながら外側から行われていて、新たな仕事の風景が生まれている。

豊かな森というアーバンデザインのイメージは、単体とは異なり、2棟あることで、お互いに見る見られる関係ができ、居住者の環境の快適性を兼ね備えている。できあがりの状況を見ると、緑化で室内が暗くなり過ぎることもなく、思ったよりも部屋からの眺望が良いことが分かっている。

実際には、鳥や昆虫が生息することから、人間と生き物との間のわずらわしいことも想像されるが、そうしたものを受け入れるイタリア人の気質とを合わせて考えるとき、この事例のもたらすビジョンに一つの明るい兆しが垣間見える。

垂直の森は、マンションの販売から見れば、駅前ということもあって、社会的に中間層からやや上の層をターゲットに販売されている。ランドスケープとともに生活する新しいライフスタイルを提供するもので、順調に売れている。このモデルが販売に成功し、維持管理も実証されれば、さらなる一般的な展開が期待できる。

日本でも都心回帰している状況で、より都市中心部において、立体的な緑化がもたらす効果に、一般市民の期待が寄せられるであろう。

6･2 柏の葉アーバンデザイン

1 日本のアーバン・ランドスケープ・デザイン

本稿の後半は、ランドスケープを用いたアーバンデザインの国内モデルとして、筆者が取り組んできた千葉県柏市北部に位置する柏の葉キャンパス駅周辺のアーバンデザインを解説する。

柏の葉エリアは、東京大学と千葉大学、研究機関、公共施設、公園等が集積しており、世界水準の先端的都市形成を先導する高いポテンシャルをもつ地域で、行政と専門家が直接事業者と議論を行いながら事業を進めていく、公民学連携のまちづくりが進められてきた。

駅前の開発内容はすでに決定していて、建設も最終段階に入っている。筆者はこの15年あまり柏の葉の開発に継続的に関与した唯一の者であり、この間、県、市ともに行政責任者や担当者は何人も代わっていて、継続的に語れる者がいないことから、全体の経緯を俯瞰的にまとめる必要性を感じている。

そして、柏の葉でさまざまなアーバンデザインの検討が行われてきたが、筆者が最初からチャレンジしたのは、ランドスケープを中心としたアーバンデザインであり、柏の葉でもこの考え方を実行したモデルとして紹介できる。

2 柏の葉の開発経緯

(1) 柏市の都市計画の具体化

千葉県柏市柏の葉地区は、つくばエクスプレス線が開通することで、沿線の都市開発が加速し、その中の重要な拠点都市の一つである。柏の葉キャンパス駅と名づけられた駅周辺部の土地区画整理事業は、約443 haに及んでいて、大学の研究施設としての東京大学柏キャンパス、千葉大学環境健康フィールド科学センターがあり、このエリアの大きな特徴となっている。

また、周辺には東葛テクノプラザ、東大柏ベンチャープラザなどの産学連携施設、高度な医療施設、警察庁等の官庁の施設もあり、高度な研究都市としての性格をより強いものとしている。

徒歩圏内に県立の柏の葉公園があり、土地区画整理事業によって自然緑地を保全した「こんぶくろ池」の森など、豊かな緑の自然環境がある。

江戸時代は、徳川幕府の軍馬を管理する大規模な放牧地であったが、明治維新以降、農地へと変化していった。戦後、アメリカ軍の通信施設が建設され、1979年に土地は全面返還された。

大きな転機となるのがつくばエクスプレス柏の葉キャンパス駅開業（2005年）であり、東京の秋葉原駅から北西に28 kmに位置し、郊外型都市として2000年からの土地区画整理事業によって、具体化が進んだ。

(2) 柏市の景観政策の展開

2000年に本多市長と市担当者の要請を受けて、筆者が検討部会長となって、柏市景観条例の策定に関わる検討が始まった。市条例に基づく柏市景観ガイドラインを策定する段階で、国内外の事例

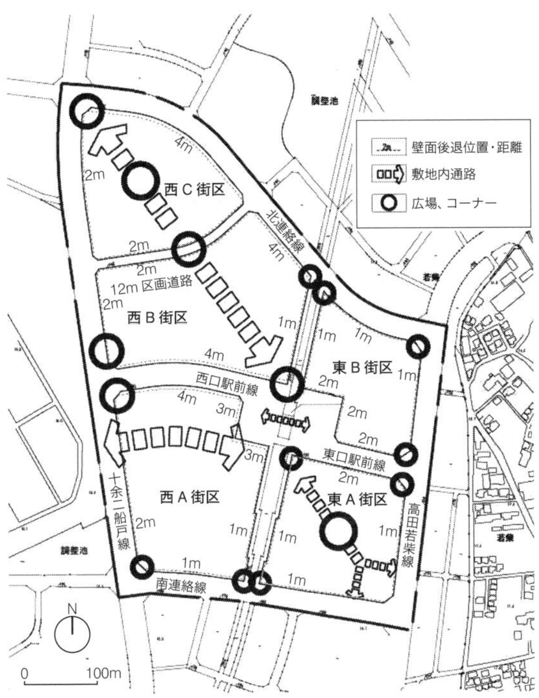

図6・11　2005年当初に作成された柏市景観形成重点地区の土地利用方針（出典：柏市）

筆者が当時柏市景観デザイン委員会副会長として、とくに土地利用に大きく影響する民有地内を横断する通路を景観（ランドスケープ）の立場から定めることを勧めたもので、地域に大街区を開く効果が期待された。現在の重点地区は周囲の街区にも拡大されている。

調査研究をへて、市民委員を加えたワークショップを用いながら、柏市独自に用途地域区分に適合した用途別の景観ガイドラインを導入した。

柏市の景観ガイドラインは、当初より追加可能型を想定したもので、地区ごとの詳細な景観基準を徐々に追加することを推奨したものである。2006～2007年に、市町村合併と景観法に対応する目的で、新しい柏市景観計画を作成する段階で、web化に移行することで、重点地区の追加を技術的に容易にした。

柏の葉に関係する景観計画の重点地区も、「柏の葉キャンパス駅周辺景観重点地区」として、景観基準を定めた。この中で、民有地となるスーパーブロック内に、「敷地内通路」を通す土地利用コントロールを、景観基準として定めた点が、最初

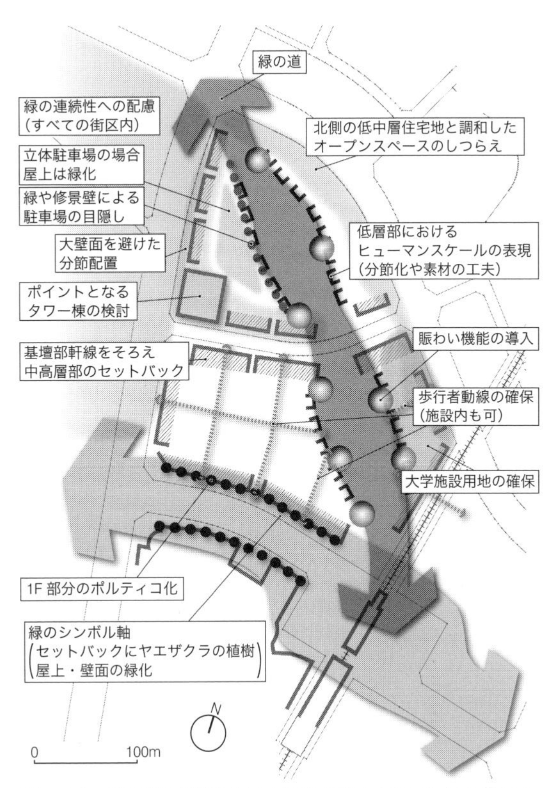

図6・12　柏の葉で千葉県が土地を所有していた147街区と148街区の事業コンペの応募要項に記載された「アーバンデザイン方針」の図（2005年作成）（出典：千葉県）

柏の葉キャンパス駅とこんぶくろ池のある森を結ぶため、景観形成重点地区の基準を踏まえ、二つの街区を横断するように、歩行者のための緑の道（ランドスケープ）を設定し、コンペの応募者に具体的な提案を求め、コンペの審査会で審議した。この緑の道が、後にグリーンアクシスと呼ばれるパブリックな空間軸につながった。

の段階で重要だった。筆者は特に現場で、新駅とこんぶくろ池の森の緑地や東大柏キャンパスをダイレクトにつなぐことが重要と考え、この景観軸を行政関係者たちに浸透させた。

これを実現するために、筆者は147街区と148街区を貫く一本の緑の道を、事業コンペの設計条件である「アーバンデザイン方針」に盛り込むことができた。これによって、応募者は皆、緑のオープンスペースを中心にデザイン提案することとなった。

さらに、筆者が工夫して導入したのが、駅周辺の同重点地区で、街区ごと単位に、民間サイドが詳細に「デザインガイドライン」を作成することであった。

公共サイドは、民間が作成した具体的で詳細な「デザインガイドライン」を公認し、公表する方法を、柏市独自の方法として組み込んだ。これは、都市計画や景観計画における民間活力の導入の一例である（口絵5、p.19および図6･13)。

このような柏の葉重点地区の民間事業者による街区別のデザインガイドラインを作成する意義は、主に以下の4点に整理できる。

1) 街区別デザインガイドラインの作成は、景観重点地区全体のルールではなく、「街区」ごとにルールを分けることとしたのが第一のポイントである。街区ごとに地権者が話し合い、都市の最小単位である「街区」のコミュニティを形成する意義がある。

重点地区の作成当時、なぜ全体ではなく、「街区」単位なのか、行政の担当者にも理解を得るため、繰り返し説明を行った。まちづくりの最大の目的は、コミュニティの形成にあり、ルールを形成する際に、地権者が協働する必要がある。このため、実現性を高めるために、最小限

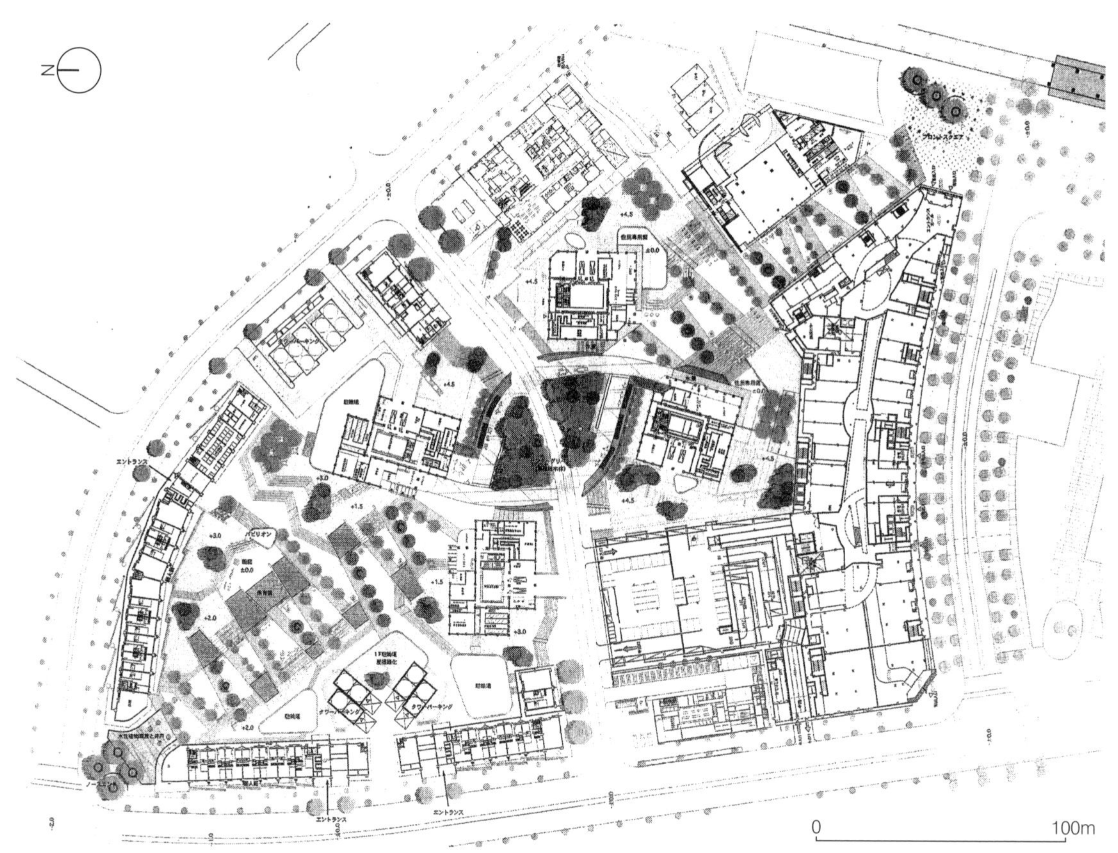

図6･13　民間サイドで作成した147、148街区デザインガイドラインの関係図書の例（出典：柏市ホームページ、民間サイドで作成した147、148街区デザインガイドライン関係図書の例（2007年、オンサイト計画設計事務所作成））
生活の場としてのグリーンアクシスを、個性的な空間の繋がりで具体化している。情報公開された資料である。

の単位である「街区」を用いることとしたのである。

重点地区はその後拡大されるが、街区内地権者が今後近隣との協力を拒否しないように、この街区別に民間が協力してデザインルールづくりを話し合う仕組みを、今後とも維持すべきである。

また、地域でのアーバンデザインの話し合いのセンターとなるべく設立した「柏の葉アーバンデザインセンター（通称UDCK、現在は柏市の景観整備機構）」とともに、今後ともコミュニティ活動が、景観ガイドラインの作成というかたちで、地域に関与し続ける必要がある。

2）次のポイントは、日本において、公共のデザインガイドラインの作成技術が諸外国に比べて発達していない問題がある。より高度なデザインガイドラインを作成改善するために、公共サイドから民間サイドに、ガイドラインの作成の重点を移す狙いがある。

柏の葉は国際水準を目指した都市構想を目標としていて、高いデザインの質の確保を求めている。また、民間事業者は、自らデザインガイドラインを作成することで、公共的配慮を意識するようになり、それを公開することで、地域住民や市民、まちづくりに対する貢献を意識するようになる意義がある。

公共にとっては、特別な予算を必要とせずに、より高度なデザインガイドラインを採用することができるメリットがある。

この計画に関わる技術的側面において、実際に当該用地を保有している不動産会社は、十分な対応能力を有している。

一方、その他の地権者の多い街区については、後述する景観整備機構の柏の葉アーバンデザインセンター（UDCK）による、技術的な支援を期待している。

3）市民の立場から見れば、街区別デザインガイドラインは、将来どのような街になるのか、開発前に情報公開される意義がある。日本においていまだ十分に実現されていない民主主義の基本的人権の一つで、「環境権」にも関わっている「知る権利」を、都市計画において確保するものである。公共空間の考え方や民間事業の情報が、早い段階で開示されることで、都市開発の質を理解し、公共への信頼が増加すること、周辺の都市開発がおのずと促進されるメリットがある。

街区別デザインガイドラインの公開について、千葉県のアーバンデザイン委員会の場で、筆者は何度も確認していて、事業者は当該デザインガイドラインの公表を、当初から同意している。

こうして147街区、148街区、151街区のデザインガイドラインは、柏市景観デザイン委員会に諮り、すでに公認され、公表されている。

4）最後に、街区別デザインガイドラインが公認されて記録として残る意義も重要である。ニュータウンであってもやがては、建て替えの時期が来る。その時には、開発当初の経緯とアーバンデザインの考え方が記録される資料としての価値がある。とくに、このような大規模な開発は、計画時に長い時間をへていて、行政担当者が変わるため、内容を詳しく知っている者が、建て替え時にはいなくなる。にもかかわらず、建築に関わる詳細な資料は10年程度で廃棄されている日本の自治体の現状から見て、計画経緯の詳細をインターネット上に公開して、将来にストックする価値が十分にある。

なお、民間事業者が詳細に検討を加えた街区別

図6･14　千葉県柏の葉147街区、148街区アーバンデザイン委員会の様子（出典：千葉県柏の葉147街区、148街区アーバンデザイン委員会）

デザインガイドラインは、計画段階の主な方針の合意内容であって、実施段階において、そのまままったく同じかたちで行う義務はない。このため、必ず参照することを事業者に働きかける意図においてのみルール規定が働くものと期待している。

つまり、大規模な開発でやむを得ず実施設計時のさまざまな変更が加わったとしても、屋外空間や景観のようにパブリックな観点から何が重要視されるのかが、特定の場所や空間を想定してデザインガイドラインの中で描かれることにより、将来にわたって守るべき環境を明確にする役割があるのである。

(3) 千葉大学のデザインガイドライン

駅周辺街区の中には、千葉大学環境フィールドセンターのキャンパスもあり、筆者は当時千葉大学の教員であったから、地域に景観上貢献するように、千葉大学の施設計画に関わる部署に相談し、デザインガイドラインも作成した。基本的にキャンパスに塀を設けないで緑地帯のバンクで仕切るといった工夫をすることや、キャンパス内の中心部を貫く空間を整備し、市民に開放すること、ヤエザクラの並木道として整備することなどを提案していて、周辺地域の緑地帯と連携する構想を目指した。これは千葉大学のホームページで公開され、具体的にキャンパスマスタープランに反映されていった。

(4) 事業コンペとグリーンアクシスのコンセプト

柏の葉キャンパス駅前の 147 街区と 148 街区の事業コンペをそれぞれ行う際、千葉県は街区内に緑の軸を設定すること等を提案条件としたアーバンデザイン方針（図 6･12）を作成し、筆者はこれに関与した。そして実際に事業コンペ審査会の委員として参加したが、147 街区は 5 社から、148 街区は 2 社から事業者を選定し、両街区について一体的に三井不動産を主導とした開発が進められることを決定した。

三井不動産の提案は、他社と比較して、グリーンアクシスと呼ばれる緑の軸の全体をよくまとめており、高く評価された（図 6･15）。ただし、超

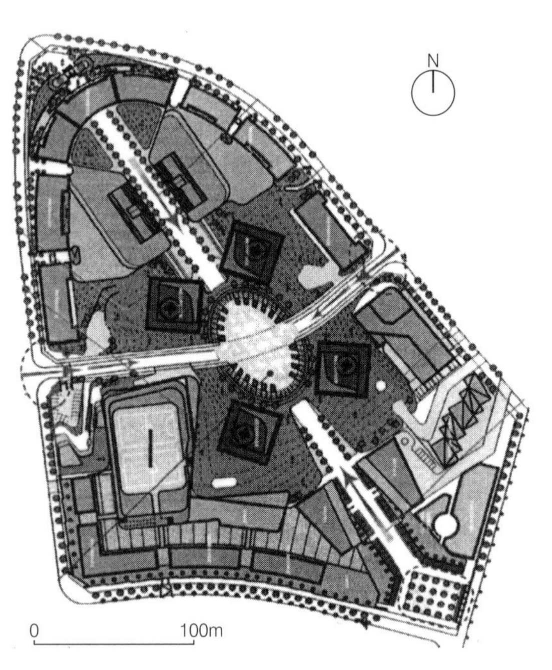

図 6･15　2006 年のコンペ当初案（出典：三井不動産、千葉県柏の葉 147 街区、148 街区アーバンデザイン委員会）
建築家の團紀彦氏がマスター・アーキテクトとなって応募した案。グリーンアクシスを明確に定め、左右対称形でさまざまな高さの建築群に秩序を与えている。

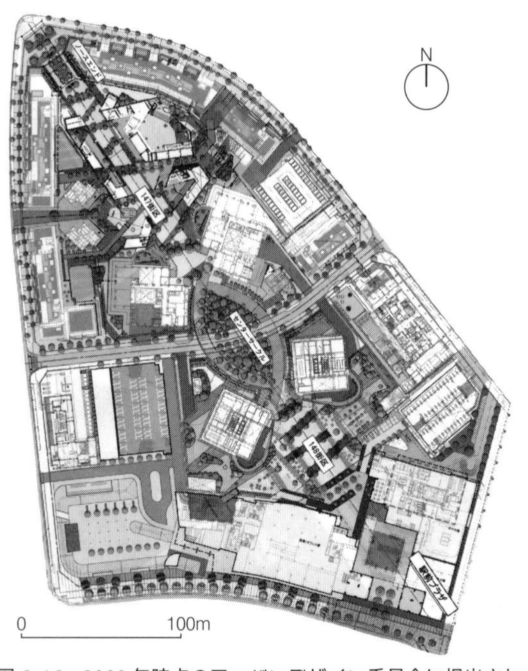

図 6･16　2009 年時点のアーバンデザイン委員会に提出されたデザイン修正案（出典：三井不動産、千葉県柏の葉 147 街区、148 街区アーバンデザイン委員会）
図の右下の広場を、建物の間に移動しながらも、グリーンアクシスとして周囲に開くように下層部をくり抜くかたちで調整した。

高層棟が4本と多かったため、郊外型の都市開発としては、駅に近い側に2本に抑えるように、条件をつけることとした。

また、コンペの当選案を実施する過程において、審査委員会の専門家メンバーが、そのまま千葉県のアーバンデザイン委員会を組織し、実施設計が決まるまでの間、意見を出し続け、事業者はその意見を聞く義務を、売買契約上課すようにデザインマネジメント力を強化した点がポイントである。

(5) 千葉県アーバンデザイン委員会

コンペの後、審査を行った専門家により構成された千葉県柏の葉147街区、148街区アーバンデザイン委員会により、事業計画の審議、住宅棟、商業・業務施設のデザイン変更等の審議を行った。

じつに9年に及ぶアーバンデザイン委員会が開催され、それだけ多くの案件や修正が繰り返された。しかし、アーバンデザインの専門家が継続的に関与することで、さまざまな問題をパブリック・スペースの重要性から解決していった。事業者、設計者にとっても、開発の中心部の質を上げることに委員会が機能していて、着実に委員会の評判を上げていったと自負している。

とりわけ、アーバンデザイン方針に定めていた147街区と148街区の中心部分をグリーンアクシスと呼ばれるパブリックな空間が貫いていて、そこを中心としたアーバンデザインの協議が、最終的に事業者の販売の魅力づけ、住民や来訪者、とりわけ子どもたちの安全で美しい場所として実現していった。

なお、協議の中で、一時期2008年から2009年にかけて、大学の立地を含む事業変更等もあり、グリーンアクシスのためのエッジの広場の確保がむずかしくなっていたが、センタープラザの設置や東大棟1、2階部分のくり抜きにより対応している（図6･16)。

また協議の中で、グリーンアクシスの北端入口から見て、147街区西側の高層棟の壁面のセットバックを、筆者は誘導した。このように、ランドスケープの中心軸を一本定めるだけであるが、その人々が歩くメインのパブリック・スペースの視点から、さまざまな景観上の調整を可能にすることができた。

3 柏の葉のマネジメント

(1) UDCKと柏の葉国際キャンパスタウン構想

事業コンペ以降の柏の葉のアーバンデザインやまちづくりを総括的にマネジメントしていくために、UDCK（柏の葉アーバンデザインセンター、北沢猛初代センター長、出口敦現センター長）が2006年に設立された。最初に着手したのは、「柏の葉国際キャンパスタウン構想」（2008年策定）で、千葉県・柏市・千葉大学・東京大学が協働で、2年以上のワーキングを踏まえたうえで、新たな地域ビジョンを示しており、筆者もUDCKの設立やビジョンづくりに関与した。その後、2014年に見直しと改訂を行っているが、変わらないのは、「環境に配慮したまちづくり」を実践しようとする点である。アーバンデザインはその物的なデザインの質に関わり、環境の構成要素の一つと捉えられると同時に、全体を推進する鍵となるテーマとなっている。

(2) スマートシティとアーバンデザイン

柏の葉キャンパス駅周辺の開発を一括して計画している三井不動産は、ホテル、住宅棟、商業・オフィス棟に、太陽光発電システム、生ゴミバイオ発電やガス発電、各発電の排熱を回収して空調や給湯に活用する、コジェネレーションシステムなどのエネルギーシステムを計画している。東日本大震災の経験をへて、エネルギーマネジメントからみたアーバンデザインという観点も重要になってきており、たとえば、アーバンデザイン委員会でも審議に挙がった、大型の蓄電棟の配置とデザイン的解決も、公共性の高い重要な課題である。

(3) 今後の課題

柏の葉のアーバンデザインのマネジメントを行う上で、今後の課題となるのは、アーバンデザイン委員会のような組織を持たない周囲の街区のデザイン協議である。

あるのは景観条例と景観アドバイザー会議であるが、景観形成重点地区の街区別のデザインガイドラインが地権者の合意のもとで作成できるかどうか、景観デザインの指導体制を拡充するためにUDCKを景観整備機構に認定し、具体的にデザイン協議できるかどうかが重要になってきている。

しかし、筆者の体験上、地権者によっては必ずしも意識が高いわけでなく、景観デザイン協議をしても、それに対応しない事業者が出ている問題も見られる。これを景観法で対応するには、景観形成重点地区から一段階引き上げて、「景観地区」制度の導入検討の必要性が残っている。

6・3 ランドスケープを主軸にアーバンデザインを考える意義

(1) 人々の期待する環境づくりへ

イタリアのミラノと日本の柏の葉を取り上げて、近年建設されている新しいアーバンデザインの試みの中で、革新的なランドスケープを主軸に考えることの意義を紹介した。

いずれも具体的な方法論は異なっているが、駅周辺の非常に開発圧力の高いエリアにおいて、アーバンデザインを実践しようとする事例であり、最優先すべきなのはパブリック・スペースの確保とともに、ランドスケープデザインを全面的に取り入れることが、共通している。

ランドスケープデザインが、民間の事業計画の中で、大きな役割を担うことによって、一般の人々の期待に応える環境づくりのために、アーバンデザイナーとして貢献することが重要である。

そのためには、街区や街のスケールで、ランドスケープのフレームを構成し、都市空間の重要な場所を位置づける都市プランニングが必要である。

プランナーや行政自身が、ランドスケープを主軸とする考え方に変わらなくてはならない。そして、アーバンデザイナーが、アーバンランドスケープデザイナーとして、全体計画をマネジメントできるようになる必要があるだろう。

図 6・17 ボイドの景観軸（グリーンアクシス）
グリーンアクシスは、美しさの中心であるとともに、遊び場や共用施設がちりばめられ、いつも子どもたちとお母さんたちがたたずむ生活の屋外空間となった。

(2) 建築とランドスケープの融合から、都市を変える

一方、垂直の森の事例に見られるように、建築家の考え方も変わる必要がある。植物について苦手なのが一般的な建築家であるが、建築家とランドスケープ・アーキテクトが最初から共同して設計すると、また世界が変わってくると思われる。

そのためには、景観への意識の向上が事業主、設計者などあらゆる関係者に求められるが、従来の固定概念を壊し、より積極的なランドスケープの建築への導入が期待される。もっと本気で技術的な問題を解決することが日本でもできたなら、新しい都市像が見えてくるはずである。

日本では造園に関わる植物の関係者は、建築家に比べて大人しい気質もあって、事業の中でこれまで中心に据えられることが少ない。しかし、造園の分野で、もっと挑戦的なものを評価する元気な人が出てくる必要があると思われる。

日本でも建設業界を明るくするようなイノベーションが全体的にもたらされるように働きかけたいと願うが、そのためには、批判や固定概念を取り払うところから始まり、意識を改革することに関わらなくてはならない。

しかし、革新的な試みは、ランドスケープであれ、建築であれ、最初から面的に広がりのある都市計画として起こすことができない。しかし、複数の点の開発になると、アーバンデザインに展開する可能性を秘めているのである。

とくに、日本の場合、一つの建築モデルが実現性を持ち、多くの人がその効果を理解したときに、街なかに広がる可能性があり、個からのアーバンデザインも可能なように思われる。都市と建築の相互作用を環境づくり、景観づくりの観点から、もっと議論を深めたいと思う。

今後必要なのは、専門家のコラボレーションを誘発することと、先を見据えた大きな環境の視点を持つことであろう。ランドスケープは、そこで人々を結びつけるテーマ、手段となりうるはずで、アーバンデザインの重要性を再認識させてくれるはずである。

[参考文献]

- Masaru Miyawaki, Soujanya Tenkayala (2014) "Towards the Sustainability Assessment: A Case Study of International Indicators and the Trial Assessments of Kashiwa-no-ha Plans in Japan", *City Safe Energy Journal*, No.2, pp.77-90
- 宮脇勝 (2014)「ステファノ・ボエリ『垂直の森』ミラノ・ポルタ・ヌォーヴァ地区再開発」(『Landscape Design』94号、マルモ出版、pp.7-13)
- 宮脇勝 (2013)「専門家による景観デザイン技術の実践」(日本建築学会編『景観再考、景観からのゆたかな人間環境づくり宣言』鹿島出版会、pp.97-104)
- Stefano Boeri (2011) *BioMilano*, Corraini Edizioni
- 宮脇勝・北原理雄 (2002)「都市計画法の用途地域制と景観条例の景観地域区分の整合性に関する研究 —千葉県柏市景観形成ガイドラインの事例」(『日本都市計画学会都市計画論文集』no.37, pp.997-1002)
- 千葉大学環境フィールド科学研究センターデザインガイドライン (2003)
- 千葉県柏の葉147街区、148街区アーバンデザイン委員会会議資料
- SMART CITY PROJECTのホームページ http://www.smartcity-planning.co.jp
- 柏の葉国際キャンパスタウン構想 (2008、2014)

7章 横浜

文化芸術創造都市からインナーハーバー再生戦略へ

野原卓・鈴木伸治

7・1 「港町」横浜の誇りと再生
海都横浜の誕生と遺伝子

砂州沿いに横たわる100軒ほどの小さな漁村集落であった横浜が、日米修好通商条約締結後に「開港5都市」の一つとして産声をあげてから150年以上が経過するが、横「浜」という名前だけあって、この都市の成長は、これまで一貫して「海」「港」とともにあった。外国人居留地と日本人街が並存する都心部関内が形成されると、横浜は、生糸貿易と海外からの文化流入を背景に、日本と世界を繋ぐ「窓」として大きく発展したが、その後、「関東大震災」「横浜大空襲」「米軍接収」という、いわば「三重苦」ともいえる天災、人災を経験し、そのたびに復興を余儀なくされた。

関東大震災では、横浜市内の一万六千棟が倒壊したと言われ、震災前に建てられた建造物は、現在、数えるほどしか残っていない。山手の丘では、居留地で働く欧米人の住宅でもあった洋館たちも、震災でそのほとんどが壊滅したが、欧米人の多くが母国に帰ってしまったにもかかわらず、彼らが戻ってくることを願う西洋館住宅地の復興が目論まれた。また、第二次世界大戦でも多くのエリアが被災し、市内20の地区で戦災復興事業が進められた。さらに、都心部の多くが米軍によって接収され、いわゆる「カマボコ兵舎」が建ち並び、塩漬けの空き地が覆い尽くす中心部は、「関内牧場」と呼ばれていた。

このような横浜において、本当の都市再生に着手することができたのは、1960年代に入ってからである。この時代は日本全体で言えば、「もはや戦後ではない」と言われる高度経済成長期、東京オリンピックに向けて沸き立つ再生の嵐の中であったが、一周遅れのトップランナーである横浜が幾重もの苦難を乗り越えるべく、戦略的に選択したのが、「港町の誇り」と「人間的空間」を大切にして、短期的にも長期的にも地域価値を高める都市経営戦略としての「アーバンデザイン（都市デザイン）」[注1]であった。

7・2 横浜の都市デザイン
六大事業から文化芸術創造都市へ

1 横浜の都市づくりと六大事業

一方、戦後の横浜は、東京都心部から距離的にもほど近く、北東部の市民が「横浜都民」と呼ばれることもあるように、宿命的に東京のベッドタウン的な位置づけを有しており、現在では、昼夜間人口比が0.9近くに及んでいる。特に高度経済成長期以降、都市人口は爆発的に増加する中で、傾斜地を多く有する郊外部では、斜面地の無秩序な乱開発も多く進められ、緑が失われるなど、都市環境の悪化が懸念されていた。

そんな中、革新派の飛鳥田一雄氏が市長に就任すると、港町の誇りを再興しつつ予想される都市問題に早めに取り組むべく、1965年、六大事業構想（『横浜の都市づくり』）が発表された。これは、飛鳥田市長の依頼を受けた環境開発センター（浅田孝・田村明ら）の提案をもとに構想されたものである。ここでは、東京との関係や、社会の動向を読み込んだ横浜の都市戦略として、「コントロール」「プロジェクト」「アーバンデザイン」という三つの手法が提示されている。

第一に、急速で無秩序に進み始める都市化をいかに「コントロール」してゆくか、具体的には、線引きにおいて市街化調整区域を市域の1/4にいたるまで指定し、適正・必要な部分から都市化してゆく、あるいは、宅地開発指導要綱、農業専用地区等により積極的な規制誘導を図ること、次に、東京のベッドタウンとして急激に拡大する都市横浜において、将来を予測しつつも、固定した将来像を描くマスタープラン型の計画ではなく、都市の骨格を創出する「プロジェクト」を提示するという、「マスタープログラム型」の新たな都市構想のあり方を示し、いわゆる「六大事業」(①金沢地先埋立事業、②港北ニュータウン建設事業、③高速鉄道〈地下鉄〉建設事業、④高速道路網建設事業、⑤横浜港ベイブリッジ建設事業、⑥都心部強化事業＝のちのみなとみらい21事業)という形で示すこと、そして、人間的な都市空間を生みだすために、多主体を調整して魅力的な空間を実現する「アーバンデザイン」の導入が図られたのである。

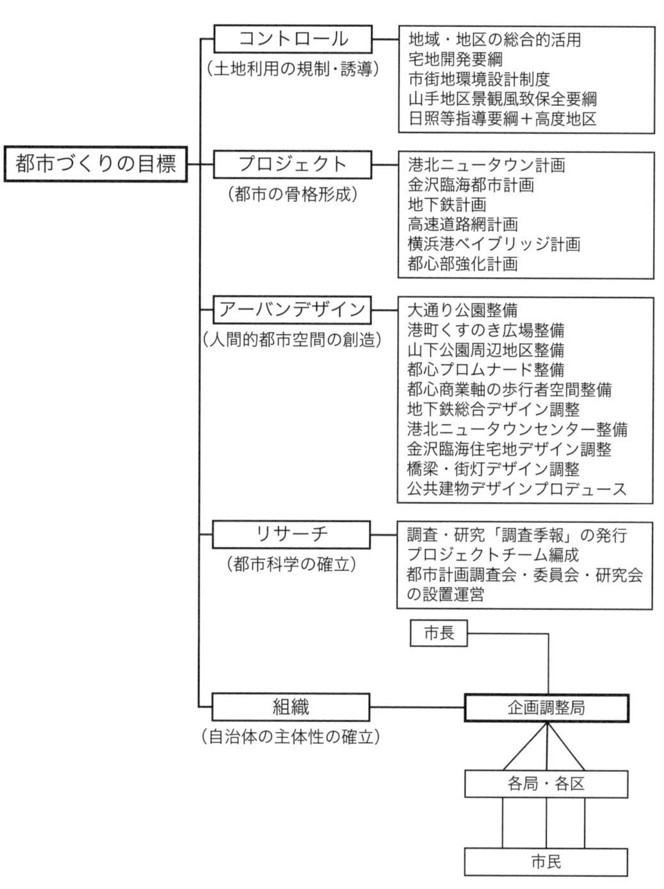

図7･1　横浜市で想定された都市づくりの仕組み (出典：鈴木伸治企画監修『都市デザインの現場から 横浜都市デザイン40年の軌跡』2011年、横浜市立大学、p.70)

2　横浜・都市デザインの発展的展開

とくに、空間を媒介にして統合的に都市のアイデンティティを生みだす方法論である「アーバンデザイン」を導入した横浜市は、70年代の日本においては先駆的存在であった。くすのき広場の整備(1974年)と関内駅前歩行者空間整備(1982年)、運河空間を用いた「大通り公園」の整備(1978年)、商店街の街路再生(馬車道(1974、76年)、元町商店街(1955、85、2003年頃))、民間誘導による広場空間の創出(ペア広場)、都心プロムナード(主要駅から山下公園までの歩行者ルートの整備)などを通して、都心部の公共空間を歩行者のための豊かな場とするための調整を重ね、歩行者空間の面的・有機的なネットワーク形成が目論まれた(口絵1、p.20)。同時に、それまで、山下公園のみが唯一市民のアクセス可能なウォーターフロントであったことに

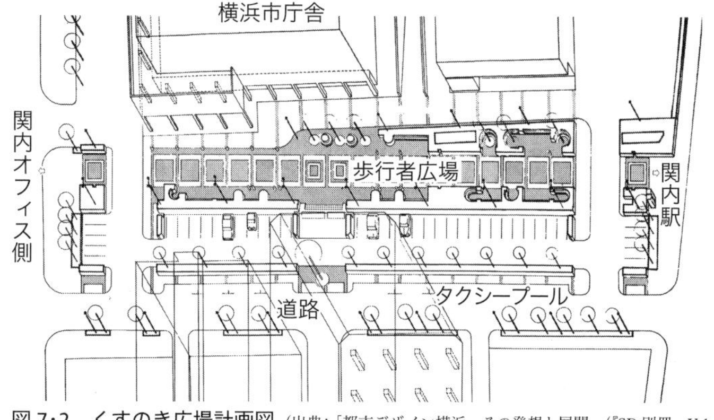

図7･2　くすのき広場計画図 (出典:「都市デザイン横浜　その発想と展開」(『SD別冊』Vol 22、1992年、鹿島出版会、p.46))

対しても、「緑の軸線」構想のもとにこれらが有機的に進められることで、水辺への連続性を獲得しつつあったが、まだまだ水辺空間を市民に取り戻すまでにはいたらなかった[注2]。

80年代になると、公共的空間の整備にとどまらず、「歴史を生かしたまちづくり要綱」や「市街地環境設計制度」を用いた歴史的建造物の保全活用、郊外まちづくりの展開と水と緑のまちづくり、そして、住民参加手法の構築など、都市デザインは、いわゆる都市計画の境界を広げ、都市計画を革新する媒介（イノベーター）としての役割も担っており、発展的展開を迎えていた。こうした流れのある中で、ハードのみならず、ソフトも含めた「分野横断型の戦略」として用いられたのが、後述するクリエイティブシティ戦略である。

また、この調整型の都市デザインを推進するために設立された都市デザインチーム（1971年、のちの都市デザイン室）が、当初は「企画調整局」に位置づけられたという点も重要である。「空間」を媒介としながら、庁内を横断的に動いてさまざまな事業調整を行うことで、人間的空間の魅力を目に見える形で実現していた。

7・3 クリエイティブシティ・ヨコハマによる都心再生戦略

1 都心再生戦略としての文化芸術創造都市

90年代以降、他の都市と同様に横浜でも、都心部の地盤沈下は顕著であり、とくに2000年以降、長引く景気低迷やみなとみらい地区の開発などにより、関内地区を中心としたオフィスの空室率が上昇し、就業人口も減少する一方で、多くの歴史的建造物が失われてゆくなど、都市活力や魅力の低下が課題となっていた。横浜市でも、旧中活法のもとで中心市街地活性化基本計画等による再生も試みたが効果は薄く、また、都市デザイン的観点から、外部空間の創出や歴史的建造物の保全活用などハードの側面から支援してきたものの、この空間を誰がどのように使うのかという点については議論が未成熟であった。その中で、横浜ならではの中心市街地活性化戦略の一つとして検討されたのが、『文化芸術創造都市横浜（クリエイティブシティ・ヨコハマ)』である。2002年頃から、旧都心部を中心として、文化芸術振興や新産業創出や観光振興、歴史的建造物活用などを、創造都市政策の文脈で捉える方法論が検討され、2004年1月「文化芸術創造都市 ―クリエイティブシティ・ヨコハマの形成に向けた提言」が提言された。

2 文化芸術創造都市構想とナショナルアートパーク構想

この構想は、都市の活性化や国際的競争力の向上、来街者の増加（観光）をも意図した、横浜ならではの新たな横断型都市再生戦略であり、特に、「文化振興」「産業振興」「まちづくり・都市デザイン」のという三つの分野の振興と連携を柱に進めている。提言の中では、四つの目標、すなわち、①アーティスト・クリエーターが住みたくなる創造環境の実現、②創造的産業クラスターの形成による経済活性化、③魅力ある地域資源の活用、④市民が主導する文化芸術創造都市づくり、が設定され、この目標を実現するため、(1) ウォーターフロントの空間を文化的な活動に積極的に活用する「ナショナルアートパーク構想」、(2) アーティストやクリエーターが住み、働きやすい環境を実現する「創造界隈形成（クリエイティブ・コア)」、(3) 映像・コンテンツ産業の集積をイメージした「映像文化都市」の、三つの戦略的プロジェクトが立案されている。

とくに、ナショナルアートパーク構想は、都心臨海部を舞台に文化芸術創造都市を実現する具体的空間戦略であり、大さん橋・日本大通り軸をはじめとした六つの拠点地区（口絵2、p.20）と、馬車道、日本大通り、桜木町・野毛などの複数の「創造界隈」が位置づけられたほか、具体的にウォーターフロントエリア整備も盛り込まれ、2009年の開港150周年記念事業として、横浜の港発祥の地において「象の鼻パーク」の整備が行われた。開港時からの波止場であり、関東大震災の被害を受

図 7·3 「みなと」と「まち」を繋ぐ象の鼻パーク

図 7·4 BankART Studio NYK でのイベントの様子（写真提供：BankART 1929）

けた「象の鼻」を明治中期の姿に復原するとともに、文化芸術活動拠点として「象の鼻テラス」も整備された。このようなクリエイティブシティ戦略での取り組みが、緑の軸線構想を受け継ぐ、いわば「最後のピース」となり、みなとみらいから関内に続くウォーターフロントを市民に開放し、その結果、都心臨海部の人の流れが大きく変化した。

また、こうした分野横断的な政策の実現を可能とした要因の一つとして、従来の担当部局型事業が有する縦割りの弊害を排した、横断的かつ直轄型の「文化芸術都市創造事業本部」注3が設置された点をあげることができる。都市づくりを包括的にマネジメントしてゆくためには、こうした組織形態や進め方についても目を配る必要がある。

7·4 創造界隈拠点形成によるツボ押し戦略

こうした文化芸術創造都市活動の中でも、注目すべきは、都心部を中心に「創造界隈拠点」（アーティストやクリエーター等の創作活動の場）の形成が具体的に進められている点である。低未利用の倉庫、オフィス、歴史的建造物等を改修・コンバージョン、あるいは、期限付き暫定活用することにより、低賃料のアーティスト、クリエーター活動拠点を創出するプロジェクトを公民連携の手法を用いて実現している。

1 歴史的建造物の創造的活用実験：BankART プロジェクト

構想実現のために最初に仕掛けられたプロジェクトは、市が所有する歴史的建造物（銀行建築）を文化芸術創造活動の拠点として活用する実験事業である「BankART 注4 事業」である。BankART は、馬車道にある二つの歴史的建造物である旧第一銀行横浜支店・旧富士銀行横浜支店に対して、公募により選定されたアート NPO が運営する創造活動拠点の活用事業として組み立てられた。当初、前者は BankART 1929（現 YCC ヨコハマ創造都市センター注5）、後者が BankART 馬車道（現東京藝術大学）として活用され、実験的なプログラムが実施された。横浜では、1980 年代後半から、歴史的建造物の保全が都市デザイン施策の中に位置づけられているが、こうした歴史的建造物を文化芸術活動拠点として活用することで、都市デザインと文化政策の融合が試みられている。

その後、両者は、他の運営者により活用されることが決まり、BankART を推進してきた NPO 法人 BankART 1929 は、新たな拠点として BankART Studio NYK（旧日本郵船倉庫）に移り、さらなる活動が展開されている。そこでは、①さまざまな先端的な展覧会の企画等、アートスペースとしての運営、②国内外の作家による中長期的作品づくりや展示が実施されるアーティスト・イン・レジデンス事業、③定期的に市民に向けてアートや建築・まちづくりに関する講座の開催されるスクール事業（BankART School）、④出版事業（BankART出版）、そして、⑤イベント後の交流会や、ふらっと立ち寄り仲間と会える、交流拠点でもあるパブ運営事業など、その活動内容は多岐にわたっている。たとえばスクール事業の一環として行われたUDSY（Urban Design Study Yokohama、横浜アーバンデザイン研究会）による連続ワークショップでは、市民、民間企業関係者、アーティスト・クリエーター、都市プランナー、行政の政策担当者、大学関係者、学生など多様な分野の参加者が今後の都市づくりの可能性について集中的な検討を行い、その成果は『未来社会の設計』として出版された。このように、文化芸術活動の拠点は単なるアートスペースではなく、市民協働の場でもあり、新たな都市づくりの担い手創出の場でもある。

2　BankARTによる創造活動拠点のアセットマネジメント

BankART事業における活動の特徴的な点は、単に創造活動を企画運営するだけでなく、こうした活動が多くのアーティスト・クリエーターによって展開されるべく、アセット（不動産）マネジメントまで行っている点である。アーティスト・クリエーターの持続的活動において課題となるのは、不動産貸借と賃料である。都心部のオフィスビルにおいては、仮に空室が増えていたとしても、これまで中心部に見られなかった新たな活動の担い手に対して貸与することに抵抗があり、担い手側も高い家賃設定ではなかなか借りることができず、

図7･5　北仲WHITE（奥・現存せず）と北仲BRICK（手前）

まちなかに定着できなかった。そこで、BankARTでは、前述の拠点運営（BankART studio NYK）のみならず、自主事業として、期間限定ではあったが、不動産を借り受けつつ創造空間として管理運営する事業（BankART桜荘、BankARTかもめ荘（野毛マリヤビル）他）のほか、地域の未活用ストックを探り、所有者から建物・部屋を借りて（マスターリース）、クリエーター等の創造活動拠点としてサブリース（再貸借）するアセットマネジメントも実施している。たとえば、再開発が行われる中で撤去・再生が予定されていた建築物（旧帝蚕倉庫の事務所ビル）を1年半の期間限定で借り、50組のアーティスト・クリエーターに安価で再貸借する「北仲WHITE＆北仲BRICKプロジェクト」（2004～06年）が行われ、横浜市内のみならず、東京からも活動拠点を移すグループが多くあった。そこでは、オープンスタジオ等のイベントも多く企画された結果、入居者間の結びつきも生まれ、プロジェクト終了後も、多くの入居者が継続的に横浜都心部に居を構えている。その後も、本町シゴカイ（2006～10年、本社ビルの4・5階の活用）、宇徳ビルヨンカイ（2010年～、オフィスビルの4階利用）、「新・港区」（2012～14年、新港埠頭の倉庫活用）などの暫定利用が実施され、活動拠点づくりが継続して展開されている。

3　横浜市による「創造界隈拠点」

こうした活動の中でもとくに力の注がれてきた取り組みが、「創造界隈拠点」の設置である。2016年9月現在、横浜市では、創造界隈拠点（都心部歴史的建造物等活用事業）として6施設（①日本郵船横浜海岸通倉庫（BankART Studio NYK）、②急な坂スタジオ（旧老松会館）、③初黄・日ノ出町文化芸術振興拠点（黄金町エリアマネジメントセンター）、④ヨコハマ創造都市センター（YCC、旧第一銀行横浜支店）、⑤象の鼻テラス、⑥旧関東財務局横浜財務事務所ビル[注6]が位置づけられ、各施設を市が所有、整備もしくは取得しながら、適切な管理者（指定管理者・業務委託者・賃貸借契約

者）をプロポーザル等で選定して、倉庫・空きオフィスなど、各施設の特徴を活かして、アーティストやクリエーターの創作・発表・滞在等を通じた個性的な拠点形成を実現している。

あわせて、この創造界隈拠点の評価を行うと同時に、文化芸術による創造界隈形成の推進に関する助言を行うことを目的に、「創造界隈拠点推進委員会」（2004年〜）が設立されており、個々の施設評価と同時に政策全体の評価・提言が行われてきた。

4　民間主体の波及的展開

上記のような「創造界隈形成」は、市の施策のみならず、民間主導あるいは官民連携による実験的な取り組みへと広がっていった。たとえば、2006年4月には、市の支援により民間所有の物流倉庫をアーティスト・クリエーターの活動拠点へと転用した「万国橋SOKO」がオープンし、テナントには、映像制作やデザイン会社をはじめに、複数の創造的企業などが入居している。また、市と横浜市芸術文化振興財団で共同運営するアーティスト・クリエーター支援のためのワンストップ窓口であるアーツコミッション・ヨコハマ（ACY）により、こうした創造活動への建物利用のためのサポート・仲介などが行われている（八〇〇中心、Archiship Library & Cafe、さくらWORKS、泰生ポーチ（2015年）、BUKATSUDO（2014年））。あるいは、「mass × mass関内フューチャーセンター」では、シェアオフィスやコワーキングスペースなどを用いて、社会的起業やビジネスインキュベーションの機能も育成しつつあり、アートやデザインを超えた、ビジネス、あるいは創造産業の育成にも力を入れている。さらには、こうしたアーティスト・クリエーターの集積を活かして、2009年より、関内・関外エリアで活躍するアーティスト・クリエーターの活動拠点（スタジオ・アトリエ・オフィス等）を数日間にわたって一般公開するイベント、「関内外OPEN！」が開催されている（2016年で8回目を迎えた）。

さらに、2009年度にまとめられた「関内関外地区活性化推進計画」では、都心部の老朽化したビルの改修やインキュベーション施設の設置による業務機能の回復などがメニューとして盛り込まれた。創造都市の分野では、アーツコミッション・

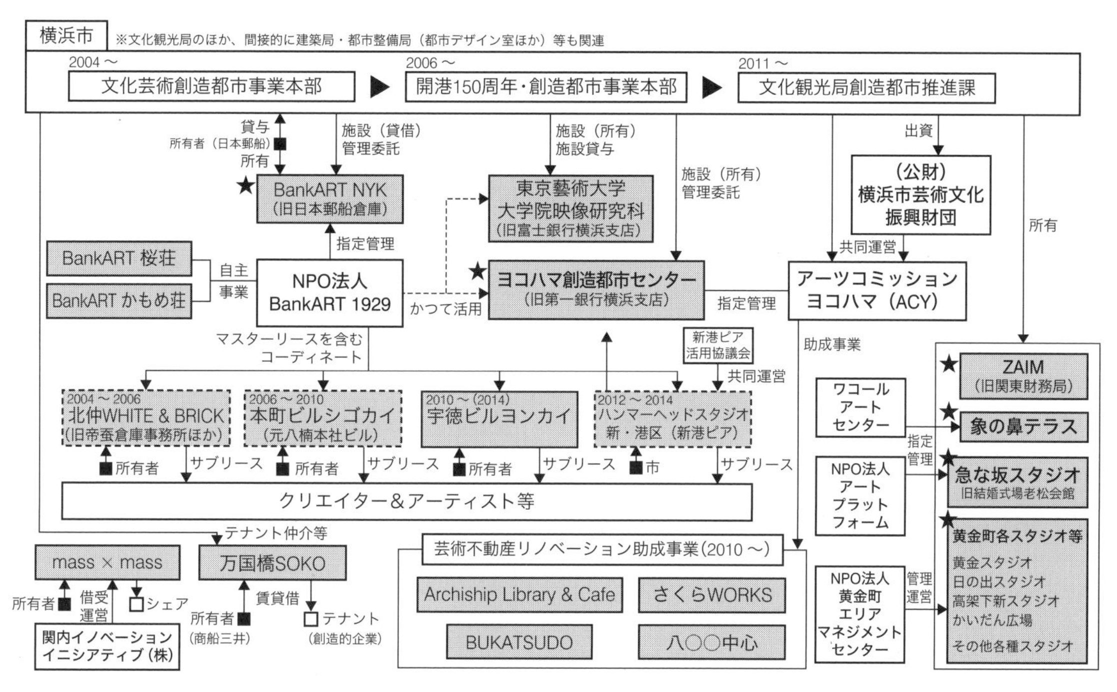

図7·6　創造界隈形成展開図（グレー：場所、白：組織、★：創造界隈拠点、■は2014年時点のもの）

ヨコハマにより、スタジオ、アトリエなどの開設を支援する「アーティスト・クリエーターのための事務所等開設支援助成」などが行われてきたが、これに加えて2010年度からは、ビルオーナーと共同して物件の改修、借り手の公募などを行う、「芸術不動産モデル事業（アーティスト拠点形成事業）」も開始された（2014年で一旦終了）。このように、歴史的建造物の保全と文化芸術の拠点としての活用（用途転用）、官民協働、民主導のアーティスト・クリエーターの活動拠点の定着や黄金町地区における小規模店舗の用途転用などの実験的な創造事業の積み重ねの中から、コンバージョン型の都市再生のモデルが見えつつあるというのが、現在の状況である。今後も、既存ビルの改修によ

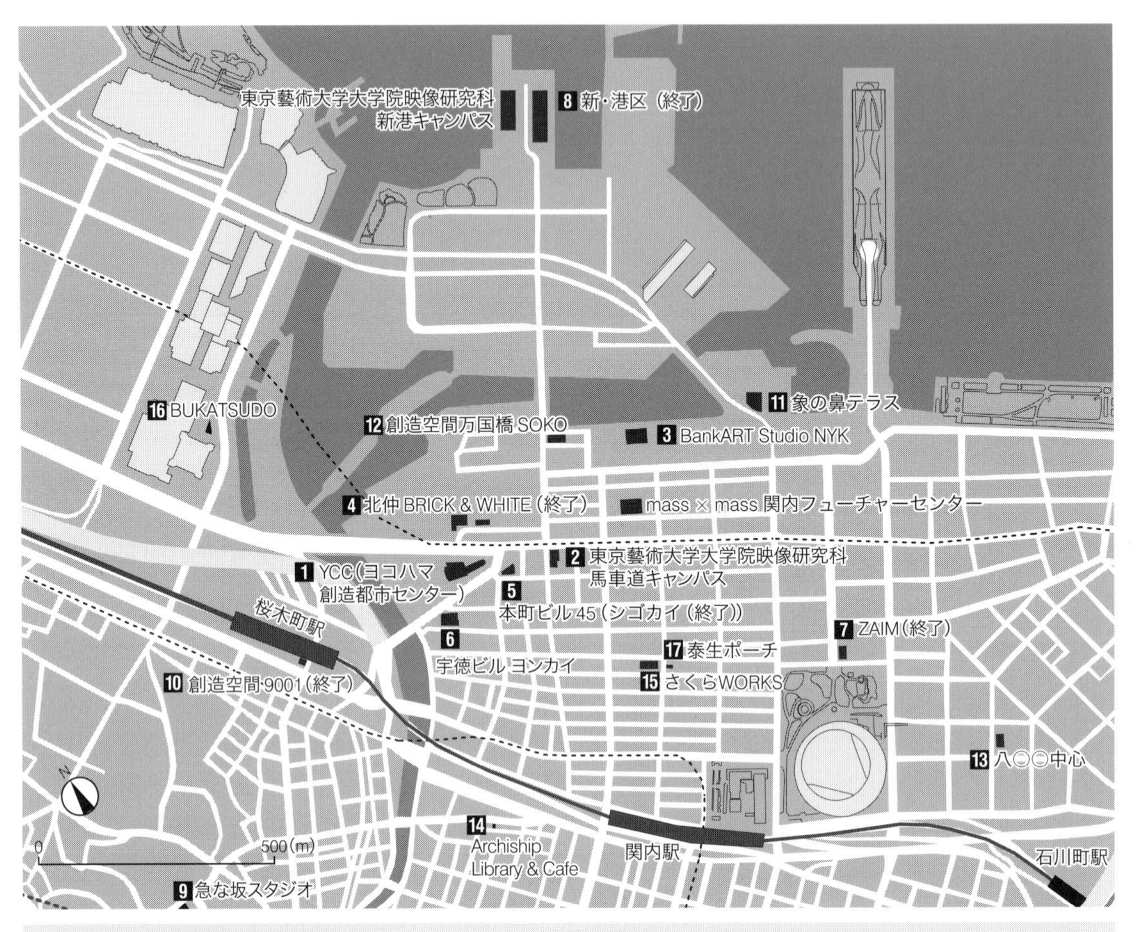

●主な創造界隈拠点形成

【BankART 事業を契機とした創造拠点】
1 BankART1929 yokohama（旧第一銀行横浜支店）
→YCC（ヨコハマ創造都市センター）
2 BankART1929 馬車道（旧富士銀行横浜支店）
→東京藝術大学大学院映像研究科馬車道キャンパス
3 BankART Studio NYK（旧日本郵船倉庫）

【暫定利用に伴う創造拠点】
4 北仲 WHITE & BRICK：2004～06年
（旧帝蚕倉庫事務室ほか）
5 本町ビル 45（シゴカイ）：2006～10年
6 宇徳ビルヨンカイ：2010年～
7 ZAIM（旧関東財務局）
→耐震改修の後、創造拠点として再活用検討中
8 新・港区（新港埠頭）：2012～14年

【市所有の創造拠点】
9 急な坂スタジオ
10 創造空間 9001：2007～10年
11 象の鼻テラス
（ワコールアートセンターによる指定管理）

【民間活動による創造拠点】
12 創造空間万国橋 SOKO

【芸術不動産リノベーション助成による創造拠点】
13 八○○中心（旧加藤ビル）
14 Archiship Library & Cafe（吉田町第一共同ビル）
15 さくら WORKS（旧泰生ビル）
16 BUKATSUDO（ドックヤードガーデンB1F）
17 泰生ポーチ

【欄外】
■黄金町の各スタジオ
（黄金スタジオ・日の出スタジオ・ハツネテラスほか…）

図 7･7　創造界隈拠点の形成（2015 年時点）

るクリエイティブ・ビジネスのインキュベーション拠点の開設も予定されており、創造界隈の形成を通じた、官民連携による重層的なアセットマネジメントがまちじゅうに波及している。

5　横浜トリエンナーレとまちづくり

「横浜トリエンナーレ」は、横浜市でおおむね3年に一度の頻度で開催される現代アートの国際展である。これまで、国際的に活躍するアーティストの作品を展示するほか、新進のアーティストも広く紹介し、世界最新の現代アートの動向を提示することを目的として、2001年に第1回展を開催して以来、2005年、2008年、2011年、2014年と回を重ねてきた。第1回（2001年）から第3回（2008年）までは独立行政法人国際交流基金が主催団体の一つとして事務局機能を担い、現代アートを通じて日本と各国との文化交流を促すことを目的に事業を実施すると同時に、埠頭部分の低未利用空間を用いて施設を設けたり、まちなかにアート作品を設けるなど、都心空間を使いこなす都市と文化との融合の実験も試みられた。第4回（2011年）より、運営主体は横浜市に移行され、横浜美術館が主会場となった。現在、当トリエンナーレは、横浜市の創造都市施策のリーディング・プロジェクトとして位置づけられているほか、文化庁からの支援も受け、ナショナル・プロジェクトとしての役割も担っており、文化芸術活動を通じた国際交流なども積極的に見込まれている。

6　黄金町：アートによるまちづくり

横浜市では、社会的な課題解決を目指したまちづくりに文化芸術の力を活かす実験的な取り組みが行われている。都心周縁部にある「黄金町地区」は、関東大震災後の土地区画整理によって市街地骨格が形成され、1930年には現・京浜急行電鉄黄金町駅が開設されたが、第二次世界大戦期には空襲により焦土と化し、戦後は黒澤明の『天国と地獄』の映画のモデルとなった絶望的な麻薬のまちとして名を馳せたエリアである。1950年代に入ると、麻薬問題は徐々に鎮静化するが、その後「ちょんの間」と称される特殊飲食店が京急高架下に集積し、首都圏でも有数の売買春地区となった。さらに、阪神淡路大震災を契機に、京浜急行が高架の耐震改修を計画し、小規模飲食店が立ち退きを求められたことで、それまで100店舗程度であった小規模飲食店が、周辺地区へと拡散した結果、およそ250店舗にまで増加し、周辺環境の悪化が引き起こされた。

この危機的状況に対して地域住民が立ち上がり、2003年11月「初黄・日ノ出町環境浄化推進協議会」が設置されると、初音町、黄金町、日ノ出町地区内の特殊飲食店を排除し、安全で安心なまちを実現することを目的とした活動が展開されていった。2005年には、行政・警察と連携した「バイバイ作戦」を実施して違法な風俗営業を一掃し、2006年3月には、推進協議会により「初黄・日ノ出町まちづくり宣言」が策定された。

一方で、前述のような取り締まりの結果、特殊飲食店は、そのまま空き店舗へと変容し、ゴーストタウンのような状況ともなっていた。このため、横浜市から土地建物所有者に働きかけ、借上げと用途転換を目指した活動を開始した。2006年3月には旧違法飲食店を借上げた地域防犯拠点「ステップワン」、同6月には実験的な芸術文化拠点「BankART桜荘」が開設された（現在は解体済）。2007年6月には協議会と横浜市立大学鈴木ゼミの共同運営による「Kogane-X lab.」が開設され、安

図7·8　黄金町バザール（提供：NPO法人黄金町エリアマネジメントセンター）

心安全のためのまちづくりワークショップや、マップ作成など、地域を巻き込んだまちづくり活動を実施している。その後も、大岡川沿いのプロムナード整備や県による桟橋整備など、ハード面を中心とした事業が進められていった。

しかしながら、依然として存在する大量の空き店舗の問題や、これまでの地区の歴史が内包するネガティブイメージを払拭できないことが地区の大きな課題であった。この課題に対処するため、横浜市では京浜急行の協力を得て、高架下のスペースを活用した二カ所の文化芸術スタジオ（日ノ出スタジオ（設計：横浜国立大学大学院 Y-GSA 飯田善彦スタジオほか）／黄金スタジオ（設計：神奈川大学曽我部研究室ほか））を設置すると同時に、2008 年（9 ～ 11 月）の第三回横浜トリエンナーレと同時期に合わせてアートイベント「黄金町バザール」を開催することとなった（ディレクター：山野真悟氏）。コンセプトとしては、単なる現代美術イベントではなく、新たな商業活動や地域との繋がりを大切にした活動が生まれることが意識されており、気軽に参加できるコミュニケーション型アート作品や、周辺店舗との連携による取り組みも行われた。また、高架下の文化芸術スタジオ以外にも、かつてのちょんの間を借上げたスタジオ転用なども行われ、小規模店舗の新たな活用実験がモデル的に提示された。

さらに、2009 年には「特定非営利活動法人黄金町エリアマネジメントセンター」が設立され、当該地区の「文化芸術によるまちづくり」を進めることと、協議会をサポートしながら「安全安心のまちづくり」を進めるという二つのミッションを掲げて、組織的な地域運営活動が進められている。実際には、高架下の文化芸術スタジオと、横浜市が借上げた小規模店舗等の管理を行っており、地域まちづくりの主旨に賛同したアーティスト・クリエーター・建築家等が入居して活動を展開している。また、最近では、さらなる高架下空間の活用整備がさまざまな形で進められている（かいだん広場・高架下スタジオ Site A ～ D）。

このように「安全・安心のまちづくり」からスタートした黄金町のまちづくりは、地域住民、行政、警察、専門家、大学など多様な主体が参画し、頻繁に意見交換しながらも、現在では「文化芸術のまちづくり」とセットで進められており、イベントを通した住民間のコミュニケーションやアーティスト・クリエーターとの交流は、地域の監視効果を高め、犯罪の抑止にも繋がっているなど、地域コミュニティに徐々に影響を与えつつある。

一方、この地区に違法な小規模店舗が急激に増えた根本的背景には、土地・建物オーナーが関知しないままに転貸が行われ、権利関係が複雑化するという負の連鎖の問題がある。その点では、横浜市が小規模店舗を積極的に借上げ、NPO がこれを活用するというモデルは、複雑化した不動産の権利関係を整序する作用を持つ。今後は NPO が小規模店舗をマスターリースし、地域まちづくりに賛同したアーティスト・クリエーター・店舗等にサブリースするような、地区の不動産再生主体としての側面も期待されている。

7・5 インナーハーバー再生戦略

1 インナーハーバーとヨコハマ・アーバンリング

港とともに歩んできた横浜都心部において、港湾の未来と都市の未来は表裏一体であったが、社会的な産業構造の転換は、その舵取りにも大きな影響を与えている。国際的な港湾物流の競争が激化する中で、大型客船クイーンエリザベス号を基準に設計されたと言われる横浜ベイブリッジの下をくぐることができないほどの客船・コンテナ船の大型化により、国際港湾を目指す横浜港の大型化・効率化・外洋化は不可避となってきており、これにともない、開港以来積み重ねてきた都心港湾部（埠頭）に大きな余剰空間が生まれることが想像され、その都市的利用も含めたあり方を再検討する必要性が生じている。また、1965 年の横浜の都市づくり構想と六大事業で示されたプロジェクトも、都心部強化事業に基づくみなとみらい 21

地区開発がおおむね落ち着きつつあるという状況であり、50年をへてようやくその輪郭が明確になってきた一方で、その後の横浜の都市づくり戦略は十分に示されておらず、次なる都市づくりの方向性が模索されていた。

そんな中で、改めて航空写真で横浜港を俯瞰して見てみると、瑞穂ふ頭の先端を中心に、湾をはさんでリング（円環）状に市街地が広がっていることが分かる。これを「インナーハーバー」と定義すると、市街地（都市）に取り囲まれた海（内湾）を有するという、非常に特徴的な都市空間が浮かび上がってくる。

このインナーハーバーの再生に関するアイデアが最初に提示されたのは、1992年、第一回横浜都市デザインフォーラムの中で行われた『ヨコハマ・アーバンリング展』（口絵4、p.21）である。横浜市都市デザイン室が中心となり、伊東豊雄、レム・コールハースら国内外から選ばれた8人の建築家、アーティストによって作成された作品を紡いだこの展示では、港を取り囲む円環状の都市を「アーバンリング」と名づけ、コンセプチュアルなレベルではあるが、これからの都市デザインのあり方についての考え方が提案されていた。

2　京浜臨海部という都市空間

その後、インナーハーバーを考えるうえで主要な一部をなす研究として、京浜臨海部再生研究（2004～08年、口絵3、p.21）が横浜市と東京大学ほかとの共同研究という形で行われた。そこでは、重厚長大型産業から産業構造が大きく変革する中での、都市と産業（工業）との新たな関係が模索された。この研究では、民間活力も含めて100年以上かけて形成された工業地帯の歴史や、かつての工業地帯に混在していた多様な機能、研究開発拠点的性格の内包などを明らかにした都市型工業地帯実態調査を通して、単に土地利用を都市的利用に転換するというだけではなく、消費地が近接しながらもある程度隔絶されている空間を活かして、高度研究開発型製造機能と都市機能を共存させる「ラボシティ（リサーチパーク）」や、市街地と連携しつつ、産業が有する文化性（歴史資源や技術）を活かした「インダストリアルパーク」などが提案された。同時に、ここでは、固定した一つの将来像を描くのではなく、複数のテーマ型シナリオを用意し、それらのシナリオを複合、調整しながら、具体的な地区の将来像を考える、「シナリオ型プランニング」に対する思考的検討も提示されている。

3　海都（うみのみやこ）横浜構想2059

今から約50年前に示された「横浜の都市づくり」構想（1965年）が現在の横浜をかたちづくっているのと同じように、開港150周年でもある2009年には、50年後の都心臨海部の未来を描くべく、横浜に関連する研究機関のネットワークである大学まちづくりコンソーシアム横浜により、「海都（うみのみやこ）横浜構想2059」が示された（口絵5、p.21）。都心部関内エリアと横浜駅周辺という二つの核の間にある産業用地を「楔（くさび）」から「鎹（かすがい）」と読み替えて、一つの連続した都心空間を形成するために整備されたのがみなとみらい21地区であったが、この構想では、現在の都心部から、山下ふ頭側や京浜臨海部へと展開される、横浜港の特徴である内水面を囲む「リング状」に連続する新しい都心部を形成しようという都市づくりの方向性が提案された。

そこでは、都市の基盤としてのリングを挿入する「交通」「環境」シナリオ（「交通」：環状の公共交通ネットワーク、「環境」：熱源や電源を共有し、再生可能エネルギーを効率的に用いるための環状スマートグリッドインフラの整備、大きな都市構造の中での風の道の導入、自然環境の復元）と、そのインフラのリングを用いて、業務商業機能、港湾流通機能、製造機能、周辺の居住機能が、地域特性に応じて豊かに混ざりあう新たな融合型都市構造を目指した「交流」「生活」「産業」シナリオ（ふ頭を用いた国際交流拠点や、国内外の大学・研究機関や企業誘致、中長期型滞在のあり方など、産業と都市の融合する都市像・イメージ）という、計五つのシナリオが総合的に提案されている。この構想は横浜市が設置したインナーハーバー構想検討委員会（委員長：布施勉横浜市立大学学長（当時））の検討資料となり、2010年3月、横浜市長あてに、「次の50年 横浜は海都へ『都心臨海部・インナーハーバー整備構想』提言書」が手渡された。

4 都心臨海部再生マスタープランへ

この都心臨海部・インナーハーバー整備構想が提言された後も、「美しい港の景観形成構想」の立案（2014年）、港湾計画の改訂（2014年）などが行われ、横浜市では、それらを総合化するビジョンとして「都心臨海部再生マスタープラン」（2015年）を策定することとなった。2011年の東日本大震災の経験を踏まえた防災性能の向上や、オリンピックを見据えた観光MICE戦略などが強調されたこの計画は、六大事業構想以降取り組まれてきた水辺の開放や、都心部の一体化の方針も踏襲し、都市デザイン・創造都市の実績を採り込む形で、新たな都心部形成の指針として策定された。これに基づき、都心に隣接する山下ふ頭の土地利用転換や東神奈川臨海部の一体的整備が検討されている。

7･6 横浜都市戦略のゆくえ

思えば、横浜における都市再生は、大きなヴィジョンを掲げて都市を牽引してゆく手法をとり続けてきた。関東大震災後には「大横浜」による工業都市化、戦後は、防火建築帯[注7]を用いた中庭型の不燃都市形成、60年代以降は、前述の六大事業を通した都市再編などである。しかしながら、以前より都市や社会の行方が見えにくくなり、目標も多様化しつつある現代日本において、こうしたヴィジョン型の都市づくりは、行われにくくなりつつある。仮に行われたとしても、公平性や根拠が求められる中で、平滑で硬直化したマスタープランともなりやすい。とはいえ、経営ヴィジョンのない企業に投資するのはむずかしいように、明確な方針のない自治体において、市民や企業の頑張りを集積させるのもむずかしい。明確なヴィジョンを描きながらも、柔軟で先端的な戦術を持ち合わせるという、あたり前だが行うのが難しい都市経営の原点を再確認することが求められている。

1 クリエイティブシティ・ヨコハマの新展開

そうした目標像を軸に引っ張るヴィジョン型都市経営としてもっとも近年に実施されたものの一つが、文化芸術創造都市でもあろう。しかも、これは、ハードの空間構造のみならず、ソフトパワーを前面に押し出したヴィジョンであることが特徴である。しかしながら、2004年に実験事業を開始して現在にいたるまで、アーティスト・クリエーターの集積をはじめとした数多くの実績を残しているものの、この実績や活動が、市民、とくに郊外部の市民に対して十分に周知されていない、あるいは、既存の文化施設との連携が十分でないといった課題が浮き彫りとなってきている。また、産業振興の面では、東京と比較しても十分に「創造的産業」として成果をあげているとは言えない。

こうした課題を踏まえて、提言書「クリエイティブシティ・ヨコハマの新たな展開に向けて〜2010年度からの方向性〜」（2010年、創造都市横浜推進協議会）では「すべての横浜市民はアーティスト」であるというテーマを掲げ、「文化芸術（文化振興）」「まちづくり（都市デザイン）」「創造的産業（産業振興）」の三位一体による都市創造と、アジアのハブ＆世界発信の強化、市全体における人と地域の創造力アップなどが新たな目標として加えられた。その後、「OPEN YOKOHAMA」というスローガンのもと、市民のまちへの愛着を高めつつ、創造都市の取り組みの周知も試みられた。

こうした、横浜の都市づくりの担い手を広げ、「都市をひらく」取り組みは、横浜都心部のアトリエやスタジオ等を公開する「関内外OPEN！」の開催をはじめ、港北区での「オープン・ファクトリー」「オープン・ガーデン」「オープン・ヘリテイジ」など、市域全体へと波及しつつある。また、環境未来都市の取り組みとも連携した「スマートイルミネーション」の活動も、市内各区で展開されている。近年では、子どもたちの感性や創造性を育むとともに、その担い手ともなる才能豊かな新進アーティストを支援するクリエイティブチルドレン構想など、より市民や地域に浸透する試みが政策の中に積み重ねられている。

さらに、創造界隈拠点の一つである旧関東財務局ビル（旧ZAIM）では、賃貸借契約に基づくあらたな創造界隈拠点づくりにチャレンジしており、創造活動にこれまでとは異なる新たな層を巻き込むべく、スポーツ×クリエイティブという、新たな展開を検討中であり、「創造性」と「産業」とを結びつけるための手がかりを探っている。

このように、「文化芸術」を通して都市文化の醸成を図るという、ソフトパワーを交えた政策展開は、「歴史を生かしたまちづくり」で培った流れを汲みつつ、観光や産業振興、中心市街地活性化など、横断的な分野連携の可能性を提示している。

2　横浜における都市マネジメントの将来

こうした横浜のヴィジョン型都市経営は、単にヴィジョンを示すことだけで成し遂げられていたのではなく、これを実現するために、巧みに制度やルールを駆使して、ときに新たな制度を創出して、取り組みの実効性を高めてゆくための都市づくりの技術開発を進めてきたという背景がある。たとえば、農業も農家も受け継ぐ新たなニュータウンづくりを目指しつつ（港北ニュータウン）、全国に先駆けて「農業専用地区」制度を創設したことや、登録文化財に先行して、横浜市独自の「歴史を生かしたまちづくり要綱」による「歴史的認定建造物制度」を設けたこと、市役所内部でのアントレプレナーシップ制度の中から生まれた事業である、市民が自ら小さな公共空間整備を計画提案する「まち普請事業」、そして、従来からまちづくりの課題とされてきた、法的都市計画と紳士的協定との間を埋める「地域まちづくり推進条例」の展開など、「制度」（プロトコル）を操ることで都市経営を行うという、行政だからこそ進められる、いわば、地方自治の基本とも言える政策・制度型都市経営を実現してきた。

また、経済社会がショートタームで大きく変化する中で、都市を導く戦術を、有効な形でマネジメントしてゆくことも重要である。1965年に示された『横浜の都市づくり』では、これまでの住宅・港湾・産業に加えて必要な目標は、「国際文化管理都市」であるとされた。言い換えれば、Globalization、Culture、Managementという、現在でも各都市で標榜される重要な目標であり、これを実現すべくプロジェクトとして結実した都心部強化事業の一つが、「みなとみらい21開発」であった。しかしながら、バブル期をへる中で、その目標は国際文化管理都市というよりも「業務地区」へと徐々に変換されたのであるが、これはむしろ目標の柔軟性を失わせることとなり、結局バブル崩壊に対応できずに、空き地が多く生みだされることとなった。しかしここでは、この社会状況を読み込み（逆手にとり）、10年程度の暫定土地利用を用いて、短期的にも成り立つ商業空間を挿入することで対応してきている。その後、この暫定商業施設の集積による「観光地化」や、みなとみらい線の開通にともなう「住宅地化」もへて、近年、再び開発も動き出し、複合的な機能を有した地区へと変わり始めた。ときに、こうした有機的な戦術変更も有効な都市経営手法となる。

また、都心部には、防火建築帯と呼ばれる戦後復興期の中層建物群が多く残存している。横浜の戦後復興においては、当初、不燃建築を用いた中庭型街区による都市構造の再編が計画されていた。実際には、計画通りの再生は実現しきれていないものの、路面部に店舗が面し、3～4層目に住宅が積み重なるこの特徴的な防火帯建築群は、ピーク時に500棟ほど建設され、現在でも200棟程度が残存している。その後、関内は、オフィスビルを中心とした、いわゆる「業務中心地区」として発

第一段階　（～ 1960 年代）　原初的段階：都市の形成・発展と「三重苦」

【開港前】
砂州状地形
埋立と新田開発
横浜村（漁村）

▶

【開港都市】
関内居留地の誕生
第三回地所規則
豚屋火事
→日本大通り
　と横浜公園

▶

【貿易都市】
生糸貿易による発展
産業ネットワーク構築と施設整備（埠頭・税関・生糸検査場・倉庫施設）・鉄道網
→絹の道と国際貿易

▶

【三つの被災】
1）**関東大震災**
　1 万 6000 棟の被災
2）**横浜大空襲**
3）**米軍接収**
　カマボコ兵舎の充填
　関内牧場との揶揄

▶

【横浜の復興】
1）**震災復興**
復興公園（山下公園）
2）**戦災復興：中庭型街区**による再編計画と**防火帯建築**[注7]
（最大 500 棟）の建設

第二段階　（1960 年代）　萌芽的段階：「横浜の都市づくり」構想

横浜の都市づくり構想
港町の誇りと人間的空間を取り戻すため、都市ビジョンの描出と具体的手法「コントロール・プロジェクト・アーバンデザイン」の駆使。飛鳥田市長と環境開発センター（浅田孝・田村明）の提案。

コントロール
■**土地利用横浜方式**
▼市街化調整区域 1/4
▼市街地環境設計制度（1973）
▼用途別容積制
■**独自の「要綱」行政**
▼宅地開発保全要綱
▼まちづくり協議地区

プロジェクト
■**六大事業**（1965）
▼金沢地先埋立事業
▼港北ニュータウン建設事業
▼高速鉄道＜地下鉄＞建設事業
▼高速道路網建設事業
▼横浜港ベイブリッジ建設事業
▼都心部強化事業 →みなとみらい２１

アーバンデザイン
■**人間的空間の回復へ**
▼都市美対策審議会（1965 ～）
▼高速道路地下化
▼緑の軸線構想と都市デザインに向けての取り組み

第三段階　（1970 年代）　発展的段階：ヨコハマ・アーバンデザインの誕生

都市デザイン室の創設
人間的な空間の実現手法としての都市デザインの導入、公共空間（庁内）・商店街・民間（官民）との連携・調整を行う組織（企画調整局都市デザインチーム・担当）の設置。

インハウスの公共空間整備
■**公共空間整備による即効性**
▼くすのき広場（1974）
▼「大通り公園」整備（1971 ～ 78）
▼都心プロムナード
▼開港広場
▼日本大通り（2002）

商店街連携とストリート再生
■**商店街組織・地域との連携**
▼馬車道（1976、78）：風格の継承
▼伊勢佐木モール（1978、82）
：歩行者モール化、歴史的建築物、
▼元町商店街（1955、85、2005）
：セットバック・一方通行化・ファニチュアのリ・デザイン）

民間誘導と公共的空間創出
■**民間誘導による空間・景観創出**
▼ペア広場：インセンティブによる誘導の実施
▼山下公園ガイドライン
→ガイドラインと**創造的協議による誘導型の景観・空間創出へ**
→景観アドバイザー制度へ

第四段階　（1980 ～ 90 年代）　拡張的段階：都市計画領域を広げるイノベーター

主体の移動と拡張
都市デザインが、従来の都市計画的範囲を超えて、歴史・水と緑・郊外・住民参加にも関与し、所管局を超えた形で実現。横断型調整役の立場から専門職的・先導役的な立場への移行。

歴史を生かしたまちづくり
■**山手の洋館まちづくり**
　（60 年代以降の斜面地開発による洋館損失）
■**市街地環境設計制度（1973）の改訂**（1985）
　：緩和要件に「歴史的建造物の保全」も追加
■**「歴史を生かしたまちづくり要綱」**（1988）
→「歴史的認定建造物」の認定と登録：認定を
　所有者が承認すると保全の助成金が出る。

郊外・参加のまちづくり
→**触媒としての都市デザイン**
→地域まちづくり推進事業：1992 ～ 93
■**水辺・郊外の都市デザイン**
　▼区の魅力づくり基本調査（1980 ～ 83）
　▼水と緑と歴史のプロムナード事業（1984 ～）
■**参加の都市デザイン**
　▼ワークショップ型まちづくりの導入

第五段階　（2000 年代～）　波及的段階：みんなで行う都市デザイン（主体の拡張）

地域まちづくりの推進
→**地域まちづくり課の創設**
（アーバンデザインの**市民化**）
▼**地域まちづくり推進条例**
　「地域まちづくり」の発展
　（ルール・プラン・組織）、
　地域コーディネータ支援
→各区にまちづくり担当設置
▼**ヨコハマまち普請事業**
　庁内アントレプレナーシップ制度で事業採択。
→市民のハード事業参画

文化芸術創造都市
■**文化芸術創造都市構想**（2004 ～）
▼三つの分野（文化振興・産業振興・まちづくり）
▼三つの戦略（**ナショナルアートパーク構想**／創造界隈の形成／映像文化都市）
▼本部制導入（2004 ～ 09）→文化観光局（2009 ～）
■**創造界隈拠点**の形成
▼BankART1929 とこれによる**サブリースマネジメント**
▼創造界隈拠点（6 施設）の運営
▼官民連携による民間創造拠点形成支援
▼黄金町のまちづくり：安心安全とアートのまちづくり
▼アートイベント：ヨコハマトリエンナーレなど

インナーハーバー構想
▼**ヨコハマ・アーバンリング展**（1992）
　内水面を囲むリングと埠頭再生
▼**京浜臨海部再生研究**（2004 ～ 08）
　臨海部工業地帯エリアの将来検討
▼**海都**（うみのみやこ）**横浜構想 2059**（2009）
　3 本のリングと五つのシナリオによる、都心部と海を有機的な融合
▼都心臨海部再生マスタープラン
　埠頭の都市的利用の検討

広がる都市デザイン（その他のプロジェクト）
環境未来都市（地球温暖化対策統括本部）／エキサイトよこはま 22（横浜駅周辺大改造計画）
北仲通北地区／横浜市新市庁舎整備（総務局ほか）／横浜市現市庁舎街区等活用　など

図 7・9　横浜都市デザインの系譜と変遷

展してゆくが、都心の活力低下が叫ばれる現代では、建設から40年以上を経たこれら建築群も、「リノベーション」を含めた新しい未来を待ち望んでおり、同時に、多様性を内包した、都心部の新しい複合市街地像が求められている。

そして、都市構造に大きく関わる都市再編は、横浜の各地で行われている。横浜駅周辺では、2009年に、「エキサイトよこはま22 ―横浜駅周辺大改造計画―」が官民連携により策定され、これに基づく地区別のエリアマネジメントが進められている。とくに、横浜駅西口周辺エリアでは、限られた空間を活用して、乗降客数200万人を超えると言われる駅のポテンシャルをどのようにまちにつないでゆくか、駅前広場空間と沿道建物のあり方などを中心に、マネジメント手法の検討が進められている。

また、関内駅前から北仲エリアに移転する横浜市新市庁舎においては、低層部を「ひろば」として捉えなおし、市民を交えた使い方を考えるワークショップが行われている。同時に、移転後の現市庁舎建築を地域再生の核としてどのように利活用するか、また、現市庁舎に入り切らずに分庁舎として借上げていたオフィス空間をどのように再充填するか、約6000人もの職員の移動にともなう市庁舎移転にともなう店舗空間への影響、あるいは、60年代以降に建設された公共施設の老朽化にともなう更新の検討など、刻々と変わる都市状況に対応した、新たな関内外エリア再編のあり方、エリア全体のリノベーション・マネジメントのあり方が問われている。

前述した、インナーハーバー構想では、都心に隣接する「最後の」大規模空地の活用可能性と必要性、とくに、リング状のネットワークを創出して、単なるゾーニングではない、都心サービス空間、流通空間、モノづくり（工業）空間などが繋がりあう、新たなハイブリッド型の都心部を創造する可能性について提言されている。現に、山下ふ頭などの港湾施設は、港湾の大型化にともないその役割を終えつつあり、都市的利用のための「埠頭のコンバージョン」について検討されているが、このような再生を検討する際に、横浜の臨海部が紡いできた蓄積と、新たな創造的転換を組み合わせて、どんな価値を生みだす場にできるのか、単なる投資やその場の収支にとどまらない、価値の汲み取りが必要である。

このように、六大事業から今にいたるまで、港町「横浜」が有するアドバンテージ（価値）とルーツ（根源）を意識しながら、どのような都市マネジメントを実現するべきか、問われ続けている。縮減時代である現代において、限られた資源を「使いたおし」、都市が内包する潜在力を「掘り起こす」ために、ベクトル（Vision）と戦術（Tactics）をどうあわせ持つか、そのマネジメント手法構築のための実験場として位置づけられてきた横浜のあり方を改めて見つめ直し、再構築してゆく必要があるのではないだろうか。

[注]

1 本章では、人間的都市空間の創造に関するハード・ソフトを交えた取り組みを「アーバンデザイン」、横浜市の都市経営戦略において、従来の都市計画の枠を超えた物的環境を中心とする総合的な取り組みを「都市デザイン」と位置づける。なお、横浜市等が用いる固有名詞等に関しては、用いられている用語のままとした。
2 横浜市の現在の都市づくりの計画の中からは「緑の軸線」という言葉は消えているが、その考え方は「開港シンボル軸」という名称で引き継がれている。
3 文化芸術都市創造事業本部は2006年に「開港150周年・創造都市推進事業本部」、2010年からは「APEC・創造都市推進事業本部」に名称が変更された後、2011年には、文化観光局創造都市推進課に統合された。
4 BankARTは、事業名でもあり、組織名（NPO法人BankART 1929）でもあり、場所（BankART studio NYK等）でもある。市からの補助金と自主運営による利益の、双方を合わせて資金として活動している
5 2009年以降は、「ヨコハマ創造都市センター」として、（公財）横浜市芸術文化振興財団（2009～15）、NPO法人YCC（2015～）などにより運営されている。
6 2010年までは、ZAIMとして創造界隈拠点としての活用がなされていた。2016年現在、今後新たな活用の仕方を行うべく、改修等を行っている。
7 当時、1952年に制定された「耐火建築促進法」を基に、日本全国各地に「防火建築帯」と呼ばれる不燃建築群が整備されたが、横浜では通称「防火帯建築」とも呼ばれている。

8章　台北

保全型アーバンデザインから創造都市戦略へ

楊惠亘・柏原沙織・鈴木伸治

8・1　変化するアーバンデザイン像

1　アジア型都市計画からの転換

日本も含めて、アジアの大都市に共通して見られる傾向は、都市への人口集中とそれにともなう高い開発圧力、欧米都市と比較してゆるい土地利用規制であり、それによって生ずる混沌とした状況がアジア大都市の空間的な特徴と理解されている。

そういった状況下では、都市における歴史的建造物は常に再開発の危機にさらされることが半ば常態化しているのが現状であろう。ところが、この10年ほどの間にアジア大都市における歴史地区の保全事例が多く見られるようになり、ある種の転換点を迎えつつあると言える。その代表例が台北市の事例である。1990年代から都市保全の解釈が拡大し、都市内の歴史的建造物が大量に文化財指定され、その後、容積移転制度により、歴史地区である迪化街（ディファチェ）の町並み保存プロジェクトなどがスタートした。

(1) 政治体制の変化と都市計画の転換

こうした都市計画の転換は、1990年代以降の台湾の政治体制の変化によってもたらされた。1987年の戒厳令解除後、政治の自由化と民主化が急速に発展し、市民運動も活発化した。1994年には第1回の台北市長選が行われ、これまでの行政主導の都市開発中心の都市計画とは異なる、市民運動の意見を反映した保全型のアーバンデザインが模索されるようになったのである。とくに1998年に馬英九市長により、旧市街地再生戦略路線が打ち出されて以降、この動きは加速した。

(2) グローバル戦略としての創造都市

また、2002年には文化創造産業発展計画が国家の重点計画の一つとして始まり、国レベルで文化産業、創造産業の育成が推進されることとなった。これによって台北市においては、台北市の文化部門による歴史的建造物活用やアーティスト・クリエーター支援の動き、国レベルでは国所有の旧工場をミュージアム、ギャラリー、アトリエ空間へとリノベーションするといった動きに発展している。市の都市計画部門においても、こうした動きと連動して、都市内の遊休化した建築物を活用して創造産業育成、地区の再生を目指すURS（ユーアールエス）(Urban Regeneration Station)の取り組みなど、その領域を創造都市政策にまで広げつつある。

こうしたドラスティックな変化は、中国の台頭に対抗し、競争力を維持するため、デザインやコンテンツ産業、観光産業などの成長分野へ投資しようという都市経営の戦略によってもたらされている。

(3) 社会と経済の変化への柔軟な対応

台北市におけるアーバンデザインは、1970年代よりスタートし、新都心であり台北101が位置する信義地区開発などで、再開発型のアーバンデザインとして注目を浴びた。しかし、1990年代以降は、政治体制の変化を契機に、市民社会の成熟に対応したリノベーション型のアーバンデザインへ、グローバルな都市戦略としての文化創造産業育成との連携という形で、その姿を大きく変えてきた。次節以降、台北の都市計画の歴史を振り返りながら、台北のアーバンデザインについて詳述することとする。

8・2 台北におけるアーバンデザインの変遷

1 1990年代までの台北の都市形成概要

19世紀末まで、台北において計画的な開発は行われなかった。現在の台北市の旧市街は主に1709年に漢民族が台北盆地を開発し始めた時に形成されたものと、1884年に清朝（1644～1912年）により建設された台北府城で構成される。1895年、台湾は下関条約により日本の植民地となり、日本人は台北を中心として統治し始めた。その間、台北市において4回ほど都市インフラの整備および拡張（当時の言葉で市区計画）を実施した。台北市の都市構造の骨格は主にこの時期に形成されたと考えられる。しかし、この時期に日本人は大量の中国式の建造物を撤去し、積極的に明治と大正時期の日本の文化を台湾に導入したため、現在の台北市にはあまり明・清時代の景観がないというのが実情である。さらに、日本政府は1885年から台湾西部における鉄道本線（基隆－高雄）の建設を検討し始め、1899年には建設を開始し、1908年に完成した。

第2次世界大戦が終わり、台湾は1945年10月25日に正式に日本から中華民国の政府へ返還された。さらに1949年には、国民党政府が中国大陸から台湾へ移り、台北市は中華民国の首都となる。インフラ建設は主に日本時代の延長であり、特定の地区の発展を重視したものであった。しかしこの時期、国民党政府や大量の移民が台湾に来たため、全体的に社会は不安定となった。そのため、明確な文化の発展に関する政策はなかった。1968年に台北市は直轄市になった。市街地の面積が拡大され、社会経済状況に大きな変化が見られたため、新しい市街地を含む大台北市都市計画が立案され、250万人を収容できるマスタープランが完成すると同時に、台北市の発展について、基本構想、都市計画の基本原則、計画課題および政策も提出された。

1970年代から道路の景観および特色の形成、都市保全に対する制度の考案、オープンスペースの設置と伝統行事の存続などが意識され始めた。都市保全の取組も始まったとはいえ、示された古跡や文化施設は主に漢民族の文化のみを重視したものだった。

1980年代前半の都市政策には、早くも「都市更新」の言葉が現れている。後半になると台北市の急速な成長により、ゴミや交通などの都市環境問題が浮上し、都市政策はこれらの都市環境問題の解決に力を入れていた。そして、台北市役所は市街地の東側に副都心をつくる「信義計画」を策定し、開発を始めた。信義計画区は台湾の中で初めて都市計画により全区域のアーバンデザインを行った地区であり、また「都市設計審議」制度を利用して、建物の開発計画に介入できた商業発展区である。

1992年に、台北市の都市発展を担当する工務局において、都市設計科が設置された。さらに、急激な都市発展による著しい人口増加に起因する住環境の悪化等の都市問題に対応するために、台北市はそれまで工務局の所属となっていた都市計画部門を1993年7月に独立させ、台湾の中で初めて都市計画を主体とした一級機関である都市発展局を設立した。同局は台北市のこれからの都市発展ビジョンや政策を担当する専属部署である。

2 1990年代、アーバンデザイン事業実験期

1993年の末に台北市で初の市長選挙が行われ、その結果、台湾の最大野党である民進党の候補者・陳水扁氏が当選し、台北市の政権交代という結果となった。この政権交代により、戒厳令の解除後に得られた政治の自由は一気に拡大し、従来の国の文化政策に従う姿勢から、自治体が独自の文化政策に基づき、施策が行えるようになった。これを機に台北市都市発展局は社区営造（まちづくり）政策を始めた。政治の自由と本格的なアーバンデザイン事業の始動が上手くかみ合い、パブリックアート施策、都市保全政策、行政所有空間

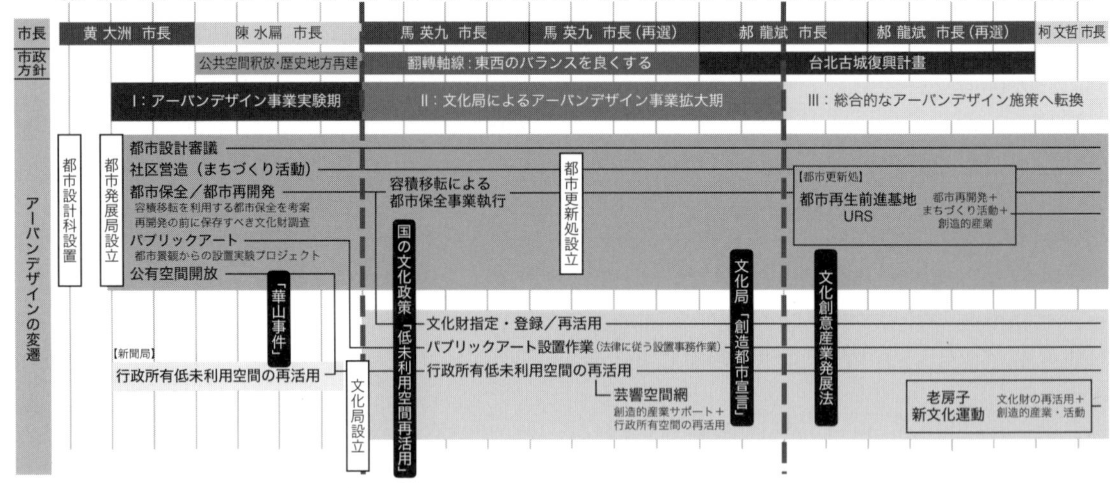

図 8・1　台北市のアーバンデザインの変遷
台北市は 1990 年代以降、文化・芸術を主軸にしたアーバンデザイン施策を開始し、2000 年代に入ると文化局に事業が移りさらに拡大した。2010 年代以降は総合的な施策を展開している。

の開放事業などを手がけ始めた。1997 年の華山事件[注1]により低・未利用空間の再活用が注目されるようになり、文化財と行政所有の低・未利用空間の再活用施策が都市の文化政策の中心となっていく。また、大稲埕（ダーダオチェン）地区における町並み保存についても都市発展局が容積移転を利用する保存計画を立て始めた（詳細は 8・3 節を参照）。この時期に都市発展局を中心とする数々の実験的なアーバンデザイン事業が次々と行われた。

3　2000 年代初期、文化局によるアーバンデザイン事業拡大

1999 年 11 月には台北市文化局が設立された。これは台湾の行政組織の中で初の文化専属部門であり、「市民の文化局」と「指導ではなく、サポートする文化局」という目標を掲げていた。かつて都市発展局が扱っていたアーバンデザイン事業に位置づけられたパブリックアート、文化財の保全再活用、行政所有の低・未利用空間の再活用などの施策は文化局に移行し、文化政策の主要事業として実施され始めた。文化政策の地位を確立するように、文化局は一気に事業を広げていく。これにより、台北市において行政所有の文化芸術空間やパブリックアートの設置が一気に増加した。

2000 年に入ると、当時の馬英九市長が「翻転軸線：東西のバランスを良くする」という方針を掲げた。1980 年代以降、東へ移された都市発展の重心をもう一度西へ戻すこととなり、旧市街地における都市再開発と保全の課題が注目され始めた。再開発事業の業務は増加の一途をたどり、ついに 2004 年に、再開発事業の専属部署である都市更新処が設立された。

4　2010 年代、総合的なアーバンデザイン施策へ

2000 年代後期、文化・芸術を主軸とした都市施策が地区再生の動きと連携し、以前の経験から総合的な施策を打ち出すこととなった。総合的施策を代表するのは 2009 年から都市更新処が考案し、事業を始めた「都市再生前進基地：Urban Regeneration Station（URS）」という、地区の再生を目的とした空間施策である（詳細は 8・4 節を参照）。

8・3　歴史地区保全とアーバンデザイン

1　NGO・市民による歴史保全の推進

1990 年代から始まる歴史地区保全のきっかけとなったのが、大同区大稲埕の迪化街地区である。台北市西部に位置する大稲埕は 1851 年に始まる商業地区であり、19 世紀後期にかけて国際貿易港として栄えた。その歴史的街路の迪化街には、漢

方薬・南北雑貨・布地を主とする卸売問屋の店舗兼住宅であるショップハウスが今も軒を連ね、清時代・日本統治時代につくられた多様なファサードが町並みを彩っている。

1977年、迪化街を7.8mから20mへと拡幅することが都市計画決定された。この拡幅では伝統的ショップハウスのファサード部分を削ることになるため、街並み景観の大きな変化は必至であった。1983年には実際に迪化街の一部がセットバックされ、景観の変化を目のあたりにした市民やNGOなどの強い反発を招く。国民党政府が敷いた戒厳令下では言論・集会の自由が制限されていたが、1987年に戒厳令が解除されたことが市民運動の追い風となり、保全運動が始まった。

ここで大きな役割を果たし始めたのが1986年に設立されたNGO・楽山文教基金会である。同会は2003年に解散後、2004年に台湾歴史資源経理学会として再出発している。1988年の「我愛迪化街」というムーブメントをはじめ、ガイドツアーやセミナー等の市民教育プログラムによる意識啓発活動、またシンポジウムや懇談会の開催による議論の場の提供など、継続的に旺盛な活動を行ってきた。迪化街が1年でもっともにぎわう旧正月前の買い出し「年貨大街」の時期にシャトルバスを出すなど、商業者や市民に向けた企画も行っている。市からの受託調査のほか、迪化街にある都市再生拠点（URS 44、詳細は8.4を参照）の管理運営、市の都市保全政策へのアドバイザリー、歴史的建造物の所有者や建物保存に関心のある市民からの相談も持ち込まれるなど、台北の歴史保全にとって重要な主体である。迪化街の保全から始まったこのNGOの活動は、今では台湾国内外の歴史的環境保全運動のハブとして、人材交流や国際ネットワークの設立など、活発に続けられている。

図8・2　迪化街の町並み
裕福な商家が多い中段はバロック様式のファサードが建ち並ぶ。

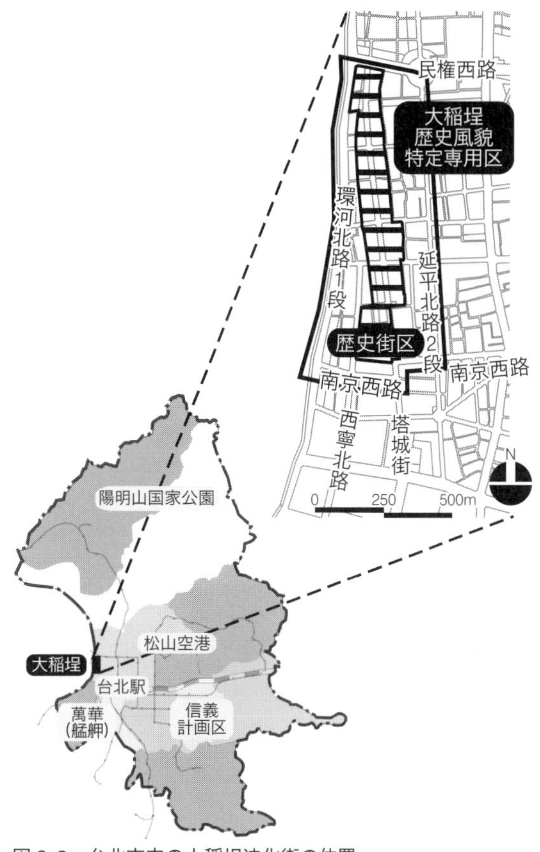

図8・3　台北市内の大稲埕迪化街の位置
市内西部に位置する迪化街は歴史風貌特定専用区として保護されている。

2　歴史保全ツールとしての容積移転制度

(1) 1990年代の調査・計画

NGOや市民による迪化街保存運動が行われる一方、並行して台北市の都市計画部門（都市発展局、都市計画処、等）では大学の専門家や楽山文教基金会への調査委託等の形で、迪化街とその周辺地区の保全方策を模索していた。台湾の歴史保全制度は1982年の文化資産保存法が根拠法となっているが、1997年の改正以前の枠組みでは古跡指定された建物・敷地の開発権が補償されず、所有者の強い反発を招いていた。この傾向は迪化街でも同様で、開発権の補償の方法が委託調査の中で検討された。

(2) 歴史風貌特定専用区の導入

一連の検討を受け、2000年になってようやく都市計画の地区として「大稲埕歴史風貌特定専用区」が決定された。それと同時に、「大稲埕歴史風貌特定専用区容積移転作業要点」が制定され、ここで大稲埕地区の歴史保全に特化した容積移転制度が確立したのである。最初に迪化街の拡幅が決定してから、23年後のことであった。

(3) 歴史風貌特定専用区の容積移転プロセス

まず、送出敷地の物件所有者が都市設計審議を申請し、都市設計審議委員会（幹事会）の審査、続いて保存専門委員会の現場調査を受ける。その後再び都市設計審議委員会（委員会議）において決議が下れば認可を得て、容積移転審査に入る。さらに都市設計審議委員会（幹事会）が審査を行い、都市設計審議の認可を得た後、修繕完了または修繕経費の信託手続きの完了をもって都市更新審議委員会へと報告される。その後、容積移転許可証が発行され、続いて建物の使用権が審査される。使用権の審査にあたっては歴史的建造物の場合は修繕事業について5段階の検査を含む都市設計審議があり、この審査で認定を得た場合にのみ使用許可が下りる。

(4) 保全の質を確保する5段階チェック

歴史的建造物の着工の建築許可が下りた場合、修復の質を確保するため、着工から竣工までに5段階の現場視察を受ける必要がある。

まず第1段階の「構造確認」では、内装を撤去し構造の現状を再度確認する。この段階で申請時に建築士が提出した内容と異なる点が見つかることが多く、設計変更される場合が多い。

続く第2段階の「ファサードの洗浄と修復」は素材の洗浄と再利用の段階である。素材を再利用して失われた部分の補修に利用する。材料の再利用は新規素材よりも手間がかかるため、すべての事業者が行うわけではないが、以前の材料を使った改築を行う事業主と建築士もいる。

第3段階の「構造の修復」では、レンガ積みで強度不足の建物に対し、構造補強が行われる。迪化街の店舗建築は共同壁も多く、1階・2階で材料が異なっていたり、所有権が異なる場合もある。

第4段階は「構造修復の完成チェックおよび内装の確認」である。プラグの位置や供給等の設備系の確認である。

第5段階は「竣工」で、工事の最終確認を行う。

以上の5段階により、建物の修復の質が監視されている。都市発展局によると、いずれも同局の職員が現場に立ち会って審査するため、「かなりのマンパワーが費やされている」とのことである。

(5) 巧みな容積インセンティブの付与

歴史的景観の保存を促すため、都市発展局では所有者に容積移転を通した建物改修の内容に応じて5種類の容積ボーナスを設けている（図8･3）。また、歴史的建造物ではない建物についても、建築物の維持コストについて容積ボーナスが与えられている。都市発展局の指定した様式に従って改築する場合にはさらにボーナスを得られるため、大きなインセンティブとなっている。所有者は未利用容積の売却益で改修費用を賄うが、これらの容積ボーナスで改修費用以上の利益を回収できる場合もあり、容積移転の収益性は高い。

一つ目のボーナスは、元の外観を再現したものに対してである。原状をもとにした修復について、次の3種類のボーナスが提供される。市指定の歴史性建築物[注2]の場合、①保存された建築面積で評

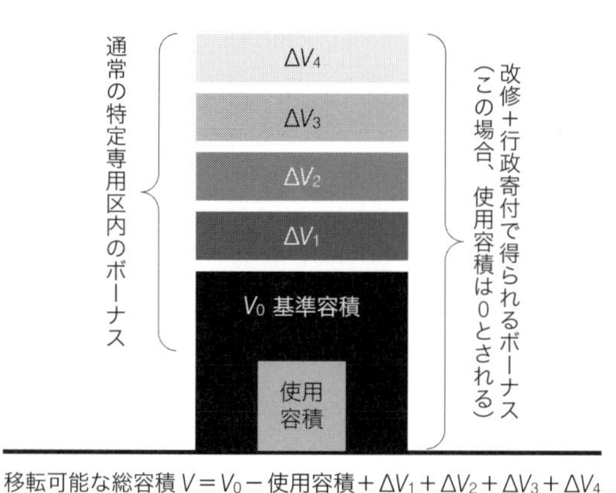

図 8･4　移転可能な容積ボーナスの仕組み
基準容積に加えて、改修内容に応じてさらに容積を獲得できる仕組み。

図 8･5　台北市社区営造中心
仁安医院を転用したまちづくりセンター。1 階部分には医院の記憶として医療器具などが残されている。

価するもの、②建築物を維持するコストから計算された容積ボーナスがある。また、歴史性建築物や歴史建築ではない場合の改修に対して、元の様子を再現した部分は計算されないが、③建築物の維持コストに対して相応の容積ボーナスが計算される。

二つ目のボーナスは、公益施設としての使用に対するものである。公益施設を提供すると、その部分は建物の合計容積として計算されない。また、公益施設を市に寄付した場合、その建築コストから相応の容積が計算される。

三つ目は、敷地面積の規模に応じた容積ボーナスである。建築敷地規模が 400 m^2 を超えた場合、その敷地面積の 15%、敷地面積が 1000 m^2 を超えた場合、その敷地面積の 20%、敷地面積が 2000 m^2 を超えた場合、敷地面積の 25%を計算する。

四つ目は、環境影響に関するもので、環境影響説明評定で、該当建築維持保護事業計画から、プラスとマイナスの影響を評定する。

上記の 4 種類に加えて、行政寄付によるボーナスも設定されている。国の登録文化財である歴史建築、また市指定の歴史性建築物とその土地については、所有者は保全改修後、建物を台北市へ寄付できる。その場合、既存建物部分の使用容積もボーナスとして取得でき、所有者はすべての容積を移転できる。つまり、所有者は先祖代々継承してきた建物の維持管理の手間の削減と、容積ボーナスというインセンティブを受け取れるのである。行政寄付第 1 号の事例は 2000 年の仁安医院の建物であり、この建物はその後まちづくりセンターとして活用されている。

(6) 柔軟な都市設計審議

台北市の都市設計審議制度は 1981 年の信義副都心計画の都市設計委員会に始まり、その審議範囲が拡大された。都市設計審議対象に指定された地区内すべての開発行為は、都市設計審議を通過することが建築許可申請の条件となっている。その発展の過程で、台北市の都市設計審議制度は歴史的環境保全の法制度が整う前から、協議によって事例に応じた保全を行うためのノウハウや経験を積んできた。

大稲埕歴史風貌特定専用区についてはとくに専門家グループが設定されており、メンバーは長年共に議論してきた専門家で構成されていることから、共通認識も形成されている。特定専用区の容積移転では、改修品質の要求水準を議論の中で決定する都市設計審議の弾力性が歴史的環境保全の推進に大きな役割を果たしていると言える。

特定専用区の容積移転では、都市設計審議制度が歴史保存の価値判断を行う調整機構としての役割を持つことも指摘されている。たとえば容積移転が導入された当初、市指定の歴史性建築物以外の建物の申請件数が歴史性建築物の申請を上回っていたため、歴史性建築物への要求水準を緩和する一方、非歴史性建築物は強化する、といった対応などである。経験豊富な審議委員が、原則的なガイドラインと委員間の審議に基づき判断している。このように都市設計審議は歴史保全ツールとしての容積移転の運用過程において一定の柔軟性を担うことで、制度内容が不足する部分への対応を可能にし、保全される歴史的建造物の質・量のバランスをとっている。

台北市における歴史地区の保全は、世論形成・保全に関わる主体として成長した市民活動、都市計画的手法としての容積移転制度、そして運用の柔軟性を確保する都市設計審議、の三つが補い合う中で動かされてきた。その中でも、容積移転作業要点は幾度も修正されている。市指定の歴史性建築物の容積移転条件の緩和や審査プロセスの短縮（2003年）、接受敷地の制限（2007年）、建物修復完了・使用許可申請を容積ボーナス申請の条件とすること（2010年）など、運用を進める中で、インセンティブと規制のバランスを取るべく試行錯誤されてきた。

また、公共施設用地の取得を目的とした国の都市計画容積移転実施弁法に基づく容積移転に市独自の制限をかけて対処するなど、都市景観に大きな影響を及ぼす容積移転を、歴史保全を主眼とした運用とする舵取りに苦心している。

大稲埕歴史風貌特定専用区では、巧みな容積ボーナスの付与により、物理的な保全の面では大きな成果を上げている。しかしその一方、高すぎる収益性が地域コミュニティの構成にゆがみを生みだし始めている。この傾向は、移転容積や容積ボーナスで収益を得た所有者が迪化街からの流出という形で表れている。大稲埕の容積移転申請者の多くは裕福な商売人であり、経済的に困っているわけではない。人々は容積移転によりさらに収益を上げ、歴史的建造物での生活よりも、他地区での現代的な生活を求めて引っ越し、その結果空き家・空き店舗が残ってしまう。都市発展局は「迪化街は観光に特化した地区ではなく、生活文化圏として再生したい」との意向を持っており、過度な観光化が危惧されている。行政寄付で再活用されている事例もあるが、空き店舗に入る新しい産業も増加しており、今後地域全体に与える影響について、動向の観察が重要である。

8・4 URSの仕組みと展開

2009年以降、台北市は文化・芸術を主軸とした施策を地区再生の動きと連携させ、以前の経験から総合的な施策を打ち出すこととなった。新たな取り組みとして、URS（Urban Regeneration Station）事業が考案され、翌年から実施され始めた。この事業は都市内の低・未利用空間をリノベーションし活用するもので、「都市再生前進基地」とも呼ばれる。URSは英語のYOURSの発音を取って、「あなたたちの」「みんなの」という意味が含まれており、市民に開かれた都市再生拠点という位置づけである。

1 URS事業について

活用される拠点は、駅、工場といった産業遺産や歴史的建造物であり、国が所有するものについては、台北市都市更新処が土地および建物の所有権を持つ国有財産局と協力契約を結び、団体に貸し出される。前述した容積移転制度によって、寄付を受けて市所有となった歴史的建造物や民間の建物も活用されている。このプロジェクトを所管する都市更新処は、文字どおり再開発を所管する部署ではあるが、新たな都市再生のあり方を求めて、このプロジェクトは推進されてきた。従来型のスクラップアンドビルド型の再開発とは対照的な手法であり、「都市の鍼治療（Urban Acupuncture）」とも呼ばれる都市再生手法である。都市更新処は、各URSを直接的に管理するか、立地している地区の特徴と場のコンセプトにふさわしい運営団体を選定している。NPOや大学、財団などがこの運営にあたっている。また、最終的に台北市の12の行政区域のそれぞれに、少なくとも一つのURSがある状態が目標とされている。

2　URS 事業の基本コンセプトおよび政策目標

この事業の三大基本コンセプトは①開放性のある対話のためのプラットフォーム、②実験的な都市再生の実践、③周辺環境と整合性がある都市ネットワーク、である。

そして、この事業の四つの政策目標は次のとおりである。

①地区再生のきっかけづくり：地区における都市更新がスタートする前に地区の活動を顕在化させることによって、都市更新の統合のプラットフォームを提供する。地区の目標像を明らかにし、多様な活動が行われるURSを通じて、地区再生の動きを創発する。

②創造性のある場づくり：創造的な人材と創造的なエネルギーを集め、この事業から資源、場所およびプラットフォームを提供し、都市再生の無限の創造力を発揮させる。

③コミュニティネットワークの活性化：改めてコミュニティと都市のネットワークを構築する。URS は有形・無形の形でコミュニティの集会所となる。

④地域発展の持続的なプラットフォーム：地元のネットワークを整理・統合し、創意を誘発することによって、地区発展および再生を啓発する。他の活動形式の地域発展現象と違い、実物の公開空間で持続的な発展システムおよび創意のプラットフォームを育てることを狙っている。

3　事業主体およびビジョン

この事業が始まったときに、以下の五つの運営形態が想定されていた。

①行政部門×行政部門：中央と地方行政における都市発展／財政／文化、3 領域の横断的な協働作業によって、都市問題の解決を図る。

②行政部門×民間部門：民間部門の活力をメイン、行政の空間をサブとして、URS の枠のもとで、民間の創意を公共部門に根づかせる。

③行政部門×公営事業機構：行政主導によって、公営事業が所有している不動産および土地の資源を地区再生のきっかけへと変える。

④行政部門×市民団体：行政の URS のプラットフォームを利用し、市民団体を参加する立場から事業主体に変える。市民の声を反映し、みんなで一緒に期待する生活を作り上げる。

⑤行政部門×教育機関：主に大学の刷新的な知識を取り入れ、都市改善の媒体としてURSが動く一方、学生が公共事業に参加する能力を習得する機会となる。

現在の URS の事業主体は主に②の行政部門×民間部門である。

また、この事業は下記の六つのビジョンを持っている。

①開放性、社会性のある都市再生を促進する。

②文化創意のコミュニティ生活を啓発する。

③創造都市の協力ネットワークを構築する。

④市民のアイデンティティと新生活の美の価値を強化する。

⑤台北市の中で、都市を散歩する時のストーリー性および風格を増す。

⑥軟都市主義（Soft Urbanism）の生活へと向かう。

4　計画概要

都市更新処は都市の中で低・未利用空間をもとに、民間の創意を融合し、文化創意の新たな活力を注入し、URS を推進する。そして、行政所有と個人所有[注3]の低・未利用建物を推進の二つの軸と

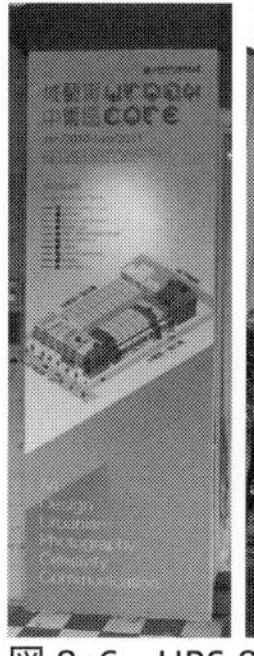

図 8・6　URS 89-6
民間の建設会社が街区全体の再開発の準備ができるまで、空いた空間を「都市再生工作坊」として都市更新処に貸し出し、拠点として暫定的に利用された。2012 年 3 月に閉鎖された。

して、都市の活性化および地域の発展を促進するつもりだった。しかし、個人所有のURSは今まで1件の実験的なものしか実現できておらず、主に行政所有の建築物を中心とする事業となっている。都市更新処は国有・市有の建築物について再活用できるスケジュールによって、短・中・長期間の利用計画を立てる。民間に短期的な再生・文化創造を条件とした使用権を提供し、更新期間の中で、低・未利用空間の活性化および周辺地区の活性化の効果を狙う。個人所有または民間企業が所有する空間から推進する例はほとんど見当たらなくなった。空間を提供して、URSとして利用するタイミング、またはインセンティブはまだ不足していると考えられる。

導入されたコンテンツにおいては、基地周辺の環境を考察し、適切なコンテンツおよび運営担当者を公募する。導入された運営者およびコンテンツは必ずしもアート関連とは限らず、周辺地域にふさわしい文化創造的なコンテンツである。

5 URSの集積による地区の変化

前述した迪化街においては、現在URS 127、URS 44、URS 155とURS 329の四つの拠点が立地している。この四つの建物は、容積移転が行われた後に行政に寄贈されたもので、その後運営団体を公募し、URSとして運営し始めた。

URS 127はURSの計画でもっとも早くオープンした場所で、「迪化街一段127号」という番地をもとにURS 127と名づけられた。その後、すべてのURS拠点はこの命名方式で展開している。同じ番号の場合、数字の後ろにさらにアルファベットを加えて区別することにした。この建物は、もともと1階が漢方の薬草などを扱った店であり、2階と3階が住居として使われていた。所有権を持つ7名の共同所有者は、2004年から2010年まで4回に分けて申請を行い、すべての容積を外に移転した。これらの容積の移転先は台北市の信義区および内湖区である。そして最後に、URS 127の所有権が台北市役所に寄贈された。

台北市役所は建物の修復作業と所有権の移行事務の完了後、この空間を運営する団体を公募した。初代の経営団体は淡江大学建築学科の教授たちを中心とした団体で、2010年5月の実験運営から2013年5月8日までURS 127を運営した。

淡江大学建築学科は「社区営造(まちづくり)」の精神のもとに、この場所を迪化街社区および文化創造産業の発展の「再生」拠点として考えており、台北市役所と協力するつもりだった。展示空間、多目的スペース以外に、デザイン・芸術創意育成センター[注4]（インキュベーター）として機能していた。

URS 127公店は淡工大学建築学科の経営のもと、徐々に知名度を広げ、若いクリエーターの多くが知る場所となり、迪化街地区に若い世代を呼び寄せたきっかけとも言える。2013年の年末に民間の芸術関連企業「蔚龍藝術株式会社」に経営権が移され、名前もURS 127玩芸工場となった。空間の使用の変化としては、育成センターがなくなった代わりに、開放式の図書館の機能が加えられた。また展示空間、講座などを開く工坊スペースなどの空間も計画された。

URS 44は長年迪化街の街にかかわってきた市民団体の台湾歴史資源経理学会によって2012年から運営され、迪化街に関する展示会、イベント、講座などを活発に開催している。大稲埕地区の歴史に関する展示、ワークショップなどが開催され、専門家やコミュニティ・リーダーなどの集まる活動拠点となっている。また、台湾歴史資源経理学会は長年に渡って迪化街で活動しているため、住民たちとも強い信頼関係を築いている。

URS 155は2012年からクリエイティブ産業を扱う民間企業のCAMPOBAG（希嘉文化株式会社）によって、正式に運営され始めた。「創作」を中心コンセプトに据え、迪化街で買い揃える食材を扱う料理創作活動も開催されている。また、クリエーターとの共同活動により、商売のチャンスをともに探り出す。URS 127やURS 44と違い、URS 155の運営コンセプトはこの地の商業と結びつけ

図 8・7　URS 44
URS 44 では、様々な分野の専門家を招き、セミナーや講座が開かれている。

図 8・8　迪化街に創造的産業などの業種が進出
2012 年から、徐々に干物や漢方薬の問屋以外の業種が迪化街に進出し始めている。

ようとしている点が新しい。

URS 329 は 2014 年の年末から、大稲埕地区で米を扱う「葉晋発会社」と、長年大稲埕における歴史文化に着目して、この地域を題材とするドラマや映画を製作してきた「青睐影視製作株式会社」の共同運営体により始まった。URS 329 が取り入れたコンテンツのコンセプトは「米」である。URS 329 が位置する迪化街の北部（北段）はもともと米屋が集まっているところであり、URS 329 の建物ももともと米屋として栄えていた。しかし米産業は迪化街から外に移転したため、元の経営者は店を畳んでこの町から出た。URS 329 は一番にぎわいがある中心商業地区から離れている。現在周りは空き家等が目立っているが、都市更新処はこれを機に、迪化街の北段のにぎわいを取り戻す狙いを持っているのかもしれない。

以上より、迪化街における四つの URS 拠点に導入されたコンテンツおよび運営団体が徐々に変化してきたことが分かる。最初の URS 127 は地元の産業と大きくかけ離れた芸術・文化のみ取り入れた。大学を主体とする運営団体により、今まで商売町の迪化街に来ることがなかった人々がこの町に徐々に入るようになった。そして、URS 44 は迪化街の物語を語れるコンテンツを取り入れた。長年に渡り、迪化街でまちづくり運動を行った NGO 団体は迪化街の魅力を新たに町に入った人々にアピールするとともに、地元の住民と良い関係を築くことに努めていた。URS 155 のコンテンツには、地元産業を少しずつ取り入れる努力が見られる。定期的に開催するイベントでは地元の店で買える食材を使い、イベント参加者によるこの町への消費へと繋ごうとしている。運営団体は、イベントなどを企画する民間企業へ変化した。URS 329 はこの町から消えた産業をコンテンツとして、地元の商売人を含む複合的な運営団体が経営をすることとなった。

この四つの URS は都市再生前進基地の拠点としてこの町に配置された。URS の拠点により、地区内の雰囲気に徐々に変化が表れてきた。そして、2012 年から、町の中に徐々に干物や漢方薬の問屋以外の業種がこの地区に進出し始めている。さらに、商売をする人だけではなく、建築設計等の産業もこの町に進出し始めた。今はレストラン、カフェ、パン教室、茶葉販売店などの飲食関連の店と、創造的産業により創出したグッズの販売、台湾工芸作者の作品販売、戦後台湾の中古雑貨を扱う店、外国の食器と食品を扱う店などが、この地区に軒を連ねている。

6　URS 21 からみる URS 事業の効果と難点

URS 21 は旧台湾煙草酒株式会社（元は煙草酒公売局）の中山配銷所という配達倉庫で、国有の空間だが、一時的に都市更新処に管理使用権が委譲されていた。1999 年の専売制度の廃止とともに

図 8・9　URS 21 敷地内の緑地
元中山配銷所の主建築の裏にあった 3 棟の社員寮が撤去され、屋外緑地として開放されていた。

閉鎖となり、長い間放置されていた。2011 年 9 月から都市更新処が忠泰建設文化芸術基金会に委託し、3 年間運営された。期間中 URS 21 の建物内には 12 の文化創造産業関連の団体が入居し、屋外部分は開放緑地と市民農園として活用され、市民に開放された。URS 21 の敷地が長年閉鎖されていることに周辺住民は不安感を持っていたが、開放されて以来、敷地全体が明るくなり、さらに農園と緑地ができたことにより、既成市街地内の緑地、公園不足も解消された。周りの住民は URS 21 の存在に肯定的な意見を持つようになった。

しかし、国の管轄にある敷地のため、URS 21 の存続は一つ大きな課題となった。更新処は 2014 年 9 月に、段階的な任務を果たしたと判断し、撤退した。同年 10 月に、台北市文化局と国有財産署と協働契約を交わし、デザイン産業を中心とする再開発案で企業誘致を始めたが、1 年をかけたものの、なかなかうまく行かなかった。さらに、国有財産署は使用管理権の契約の更新を拒否したため、2015 年の年末に、台北市役所はこの場所から撤退する残念な形となった。

周りの住民はせっかくできた緑地が再び放置され使えなくなることを心配し、台北市役所による一括管理が望ましいと願っているが、いまだにこの敷地の次の形は見えていない。URS 21 の例を見ると、期間限定になってしまったが、周辺住民の意識は変化したことが分かった。今後、URS 基地をきっかけに、周辺住民自らによるまちづくり運動へと繋がる可能性も期待できる。

7　将来への展望および課題

URS の拠点は現在 8 カ所で、主に台北市の旧市街地である西側に集中している。これから、台北市の中でどう展開するかは注目すべきである。そして、各空間の運用は十分な弾力性を持ち、現段階の任務の達成後、どのように転換されるのかも定まっていない。URS の開始当初、文化財保護の視点から、芸術家側からも否定的な意見が寄せられたが、現在は URS の知名度が上がり、世間に認められるようになった。計画開始当初、空間再活用に当たっては非営利活動のみが許されており、運営団体が自力で他の財源を確保しなければならず、経営が困難となる恐れがあった。しかしこの点も計画を進めるうちに、営利活動ができる空間の割合を定めることで、より持続的な運営が可能になった。しかし、過剰な商業化も歴史的建造物の意義を損なう恐れがあるため、空間利用のバランンスの重要性が再認識された。

URS は「都市再生」「文化創意」「場所精神」三者を結ぶことによる新しい都市再生を目指している。つまり、過去の歴史の精神が都市再生計画を通じて文化創意の切り口で読み直され、都市の未来のビジョンに良い影響を与えられるのだ。少しずつだが、市民の考えは変わってきていることも分かった。これもこの事業の狙いの一つだろう。

8・5　産業遺産の保全と活用

第二次世界大戦の後、国民党政府の政策により、煙草や酒等の工場は台湾政府によって接収され、2002 年の民営化までは、国営企業として運営されてきた。そのため、多くの産業遺産の所有権は現在も行政側に残っており、多数の産業遺産転用・保全が可能となった背景の一つとなっている。

1　産業遺産転用・保全の契機─華山 1914 文化創意園区

上述の台北市の新しい都市づくりの方向性と並行して、国による大規模な産業遺産の転用プロジェクトも 1990 年代後半からスタートした。そのきっかけとなったのが、現在の華山（ファシャン）1914 文化創意園区である。旧台北第一酒廠（通称台北酒廠）の跡地を文化創意園区として再活用した先駆的な事例である。1980 年代後期に、地価の上昇および汚染の問題で、台北市にある工場を閉鎖し、郊外へ移すという動きがあった。また、1967 年に、台北市役所工務局が交通流量の増加に備え、台北酒廠の敷地を貫通する高架道路の建設が計画された。この計画により台北酒廠の主な建物が分断されたことで、生産がむずかしくなった。そのため 1987 年に、当時工場を所有していた専売局が台北酒廠を閉鎖し、郊外へ移転させた。それ以来、後ろにあった華山貨物駅の地中化の影響もあり、台北酒廠がしばらく放置されることとなった。1992 年に新しい立法院の建設計画の中でこの敷地が選定された。しかし建設費用の高さに加え、周辺住民の反対運動が起こり、計画がなかなか進められなかった。その結果 1999 年 6 月に、立法院新築計画の実施場所は他の場所へと変更された。

この騒動の間、台北酒廠の跡地はしばらく駐車場として一部の空間が開放されていた。1997 年 6 月から芸術団体が、この空間の多元的な芸術パフォーマンス空間としての潜在力を発見し、この空間の保存を主張し始めた。この一連の活動で台北酒廠は世間に注目され、空間の再活性化の議論も盛んになった。1998 年、華山芸文特区が正式に成立し、民間団体である中華民国芸術文化環境改進協会が運営することとなった。1999 年から 2003 年の間に、当時の文化建設委員会（2012 年〜現・文化部）が華山芸文特区を代理で管理した。そして 2002 年に中央政府は「挑戦 2008 国家発展重要計画」の中で、「文化創意産業（創造的産業）」を国家重点発展産業として取り入れた。そこで台北、台中、嘉義と花蓮の酒工場の跡地と台南北門倉庫を五つの創意文化園区とすることを計画した。2004 年に民間企業が経営権を取得し、文化と産業の融合を強調して、「華山 1914 文化創意園区」に改名した。2005 年から 2007 年の間に文化建設委員会が経営権を回収し、2005 年に区域内のすべての建物が改修された。2007 年から全敷地を三つに分けて、それぞれ委託経営が開始され、今にいたっている。

華山 1914 文化創意園区は台湾の「閒置空間再利用（低・未利用空間の再活用）」または、産業遺産の空間再活用の契機でもあると言える。また、芸術文化を介して空間の価値を生みだせることを示し、台湾の空間再活用のコンテンツに大きな影響を与えた。

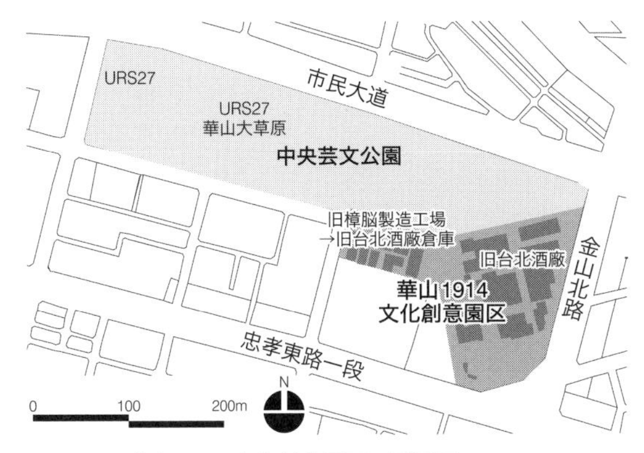

図 8・10　華山 1914 文化創意園区の平面図
隣接した中央芸文公園は元鉄道の資材置き場で、貴重な大型オープン・スペースである。

図 8・11　初期の華山 1914 文化創意園区
「四連棟」という元酒を貯蔵する大型倉庫である。

2 松山文創園区

(1) 事例概要・歴史的背景

1939年に竣工した松山(ソンシャン)煙草工場は日本統治時代における、台湾で唯一の紙巻き煙草の生産拠点であり、専売局の重要な収入源となっていた。この工場は専売局の技師である梅沢捨太郎によって設計され、現代化工場の先駆であった。さらに、工業村の概念で設計されたことから、労働者のための福祉施設も完備されていた。この工場は戦後も煙草工場として稼働し、1987年に生産量がピークを迎えた。1998年に、都市計画や公売制度の解除と市場の需要が低下したことが原因で、この工場は他の工場と合併された。2001年に古跡として指定された後、2002年には台北市役所によるこの敷地でのドーム建設を行政院が許可した。

松山煙草工場の跡地に関する最初の発展計画は1980年代初期の「中山学園」である。この計画は、国立歴史博物館などの中央文化歴史機構を松山煙草工場の敷地に移転させる構想であった。しかし、開発を中心とする計画で、遺産の保全概念はまったく含まれていなかった。

その代わりに、オープン・スペースの概念が取り入れられていた。しかし、この計画は1994年第1回市長直接選挙によりピリオドが打たれ、代わりにドームの計画が提示された。

ドーム計画は1992年から提示されており、敷地選びややり方などがさまざまに検討されていた。南京東路のドーム建設の開発強度を下げるよう要求がなされたが、開発強度が下がると民間の投資意欲が低下する恐れがあったため、敷地の選定はまた振り出しに戻された。結果として、ドームは旧市街地の復興発展に役立つと考えられ、ドームの建設地は再び最初の松山煙草工場と台北機廠に戻された。しかし、当時台北機廠はまだ稼働しており、工場移転の時期は未定だったため、ドームの建設地は松山煙草工場のみとなった。その後、煙草工場の建物の保全に関する議題が浮上し、大型都市開発と都市保全という両極端な議題は松山煙草工場に集約された。2001年に、松山煙草工場は市の古跡として指定され、土地の管理権が台北市役所に移管された。そして、この敷地は文化、レジャーとスポーツの機能を含んだ「台北文化体育園区」とすることが計画された。2002年、中央政府がドームの全体計画に同意した。敷地全体は二つに分けられ、それぞれは松山煙草工場文化園区とドーム区とされた。また、南京東路の台北体育場には、やや小規模なドームの建設が計画された。

(2) 再生の経緯

松山煙草工場の建物は2002年以来、文化展示場として徐々に知名度を上げた。古跡の部分は行政の予算で修復され、「台湾設計館」として再活用された。2010年に松山文創園区として転換され、財団法人台湾創意設計センターが運営することとなり、台北市の原創基地として位置づけられた。古跡の建物以外の部分は、文化創意産業支援基地として設定され、2009年に台北文創開発会社と建

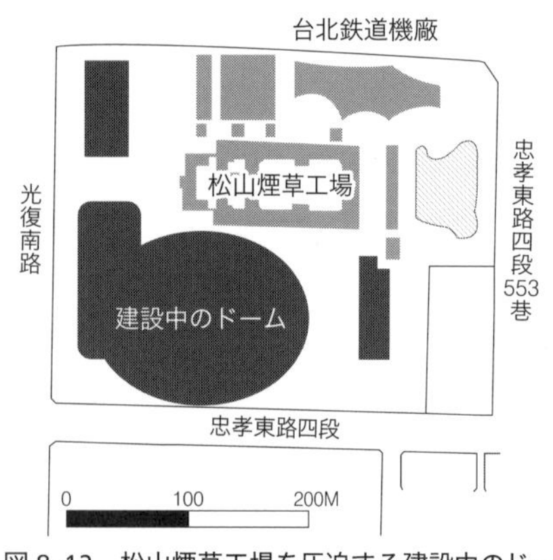

図8･12 松山煙草工場を圧迫する建設中のドーム
隣接した建設中のドームは歴史的工場の建物の背後に迫っている。

設運営譲渡方式の契約を結び、伊東豊雄氏が設計した台北文創ビルが建てられ、2013年から運営開始された。ドームの部分も2004年から民間の業者と契約し、計画・建設が始まった。ドーム区にはドーム以外に、ショッピングモールやホテル、オフィス・ビルも計画されていた。

(3) 再生による課題

しかし最近になって、松山文創園区に入った展示会や創造的産業を見て、台湾の世論から文化創意の本質に関する議論が始まり、過度の商業化を批判する声も上がってきた。また、ドーム建設により古跡の建物に悪影響を及ぼしたうえ、もともと緑豊かな環境も建設のために破壊されてしまった。松山文創園区の周辺住宅地区では、園区を訪れる観光客による駐車問題や騒音問題に悩まされ始めた。このように一見開発と保全再活用が共存できるように見えていた計画も、新たな局面を迎えている。

8・6 北門における景観保存

現在台北駅の近くにある北門(ベイメン)は1884年に竣工した台北城の五つの城門のうちの一つで、正式な名前は承恩門である。1900年に、日本政府により市区改正、または総督官邸、下水道の整備などの理由で台北城の城壁および西門が撤去され始め、さらに、台北駅、台北刑務署などの建設により、城壁は次々に撤去された。当時、城門も最終的に撤去する予定だったが、日本人学者・尾崎秀真氏や、中山樵氏が城門を保存することが重要だと訴えた結果、西門以外の四つの城門が保存され、1935年には史跡として指定された。

日本統治時代が終わった後、北門以外の城門は1966年に市の景観のため、中国北部の建築様式に改築された。北門は高架道路の建設のため撤去する予定だったので、改築工事を免れた。1967年、北門の敷地を通過する高架道路の工事が始まった。学者たちは北門の保存に向け、台北市役所と度重なる交渉の結果、北門を避ける高架道路の建設案の修正に成功した。その後1995年まで、北門は2本の高架道路に挟まれた状態だった。1995年、1本の高架道路の使用頻度が減ったため、撤去が決まった。ただ、北門は依然として高架道路と隣接し、圧迫された状態だった。北門の保全および台北市の歴史的景観を継承するために、高架道路の撤去の議題は常にあげられていた。2015年末に、台北市役所は再び政権交代を迎え、新たに選出された柯文哲市長は残された高架道路を2016年2月の旧暦新年の間に撤去することを決め、さらに、交通への影響を最小限にするために、7日から13日の午前中まで、7日以内での撤去を敢行した。

現在、北門周辺を含む台北市のエントランスイメージを作りだす計画が進められている。この地域には北門以外に、台北郵便局や、台湾総督府鉄

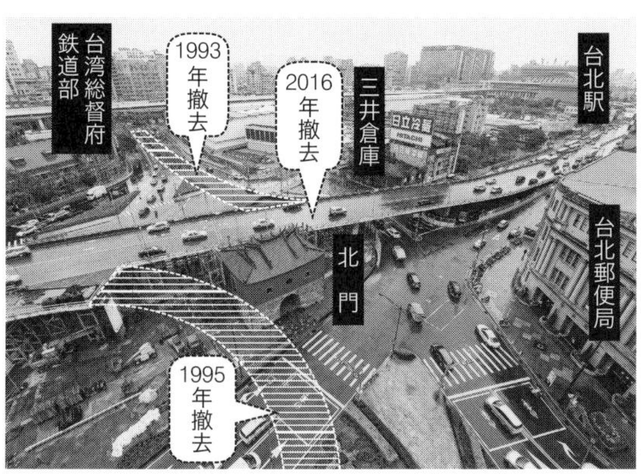

図8・13　高架道路に隣接した北門（出典：鄭達敬撮影・台湾歴史資源経理学会提供・著者製図）
旧台北城の北西に位置している北門、70年代から90年代まで2本の高架道路に挟まれていた。

図8・14　高架道路から開放された北門
長年高架道路に遮断されていた風景が甦った。

道部、三井株式会社の倉庫など、数多くの文化財が集まっている。しかし、この場所も重要な交通のハブのため、都市景観の保全保存議論もそれを考慮しながら進めざるをえないのが実情である。

8•7 実験を重ねるアーバンデザイン

以上の台北市における1990年代以降の歴史保全型アーバンデザインの転換、そして文化政策と連携し、創造都市戦略へと転換していく過程は、日本で言えば横浜市における都市デザインから創造都市政策への展開に似たものであると言えるだろう。

しかしながら、その規模や展開のスピードは我が国のものと比較にならず、アジア大都市の中でも特筆すべき事例である。とくに、容積移転制度を活用した歴史的建造物保全や、迪化街の町並み保全は、これまでアジアの大都市では考えられなかった新しい可能性を示している。

また、華山、松山での産業遺産を活用した創意産業園区などは、上海などの中国の都市においても見られる手法であり、中華圏でこうした地区再生手法が定着しつつあると見ることもできる。

しかし、一連の創造都市戦略については、チャールズ・ランドリーのアドバイザーとしての登用、欧米都市との頻繁な交流など、グローバルな都市の戦略の潮流に合わせた展開でもある。

また、台北における新たな都市再生の動向については、国と台北市のそれぞれの政策がオーバーラップしながらも、独自に展開しているため、やや理解しづらい面もある。全体としてのマスタープランは存在しないが、大きな目標としての創造都市的戦略は共有されていると理解すべきではないだろうか。

こうした変化の激しい時代における、URSを含むある種実験的な数多くのアーバンデザインの取り組みは、持続性の面での懸念は示されているものの、新しいアジアのアーバンデザインの可能性を感じさせる。

[注]

1 華山事件：1997年に、湯皇珍氏と魏雪娥氏ら芸術家が廃棄された台北酒場の空間が芸術文化のパフォーマンスとしての可能性があることを発見したことに端を発する事件。彼らは「華山芸術特区促進会」を成立し、積極的に台北酒場の空間を芸術文化用に転身させる活動を行った。同年12月4日には、小劇場団体の金枝演社が台北酒場の中の元米酒作業場で「古国の神―トロイを祭る」という劇を上演した。その翌日に監督の王栄裕氏が「国土占領」罪で逮捕され、大騒ぎとなった。

2 歴史性建築物：大稲埕歴史風貌特定専用区内において台北市が指定する歴史的建造物のこと。所有者には、後に文化資産保存法に追加された歴史建築（登録文化財相当）と概ね同じ権利と義務が発生する。

3 個人所有建築物の再活用：企業や個人が持つ建物の更新計画が始動する前に、創意による美化および空間再活用による地域の活性化を図る。民間団体による創意満載の使用申請を促進する。低・未利用空間を統合し、創造的な経営を営むとともに、自己再生の新たな可能性を探る。都市全体にこうした空間が存在する状態を目ざす。

4 URS 127公店の育成センターに入るには淡江大学建築学科に申請し、同意を得ることが必要である。家賃を払う必要はないが、水道光熱費は利用者が払うこととなった。そして、空間を使う団体は毎年定期的に活動成果を報告しなければならない。

[参考文献]

○ 8•2節

・ 楊惠亘（2013）『台北市における文化・芸術を主軸にした都市空間施策による都市再生に関する研究』（東京大学工学系研究科博士論文）

○ 8•3節

・ 柏原沙織・楊惠亘・鈴木伸治・窪田亜矢（2015）「台北市大稲埕における歴史保全ツールとしての容積移転の運用とプロセス―容積送出敷地の歴史的環境に与える影響に着目して」（『都市計画論文集』50(3)、pp.480-487）

・ 林崇傑（2007）『容積移転からみる都市歴史地区における景観形成メカニズムに関する研究：台北市迪化街地区の景観再生と歴史保全』（東京大学博士論文）

○ 8•4節

・ 楊惠亘（2012）「文化創造拠点と界隈形成2：都市再生前進基地（台湾・台北市）」（アーバンデザインセンター研究会編著『アーバンザインセンター―開かれたまちづくりの場』理工図書）

○ 8•5節

・ 楊惠亘（2015）「台北市における産業遺産の保全活用―その経緯及び取り組みの変化について」（『都市計画』315号（変わりゆく大産業空間―都市再編・地域再生の新しいカタチ）日本都市計画学会）

3部

都市生活のデザインへ向かう「合意形成とリーダーシップ」

URBAN DESIGN

9章　ニューヨーク

企業経営者ブルームバーグ市長のもとでの都市空間再編

中島直人

9・1　再び、アーバンデザインの先進地へ

2012年、ニューヨーク市は、優れた都市づくりを実践した都市を表彰するリー・クアンユー世界賞を受賞した。2010年のビルバオ市に続く、第二回目の受賞者ということになった。授賞理由には、「短期間に、この都市は自らを再生、活性化させ、住民や観光客に都市の未来に対する新たな自信と楽観を与えた」[文1]とある。

ニューヨーク市が都市のデザイン、とりわけアーバンデザインの分野で注目されたのは、1960年代末から1970年代前半にかけてのジョン・リンゼイ市長時代である。ジョナサン・バーネットらのアーバンデザイングループが中心となり、特別ゾーニング制度などの都市計画的手法を駆使し、「建物をデザインすることなく都市をデザインする」[文2]を実践した。その試みは、我が国においても、萌芽期にあった横浜市などでの自治体主導のアーバンデザインに大きな影響を与えた。しかし、1975年にニューヨーク市の財政が破綻し、人口流出、犯罪率上昇といった事態を経験していく中で、歴史的環境保全分野における注目を除けば、アーバンデザインの世界でニューヨーク市が先進都市として扱われることは少なくなった。そして、2001年には9・11テロによって甚大な被害を受け、その復興に力を注がねばならなくなった。しかし、リー・クアンユー世界賞で讃えられたように、きわめて短期間で9・11のショックから立ち直り、1975年以前とは異なる文脈において、再びアーバンデザイン上の注目を浴びるようになったのである。

図9・1　ブルームバーグ前市長によるリー・クアンユー世界都市賞受賞記念講演（出典：http://www.leekuanyewworldcityprize.com.sg/）

9・2　都市空間を再編する長期ビジョンとリゾーニング

1　ブルームバーグ市政の都市運営と都市空間

9.11以降のニューヨークの都市空間の再編には、2002年から2013年までの3期12年間にわたって市長を務めたマイケル・ブルームバーグのリーダーシップが重要であった。経済金融メディア企業ブルームバーグ社の創立者でCEOであったブルームバーグ前市長は、オリンピック招致運動を契機として政治への参画を果たしたポスト工業化時代の新エリート層の代表であり、ニューヨークの政治構造の変化を象徴する人物である。ブルームバーグの都市運営手法を分析したジュリアン・ブラッシュによると、ブルームバーグ前市長は、都市運営をビジネスとして捉える、つまり「市長にCEOとしての役割を与え、市政府は会社、望ましいビジネスや居住者はクライアントやカスタマー、そして都市自体を商品として見立てる」[文3]ことを基本としていた点で、歴代の市長の方針とは異なっていた。ブルームバーグ前市長にとって、商品

として見立てた都市＝ニューヨークでは、「アーバニズムそのもの、つまり都市文化、多様性、密度、コスモポリタニズムがセリング・ポイント」[文4]であった。そうした考えを背景として、都市空間の再編に力を注いだのである。

また、こうしたブルームバーグ前市長の方針は、人事、組織、評価といったより具体的な実践に深く浸透した。とくに人事においては、市政のさまざまなレベルの職位に、民間企業、NPO、大学から専門人材を積極的に登用し、専門家に新しい機会を提供した点が重要であった。ブルームバーグ前市長は、専門家の技術、能力を信頼し、能力主義とプロ意識を市役所内で徹底させることで、技術力が高く、高学歴の専門家が働きやすい職場を生みだしていった。そして、彼・彼女らが、「最高の商品」を提供する具体的な力となったのである。

そうした専門人材のうち、都市空間の再編に深く関わったのは、1990年代後半にオリンピック招致運動を通じてニューヨークの新しい都市プランを用意し、ブルームバーグ前市長のもと、初代副市長としてそのプランの実現を目指した投資銀行家のダニエル・ドクトロフ、ブルームバーグ市政全期を通じて都市計画局を率いたアマンダ・バーデン、ブルームバーグ市政第二期・第三期において交通局局長を務めたジャネット・サディクカーン、また、後述する「PlaNYC（プランワイシー）」の策定を担当した長期計画・持続可能性担当市長室（The Mayor's Office of Long-Term Planning and Sustainability）室長のロヒト・アッガールワルらであった。

2　分野横断型の長期計画「PlaNYC」の策定

2007年、二期目に入ったブルームバーグ市長が「考えを前に進める時がきた。30年前は言うまでもなく、わずか5年前は、こうした課題に向かい合うことは不可能であった。9・11によって、我々は次の10年ではなく、翌日のことを考えた。しかし、経済の回復は予想よりも早かった」[文5]として新たに打ち出したのが、「よりグリーンでより素敵なニューヨーク」を目標とする都市改造の長期的ビジョンとその実現に向けた具体的政策を束ねた総合計画「PlaNYC」である。

「PlaNYC」は、「世界中の都市が、興奮とエネルギーを犠牲にすることなく、より便利で、より楽しくなるように努力している21世紀の経済界において競争するために、他の都市のイノベーションに遅れをとらないことだけでなく、それらを凌駕していかないといけない」[文6]という意識のもとで、将来的な人口増・雇用の創出による経済成長、老朽化したインフラストラクチャーの更新、地球環境問題への積極的な対応を基本理念として策定された。土地、水、交通、エネルギー、空気、気候変動という六つのカテゴリーに分けられた11部門の政策目標と具体的な政策（127のイニシアティブ）が列挙された。25の部局を横断するかたちの総合的なビジョン、計画となっている。市長に直属する部局である長期計画・持続可能性担当市長室が、25の市部局を束ねるかたちでこの長期計画の策定を担当した。室長に抜擢されたのは、就任当時若干35歳、マッキンゼー社で交通・運輸企業のコンサルティングを担当していたロヒト・アッガールワルであった。

「PlaNYC」の内容、形式の特徴は、それぞれのカテゴリーごとの具体的な数字をともなう目標設定と、その目標を実現するための政策の具体性で

図9・2　『PlaNYC』（2007年）の表紙

ある。この具体性が、その後の評価を行う際のベンチマークとなっている。たとえば、公共空間と関係するオープン・スペース部門については、「すべてのニューヨーカーに徒歩10分以内に公園がある暮らしを提供する」という明確な目標が設定され、「既存のサイトをニューヨーク市民にとってもっと使いやすいものにする」「既存のサイトの使用時間を拡大する」「公共領域を再考する」の三つに分けられる七つのイニシアティブが提示された。とくにその「公共領域を再考する」に対応するイニシアティブ6「すべてのコミュニティに最低一つの公共広場を創造、もしくは改良する」は、後述する地域に根ざした広場創出と関係する施策が書き込まれた項目であった。

ニューヨーク市は毎年、「PlaNYC」の目標到達度を評価したプログレス・レポートを公開した。計画策定に加えて、その進行管理の仕組みによって「PlaNYC」の実行力は担保された。

ブルームバーグ前市長は三期目に入った2011年に、127のイニシアティブのうちすでに97%が着手されたことを受け、「PlaNYC」を改訂したが、基本的な目標は引き継がれた。

3　市全域でのリゾーニングと都市空間の再編

2002年から2013年までのブルームバーグ前市長時代の都市計画上の最大の功績として、丹念な地域特性理解に基づく市域4割におよぶゾーニングの改訂があげられる。2005年から2030年までの間に、ニューヨーク市の経済成長にともなって100万人の人口増加が想定されていた。その人口増で必要とされる住宅需要に対して、実際の供給数との間には大きなギャップがあった。この想定される需要に対応する住宅をどう生みだすのか、将来の住宅開発のパターンをコントロールし、望ましいかたちに誘導していくためのゾーニングの見直しが都市計画の中心的な取り組みとなった。

図9·3　ハンターズ・ポイント・サウス

一方で、ブルームバーグの市長就任後の2003年、住宅保全・開発局は住宅ストックの改善のための「新住宅市場計画 (New Housing Marketplace Plan)」を策定した。その計画では、2014年度末までに16万5千戸のアフォーダブル住宅を供給するという目標が掲げられた。100万人のための住宅供給という都市計画的な課題に加えて、住宅政策におけるより短期的で具体的な目標が、リゾーニングの背景にあった。

「PlaNYC」では「行政主導のリゾーニングの継続」が第一の施策として掲げられ、さらに具体的な取り組みとして、「公共交通志向型開発の追求」「未活用のウォーターフロントの再生」「開発を促進するための交通オプションの増加」があげられていた。ブルームバーグが市長を退任した2013年末時点までの成果をまとめたプログレス・レポートによれば、「PlaNYC」が制定された2007年以降、9万2000戸以上の住宅が建設され、55の地域でリゾーニングが完了した。ブルームバーグが市長に就任した2002年以降で見ると、119の地区、市街地の36%にあたる1万1000街区以上でリゾーニングが完了した。また、2007年から2012年までの間に建設が許可された建物のうち、94%が地下鉄駅から二分の一マイル以内の立地であった。

実際のゾーニング改訂内容を見てみると、従来、住居の導入がむずかしかった工業系用途地域を住居系用途も導入可能な用途地域へ変更するというのが基本路線となり、結果として、ミクスドユース地区が増加したことが分かる。とりわけ、そうしたリゾーニングの重要な対象となったのは、かつての港湾機能や製造業が抜けて空白地帯となっていたウォーターフロントであった。たとえば、クイーンズのハンターズ・ポイント・サウス地区は、かつての非住居系（工業系）ゾーニングを住商混在のミクスドユースゾーニングに変更し、1970年代以来最大規模のアフォーダブル住宅プロジェクトとなる、約5000戸の新規住宅の建設とそれを呼び水とした2億ドルの民間投資、4600以上の雇用の創出を目指した計画が立てられた。さらに11エーカーに及ぶウォーターフロント公園や新設の小学校などの用地も確保された。2013年に開始された第一期開発では、米国グリーンビルディング協会が開発・運用している環境性能評価基準LEED（リード）のシルバーを取得する二棟のマンションが建設され、925戸の住宅が供給された。

リゾーニングにあたって、建築物の絶対高さや壁面線の位置、間口の大きさまで規定して、既存の地域特性に合わせる保全型のコンテクスチュアル・ゾーニング（contextual zoning）、アフォーダブル住宅の維持・導入により容積のインセンティブを与える中間所得者層ゾーニング（inclusionary zoning、inclusionary housing program）、既存の建物を主対象として、より環境に配慮・貢献する建物への転換を誘導するために、さまざまな障害を取り除いたゾーン・グリーン（zone green）などの新たな価値を組み込んだゾーニングも展開された。

9・3 都市のイメージを刷新する新たな公共空間の創出

1 ホワイトとジェイコブスのレガシー

ブルームバーグ市政で都市計画実務を担当する都市計画家や、彼らと協働する民間の専門家たちの間では、都市計画の思想的基盤としてウィリアム・H・ホワイト（1917～1999年）やジェーン・ジェイコブス（1916～2006年）らの思想や手法が継承され、共有されている。

ジャーナリストであり編集者であったホワイトは、都市研究家として徹底した観察の重要性を説き、実際に使われる公共空間とはどのようなものかについての考究をライフワークとした。とくにホワイトが1970年に開始したストリート・ライフ・プロジェクトは、1961年に導入されたプラザボーナス制度で生みだされるようになった公開空地の使用実態を克明に調査し、その改善の方向を指し示したもので、調査の成果は主著『小さな都市空間の社会生活（*The Social Life of Small Urban Spaces*、未訳、1977年）』にまとめられている。

このストリート・ライフ・プロジェクトに参加した学生の中には、後述するように、ニューヨークの道路空間の広場化をはじめ、さまざまな公共空間のデザインやそのプロセス設計に貢献している非営利団体のプロジェクト・フォー・パブリックスペース（Project for Public Spaces：PPSと表記）の代表のフレッド・ケントや、ブルームバーグ市政の全期間で都市計画局長をつとめたアマンダ・バーデンらがいる。とりわけ、バーデンの仕事は、「都市の健康はその街路や公共空間の活気によって測ることができると彼女に教えたウィリアム・ホワイトのもとで過ごした時間の成果である」[文7]、「都市計画局長になってからのアイデアの多くは、ホワイトにインスパイアされたものであることを認めている」[文8]といったかたちで、ホワイトの思想と重ね合わせて語られている。

そして、ホワイトのもう一つ重要な貢献は、『フォーチュン』誌の編集次長を務めていた1950年代に、書き手としてのジェイコブスを見出し、後に近代都市計画の包括的、本質的な批判の古典的名著として読み継がれていく『アメリカ大都市の死と生』（1961年）に発展していくテーマでの執筆を依頼したことである。ジェーン・ジェイコブスは『アメリカ大都市の死と生』において、治安、ふれあい、子どもの遊び場という観点から、とくに街路の重要性を論じた。ジェイコブスは、ニューヨーク市のみならず、全世界の都市計画、まちづくりに大きな影響を及ぼしたが、ブルームバーグ市政において公共空間の創出に携わった人々の間でも、彼女の思想は深く浸透している。たとえば前ニューヨーク市交通局長のジャネット・サディクカーンは、ジェーン・ジェイコブスの追悼集『*What We See*』において、「ジェーンが深く抱いていた原理の多くを含む交通プログラムへの新しいアプローチを実践している」[文9]と、交通局のサスティナブルな街路を目指した取り組みはジェイコブスの影響を大きく受けていると証言している。

ホワイトとジェイコブスのレガシーの存在は、ブルームバーグ市政期に公共空間の創出に尽力した専門家たちに、大きな自信を与えた。

2 低未利用地のコンバージョンによるオープン・スペースの創出

ニューヨークにおける都市空間の再編を象徴するのは、この12年間で次々と生みだされていった高質な公共空間である。工業都市時代のインフラストラクチャーである貨物専用高架線をコンバージョンしたハイライン公園（2009年6月第一期区間、2011年6月第二期区間、2014年9月第三期区間オープン）が、その代表例である。

1930年代に使用開始され、1960年代には列車運行が停止された貨物高架線をハイライン公園へとコンバージョンする契機をつくり、土地所有者や鉄道会社、市との交渉、設計や建設、そして完成後の管理運営の一連のプロセスを常に主導したのは、ハイライン近くに暮らしていた2人の若者が始めたフレンズ・オブ・ハイラインという市民有志組織であった。フレンズ・オブ・ハイラインの初動期には、ニューヨーク都市芸術協会やデザイン・トラスト・フォー・パブリック・スペースなどの非営利専門家組織が市民組織の活動を支援した。とりわけ、デザイン・トラスト・フォー・パブリック・スペースは、フレンズ・オブ・ハイラインをデザイン専門家や行政担当者と結びつけ、ハイラインをニューヨーク市のプロジェクトに押し上げ、有能な設計者チームによる斬新な空間を実現させるための指南を与えた。ブルームバーグ前市長は、前任者のジュリアーニ元市長が署名したハイライン解体の承認を覆し、ハイライン公園の実現を全面的に支援した。とくに都市計画局長に抜擢されたアマンダ・バーデンは、都市計画局長就任以前からフレンズ・オブ・ハイラインの活動を支援しており、ブルームバーグ市政内においてハイライン公園の実現に力を尽くした。

また、1960年代までに数多くの倉庫、埠頭が建設され、工業系用途で使用されていたイーストリバー沿岸にも、リゾーニングとともに、次々と新たな公共空間が生みだされていった。とりわけ、ブルックリン橋付近のイーストリバー沿岸は、1984年に貨物船の寄港が停止された直後には商業開発のために売却される予定であったが、主に地域主導での公共資源としての価値の再評価により、公園化の方向づけがなされた。そして、20年以上に及ぶ地域コミュニティによる運動の結果、2002年に市長就任したばかりのブルームバーグ

図9・4　廃線となった高架貨物線を活用したハイライン公園

図9・5　かつての埠頭用地を転換させたブルックリンブリッジ公園

が公園建設覚書に署名し、2008年には建設が開始され、広大な埠頭跡地を活用したウォーターフロント公園が姿を現している。当初より公園運営における自足性 (Self-sufficiency) を目指し、最終的には敷地の一部に住棟を配置し、その収益によって年間のメンテナンスコストを賄うスキームが採用された。一方でブルームバーグ市政も多額の資金を投入し、公共空間の質の向上に努めた。

以上のように、ニューヨーク市では、地域コミュニティによる取り組みを非営利専門家組織がサポートしながら、工業化時代に生みだされ、ポスト工業化時代にすでに役割を終えたインフラを新たな公共空間へと転換し、都市構造を大きく変化させていっている。ブルームバーグ前市長退任後も、クイーンズを南北に縦断して走る50年以上も放置されてきた3.5マイルにも及ぶ廃線跡を公園化しようとするクイーンズウェイ計画や、やはり宅地化の進行の中で汚染され、コミュニティとの関係が薄れてしまっていたブロンコス・ハーレム川の再生プロジェクトなど、市の郊外部において、工業化時代に改変された環境の再生と新たな住宅・ビジネス・公共施設開発とを一体的に実現させようというプロジェクトが動いている。

3 ブロードウェイの広場化のプロセスと成果

(1)「世界水準の街路」という政策コンセプト

ニューヨークにおける公共空間の創出においてもう一つ注目すべきは、道路空間の広場化である。

図9･6 人でにぎわうタイムズ・スクエア

先に述べたように、「PlaNYC」では、「すべてのニューヨーカーに徒歩10分以内に公園がある暮らしを提供する」という政策目標が盛り込まれていた。この目標は、「公園」を「オープン・スペース」や「高質な公共空間」といった表現に読み換えられながら、全市域にわたってオープン・スペース、公共空間の再編、創出を図るニューヨーク市の姿勢を支え、実際に成果指標として用いられた。交通局はサディクカーン局長のもとで策定した交通戦略計画「サスティナブル・ストリート」(2008年4月)にて、この目標に対応して、「街路を社会・経済的活動を涵養する生き生きとした公共空間と考えるアプローチ」が今日の世界の先進都市の標準であるとして、「世界水準の街路」というコンセプトを打ち出した。2007年秋に、『建物のあいだのアクティビティ』で著名なヤン・ゲールの事務所に委託して、市内各所で実施した公共空間・アクティビティ観察調査に基づき、すでに交通局が始めていた道路空間の広場化などの実験

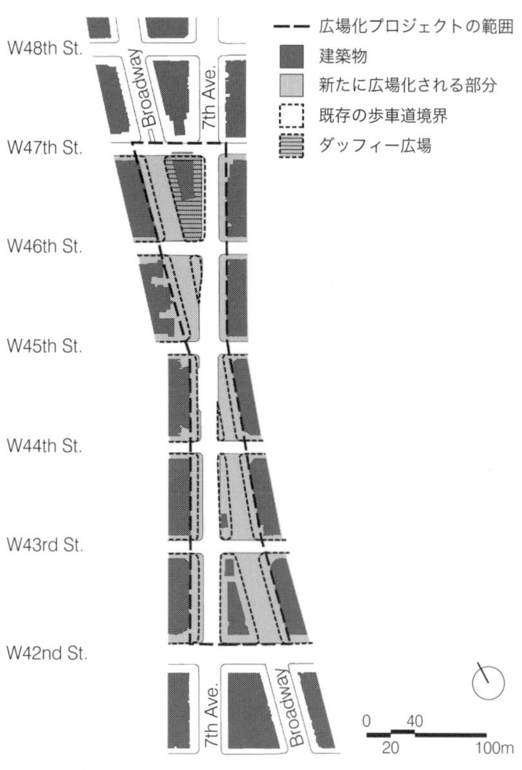

図9･7 広場化された現在のタイムズ・スクエア(出典:New York City Department of Design and Construction: Times Square Reconstruction, CB5 Presentation, 2011.9.26をもとに作成)

的な試みの施策化への道筋をつけたものであった。後に、交通局はこの「世界水準の街路」政策を、「ブルームバーグ市政の特徴であるイノベーションの嚆矢となった」[文10]と自負することになる。

「世界水準の街路」政策のシンボルは、ニューヨークのエンタテイメントの中心地タイムズ・スクエアを含むミッドタウンを斜めに走るブロードウェイの歩行者専用空間化＝広場化であった。マンハッタン・グリッドとブロードウェイが生みだす変形交差点部（その形状から、タイムズ・スクエアでは「蝶ネクタイ」と呼ばれている）は、つい10年前までは自動車交通と歩道から溢れるほどの通行者で極度に混雑していた。しかし現在は、42丁目から47丁目にかけて自動車が完全に排除され、代わりに散りばめられたビストロチェアに多くの人々が腰かけ、談笑し、読書し、ホットドックをほおばったりしている。つまり、ブロードウェイは完全に「生き生きとした公共空間」となったのである。そのプロセスは図9･8のように整理される。

(2) BIDと専門家との協働による調査・提案

1990年代後半からタイムズ･スクエアBIDは歩行者空間拡張のための調査を開始し、2001年には市交通局もこれに応えるかたちで仮設的に歩道空間を広げる改修事業を実施した。そして、2002年のブルームバーグの市長就任と時を同じくして、タイムズ・スクエアBIDはニューヨーク市の近隣公園の改善運動で高い評価を得ていたティム・トンプキンスを代表に迎え、活動の力点を街路清掃や治安維持活動から物的環境整備へとシフトさせ

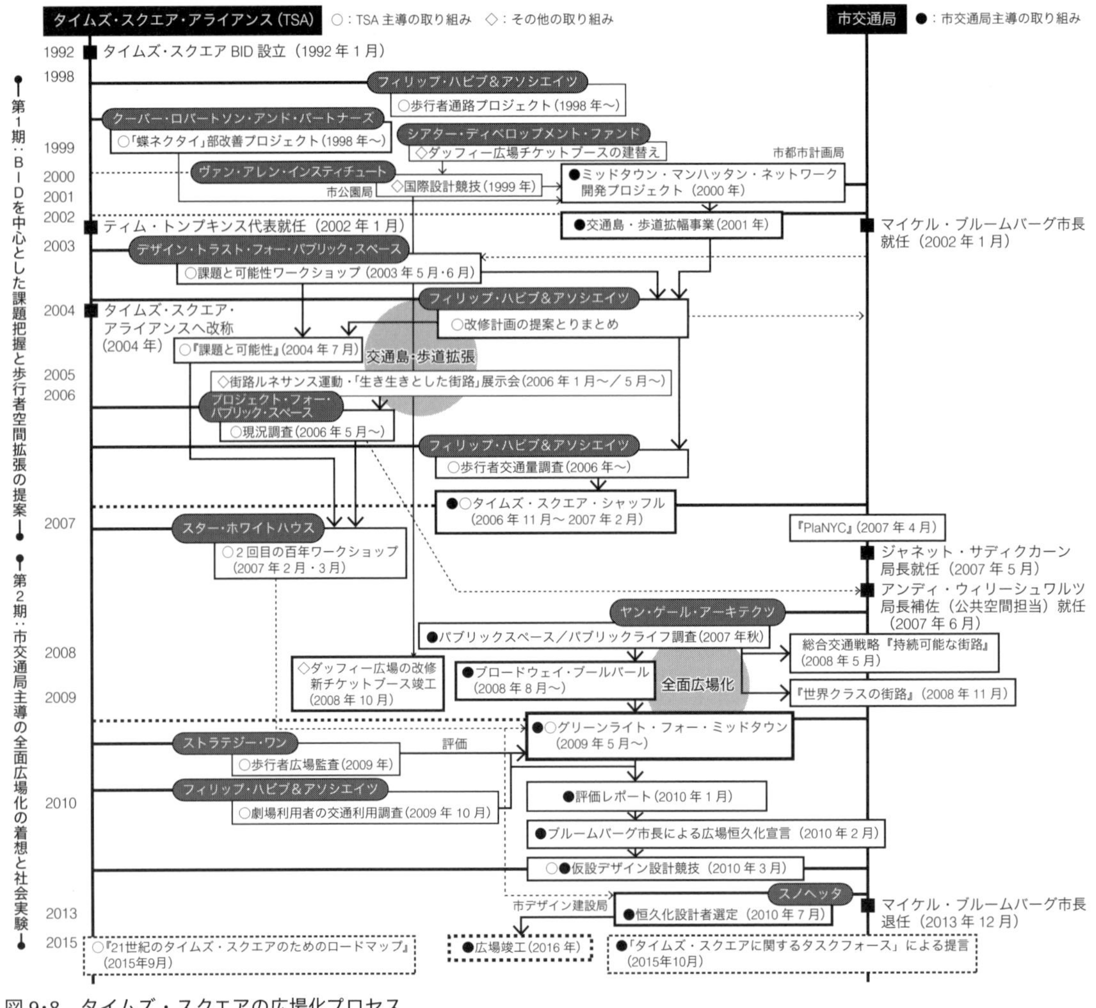

図9･8　タイムズ・スクエアの広場化プロセス

ることになった。ちょうど2004年がタイムズ・スクエアへの改称から100年という節目であり、次の100年のタイムズ・スクエアを見据えて、タイムズ・スクエアの物的環境を根本から見直すことにした。そこで最初の取り組みとして、2003年5月と6月の二回、デザイン・トラスト・フォー・パブリック・スペースに運営を依頼し、タイムズ・スクエアらしさとは何か、それを高めるためには何をすべきかをテーマとした集中ワークショップを開催した。25名のデザイナー、都市計画家、芸術家、交通プランナー、市交通局および市都市計画局スタッフ、地域協議会、地権者らが参加し、これまでの100年間の振り返りをしながら、これからの100年を見据えた多様な意見が出された。

タイムズ・スクエアBIDから改称したタイムズ・スクエア・アライアンスは、ワークショップの結果を受けて、交通エンジニアのフィリップ・ハビブ&アソシエイツ（PHA）に依頼し、歩行者環境を改善するための交通再配分、歩道拡張、特別な舗装、放送／イベント設備に関する提案を取りまとめ、2009年に予定されていたタイムズ・スクエアの街路改修事業に反映させるべく、市交通局に提案を行った。ワークショップの成果をまとめた報告書では、歩行者空間拡大に関係するものとして、従来の取り組みの基本にあった自動車動線と歩行者動線の錯綜と混雑に対する歩行者の安全確保を念頭に置いた方針に加えて、人々が集い、休憩できる空間の創出に関わる方針が明確に掲げられた。この報告書は、その後、タイムズ・スクエア・アライアンスがニューヨーク市当局や民間企業に働きかけていく際の説明資料として活用されていった。

2005年、プロジェクト・フォー・パブリック・スペースをはじめとする民間三団体により、「ニューヨーク市民の自分たちの街路を再考するポテンシャルを刺激する」という目標を掲げたニューヨーク市街路ルネサンス運動（New York City Streets Renaissance campaign）が開始された。2006年1月に開催され、3000人もの来場者を集めた展示会「生き生きとした街路　ニューヨークの新しいビジョン」では、「ブロードウェイを再定義する」という刺激的なフレーズで、ブロードウェイに対する問題提起がなされた。2006年5月には会場がタイムズ・スクエアのコンデナストビルのギャラリーに移され、さらに多くの人の目に触れることになった。

タイムズ・スクエア・アライアンスは、2009年を予定していた市による街路改修事業をタイムズ・スクエアの公共空間のビジョンを前進させる100年に一度の機会として捉え、市交通局および市デザイン建設局との間で、「蝶ネクタイ」部の街路・歩道の再整備についての協議を進めていた。一方で、プロジェクト・フォー・パブリック・スペースにタイムズ・スクエアの現況調査を委託した。2006年5月から1年間をかけて、コマ撮りフィルム分析、活動マッピング、追跡調査、ユーザー調査などの体系的観察技術を駆使して、タイムズ・スクエアの現況を把握していった。従来の交通混雑の解消を目的とした交通量や交通流の調査を一歩進め、先にワークショップの成果として基本方針に掲げられた「場をつくる」ことを前提として、街路を公共空間として捉える調査となった。その調査の結果として、歩行者の詳細な行動調査に基づく歩行者速度や行動別の動線設計、ストリートファニチャーの再設計といった具体的な方針、さらには、単に交通混雑の解消だけでなく、目的地としてのタイムズ・スクエアの可能性を引き出

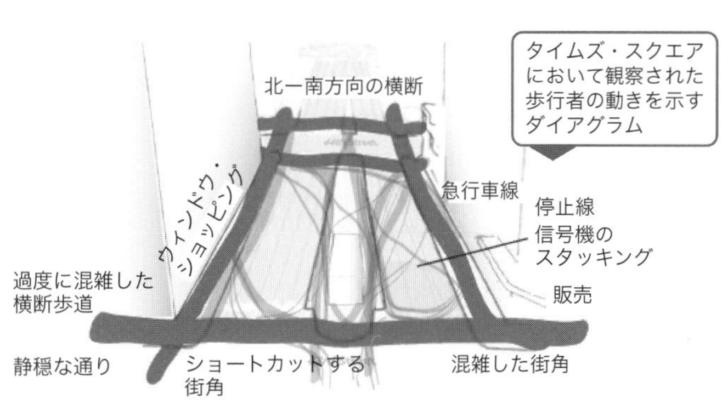

図9·9　タイムズ・スクエアの現状の課題把握（出典：Project for Public Spaces, User Analysis Summary and Findings, http://www.pps.org/wp-content/uploads/2011/03/TSA_Booklet_Draft_Pages.pdf）

すための「広場としてのプログラム」を組み込むことを前提とした空間の活用方法の再編という新たな方針が導き出された。

さらにタイムズ・スクエア・アライアンスは交通コンサルタントのフィリップ・ハビブ&アソシエイツにタイムズ・スクエア周辺の歩行者交通量調査を依頼し、交通計画の観点からより具体的な改善策を検討していった。その検討を踏まえて、市交通局はタイムズ・スクエア・アライアンスとともに、2006年11月から翌年2月までの予定で、45丁目の交差点において車線を減らし、東西方向の車両横断を禁止することで、歩行者空間を拡大する社会実験「タイムズ・スクエア・シャッフル」を実施した。ブロードウェイと7番街との自動車動線を交差させるのをやめることで、中央分離帯・交通島を中心に歩行者空間を42%拡張し、それを新たな公共空間として活用するという内容であった。この実験によって、これまで議論されていた提案が仮設的にでも実現したことで、タイムズ・スクエアの環境改善に関する議論が次のステップに進むことになった。

(3) 市交通局の本格参入と社会実験

タイムズ・スクエア・アライアンスが「二回目の百年：蝶ネクタイの再検討」ワークショップを開催し（2007年2月・3月）、優秀な建築家、ランドスケープ・アーキテクト、都市デザイン事務所など七つの専門家チームを招聘して将来の空間デザインの提案を進めていた2007年5月、ジャネット・サディクカーンがニューヨーク市交通局の局長に就任した。新局長の重要な任務は、「PlaNYC」で公言された「すべてのコミュニティが徒歩10分圏内に公園を持つ」という政策目標を交通局の仕事の中で実現させることであった。交通局は、先に言及したように、交通戦略計画「持続可能な街路」、ヤン・ゲール・アーキテクツによる調査成果である『世界水準の街路　ニューヨークの公共領域をつくりかえる（World Class Street: Remaking New York City's Public Realm）』など、次々と新たな視点を打ち出した。そして、タイムズ・スクエアの交通混雑に関する改善についても、「世界水準の街路」というコンセプトにのっとって、検討が深められることになった。ヤン・ゲールからのアドバイスやコペンハーゲンなどの海外での取り組みから影響を受けつつ、1970年代に提案されたタイムズ・スクエアのモール化計画、実験から直接の発想のヒントを得て、「蝶ネクタイ」部のブロードウェイからの自動車の完全排除、全面的な歩行者空間化を着想したのである。

2008年8月には、市交通局はミッドタウンのブロードウェイ全体に「一夜広場」（一晩で道路空間を広場に転換させる）を整備することを決定した。まず、粉砕砂利やペイント、マーキング、サイン、プランター、テーブル、椅子、アート作品などの簡易なしかけによって、ブロードウェイにおいて自動車交通上必要のない空間を「広場」につくりかえる「ブロードウェイ・ブールバール（Broadway Boulevard）」プロジェクトとして、タイムズ・スクエア・アライアンスを含む沿道の三つのBID組織と協働して、「蝶ネクタイ」部の南にあたる35丁目から42丁目の間で自動車レーンを減らし、自転車専用レーンや2000 m²を上回る帯状の歩行者広場を設置した。さらに、22丁目から25丁目にかけてのマディソン・スクエア公園沿いの交差点部では、フラットアイアンBIDと協働し、自動車レーンを整理し、交通島を広場に転換させた。

こうしてタイムズ・スクエアの「蝶ネクタイ」部に隣接するブロードウェイの一部広場化が進む中、市交通局はタイムズ・スクエアの「蝶ネクタイ」部でのブロードウェイの全面広場化の構想について関係者との調整を進め、2009年2月にはブルームバーグ市長より、タイムズ・スクエアにおける広場化実験の実施が公式に発表された。

そして、広場化の社会実験として、2009年5月から「グリーンライト・フォー・ミッドタウン（Green Light for Midtown）」が開始された。実験の目的はブロードウェイが生みだす複雑な交差点の影響による混雑と高い事故率の解消であり、それに加えて「世界水準の街路」を実現することとされた。実験内容は、タイムズ・スクエア（42 丁目から 47 丁目）、ヘラルド・スクエア（33 丁目から 35 丁目）におけるブロードウェイから完全に自動車を排除し、歩行者専用空間化するというものであった。さらにコロンバス・サークルからマディソン・スクエアまでの区間で、道路空間配置の変更、信号タイミングの調整、横断歩道の短縮化、駐車規制の変更など、広場化に必要なさまざまな施策を一体的に実施してみたのである。

2010 年 1 月、交通局は半年間に及んだ社会実験の評価レポートを公表した。とくに周辺交通への影響、歩行者の安全性への影響を中心に、あらかじめ設定した具体的な指標に基づき、実験の成果を定量的に評価するものであった。タイムズ・スクエア・アライアンスも、市交通局による評価とは別に、タイムズ・スクエア歩行者広場検査を実施し、この社会実験の評価を行った。タイムズ・スクエアの従業員、来訪者、住民、店舗マネージ

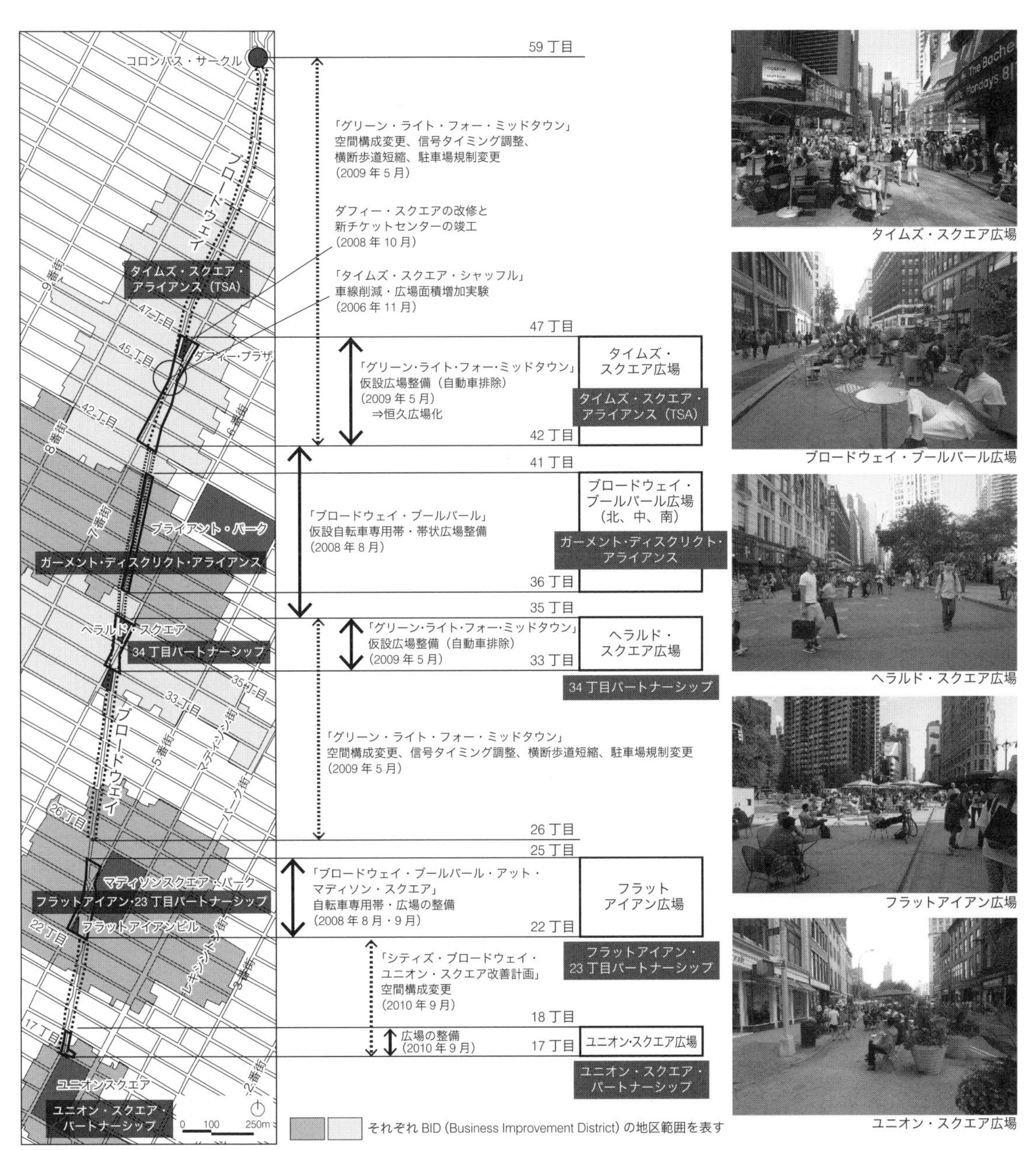

図 9･10　ブロードウェイ全体の広場化プロセス

ャー、不動産オーナー、広場利用者らの広場化に対する評価を尋ねる調査であった。結果はニューヨーク市民の75%、郊外居住者の63%、タイムズ・スクエア内の従業員の63%、店舗マネージャーの68%が広場の恒久化を支持していること、タイムズ・スクエアでの体験に満足している人の割合は2007年の47%から74%に上昇したことなどが明らかになった。さらにタイムズ・スクエア・アライアンスはブロードウェイ外の劇場来場者の交通手段や到達時間についての調査を行い、改善されたと答えた人が32%にのぼった。

市交通局の評価レポートでは、こうした結果を踏まえ、将来的に恒久広場として整備していくことが提言された。2010年2月、ブルームバーグ前市長はタイムズ・スクエア広場の恒久化を宣言した。また、同年9月には、ユニオン・スクエアに接する17丁目付近にも新たに広場が生みだされ、マディソン・スクエアとの間の区間で道路空間の再配置が実施された。広場化されたタイムズ・スクエアは、ミッドタウンの骨格をなすブロードウェイの広場帯の中心に位置づけられることになった。

2010年秋には、恒久化するタイムズ・スクエア広場の設計者として、WTC跡地に建設された9.11メモリアルミュージアムのパヴィリオンの設計も担当したノルウェーの設計事務所スノヘッタが選出された。スノヘッタは、「蝶ネクタイ」部の屋外ステージとしての機能を強めるため、歩行者空間を整頓し、路面は明快でシンプルなプレキャスト・コンクリートのペイブを提案した。ペイブには5セント白銅貨サイズの鉄の円盤が埋め込まれていて、タイムズ・スクエアの特色である看板のネオンを反射して輝くようになっている。花崗岩のベンチが広場に方向性を生みだすように置かれる。この広場の恒久化工事はまだ続いているが、すでに多くの部分で供用が開始されている。

図9･11　交通局による道路空間の広場化・ブルックリンのパール通り広場（出典：New York City Department of transportation, World Class Street, 2007）

4　全市域にわたる道路の広場化の仕組みと課題

交通局による道路空間の広場化の取り組みは、ブロードウェイだけに集中しているわけではない。もともと、プロジェクト・フォー・パブリック・スペースがマンハッタンのミートパッキング地区でBIDや交通局と協働し進めていた広場化の成果が、街路ルネサンス運動を通じて他地区にも広がっていった。「PlaNYC」が発表された2007年の時点で、ブルックリンのDUMBO（ダンボ）地区やダウンタウン地区などで、交通局と地元BIDが道路空間の仮設的な広場化のプロジェクトを進めていた。

2008年の交通戦略「サスティナブル・ストリート」では、市内各所の自動車交通量の少ない道路空間を、「それぞれのコミュニティのための公共広場」へと変換していくビジョンを打ち出した。そして、同年に交通局の新たな施策として立ち上げられたのが、NYCプラザ・プログラムであった。

NYCプラザ・プログラムでは、毎年、BIDをはじめとする非営利組織を対象として、道路空間の広場化の提案を募集する。採択された提案については、交通局と提案団体とのパートナーシップを軸として、広場の設計・建設を担当する建設・デザイン局や地区協議会とも協働して広場化を進めていく。デザイン、実験、建設のプロセスを丁寧に進めるため、広場化には標準で4年の時間を想定されている。

提案の審査にあたっては、「PlaNYC」での政策目標に対応して、現状でオープン・スペースが不足しているところが最優先されるが、それ以外にも、地域のイニシアティブ、敷地のコンテクスト、申請者の組織力・維持管理力、収入の適格性などの項目で評価される。交通局のパートナーに求められるのは広場の日常的な維持管理から、保険、アウトリーチ活動、デザイン、プログラムやイベント、財政計画に責任を持つことである。公的な道路空間を地域、民間の力を活用して広場に変えていく仕組みとして定着した。

ブルームバーグ市長在任時に、NYC プラザ・プログラム採択広場を中心として、交通局が関与して創出した広場は、60 カ所を超えた。たとえば、マンハッタンの対岸、ブルックリンの中心市街地であるダウンタウン・ブルックリンでは、フルトンモール改良協会、メトロテック BID、コート・リヴィングストン／シャーマーホーン BID の三つの BID が、オフィスをシェアするダウンタウン・ブルックリン・パートナーシップというかたちで連携して活動している。そして、この三つの BID がそれぞれ、広場を運営している。

フルトンモール改良協会が管理運営にあたっているアルビー広場は、もともとは、フルトンモールに対して 3 本の通りが斜めに交わる変形の交差点であったが、一本の通りを自動車通行止めにすることで、旧交差点部分を恒久的な広場へと転換することに成功した例である。2011 年にオープンして以来、路上パフォーマンス、ファーマーズマーケットなどのプログラムや、広場に完備された Wi-Fi を利用する近隣の学生たちによって賑わいを見せている。この広場に面した敷地で再開発も行われ、新たな賑わいの核を形成しつつある。

一方、メトロテック BID が管理運営するウィロ

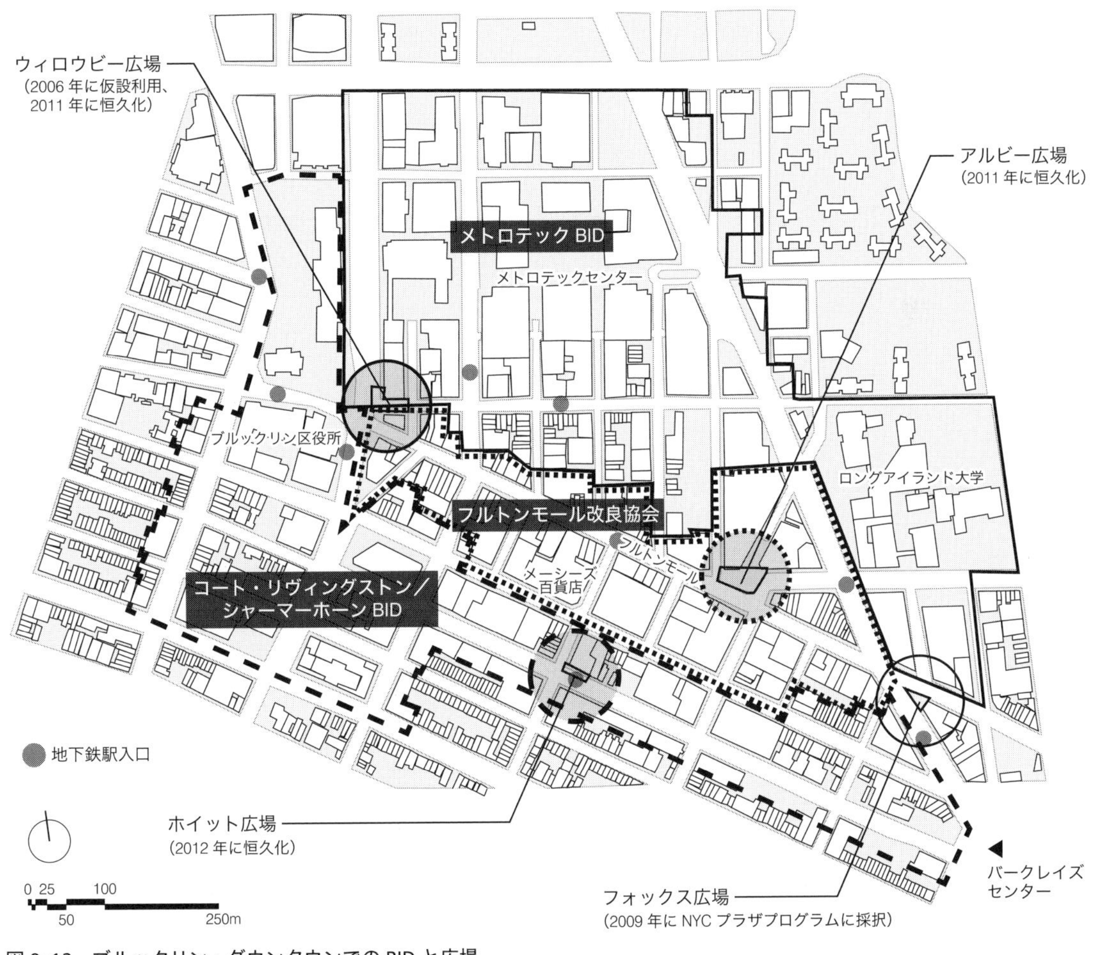

図 9･12 ブルックリン・ダウンタウンでの BID と広場

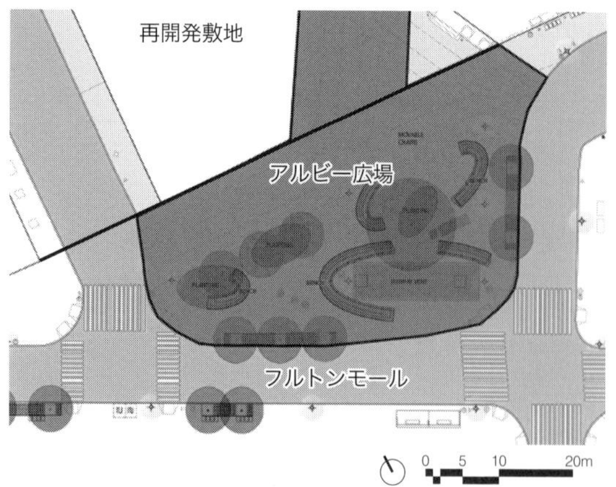

図 9･13　ブルックリン・ダウンタウンのアルビー広場の平面図
(出典：ニューヨーク市交通局公開資料を加工)

図 9･14　ブルックリン・ダウンタウンのアルビー広場の現況

ウビー広場は、フルトンモールの一本裏手の街路で、ダウンタウン・ブルックリンのゲートの位置にある。2006年にBIDが交通局と協働して、パイロットプロジェクトとして一時的に車両通行を止め、広場化する実験を行った箇所である。その後、5年間の仮設利用の成果を評価し、2011年に恒久的に広場化された。広場に面して人気ハンバーガー店やフードスタンドがあり、ランチをとっている姿もしばしば見受けられる。

コート・リヴィングストン／シャーマーホーンBIDの区域内にも、地下鉄の駅の出入り口にあたる位置に、道路の一部を広場化するかたちで、2012年にホイット広場が創設された。他の広場よりも狭く、形状も道路脇という条件であったが、現在は閉鎖されている。

その他の広場も、そのほとんどが地域のBIDや企業とのパートナーシップにより、維持管理、運営されている。しかし、たとえばタイムズ・スクエア・アライアンスのような、地価が高い地区で資金力があるパートナーばかりではない。財政規模が小さなところでは、広場の日常の維持管理だけでも、組織運営上の大きな負担となってしまうという課題があった。

2013年8月に、交通局はチェース銀行からの80万ドルの寄付を受けて、ニューヨーク園芸協会に委託するかたちで、小規模の広場運営組織を支援するための近隣広場パートナーシップ（Neighborhood Plaza Partnership：NPP）を設立した。近隣広場パートナーシップは、地域パートナーに主に安価で高質な広場・緑の管理サービスを提供すると同時に、ホームレスのためのコミュニティエンパワーメントプログラム協会（ACE NY）の労働能力開発プログラムを通して、暫定的に100名の元受刑者の仕事を生みだしている。現在、近隣広場パートナーシップが支援している広場は13カ所を数える（2016年10月現在)。この取り組みによって、ニューヨークの道路空間の広場化は、低所得者地区の改善や低所得者への福祉的政策と関連した取り組みへと視野を広げている。

5　デザイン・エクセレンス・プログラムの導入による公共建築デザインの向上

優れた局長に導かれた都市計画局、交通局などの公共空間に関する大胆な政策に加えて、実際の都市空間に落とし込む役割を担うデザイン建設局の改革もブルームバーグ市政の大きな成果であった。デビッド・バーニー局長率いるデザイン建設局は、連邦政府が最初に取り入れ、ニューヨーク市でも公営住宅を対象に導入されていた公共施設のデザインの質を上げるげるための仕組みであるデザイン・エクセレンス・プログラムを参考にして、2006年に「デザインと建設のエクセレンス・プログラム」を開始した。このプログラムは、公共施設をデザインする建築家と建設マネージャーをクオリティ・ベースで選出する仕組みが核となっている。1500万ドルから5000万ドルのプロジェクトに関しては大規模な事務所8社、1500万ドル以下のプロジェクトに関しては小規模な事務所20社を毎年、クオリティ・ベースで設計者に選定するという「8/20ルール」によって、とくに実績や価格勝負ではこうした機会が与えられることがまずない小規模な事務所の大胆でフレッシュなアイデアが公共施設づくりに活かされたのである。ブルームバーグ市長の意向を踏まえて、新進気鋭の才能ある建築家たちをも公共空間づくりに取り込むことで、ニューヨークの都市空間はその細部からも大きく変化を遂げたのである。

9・4 ブルームバーグ以後のニューヨーク

1 基本的な政策の継承

ブルームバーグ前市長は2013年12月31日をもって三期にわたる任期を満了し、2014年1月1日、ビル・ディブラジオ市長が就任した。2015年には、新しい総合計画「One New York」が公表され、「PlaNYC」にとって代わった。ブルームバーグ前市長の政策に対しては、常々全体的に富裕層向けで、アフォーダブル住宅の供給等にはあまり力を入れていないという批判があった。「One New York」では、成長、持続可能性、レジリエンシーに加えて、公平が計画の理念に追加された。しかし、分野を超えた実行力のある統合的な総合ビジョンを政策の中心に据えるというかたちは、ブルームバーグ前市長の都市経営スタイルを継承したものと言えるだろう。

都市計画局長や交通局長ら、ブルームバーグ前市長が採用した専門家たちは、市長交代に合わせてニューヨーク市役所を去った。しかし、ブルームバーグ市政下で開始された取り組みは継承され、発展している。たとえば交通局は、NYCプラザ・プログラムを引き続き展開し、広場の数は計画中も含めて73カ所を数えている(2016年10月現在)。また新たに140万ドルの予算で、財政規模が小さく、人材資源の乏しい広場のパートナーに対して、その運営管理のための資金を提供する広場公正プログラム(Plaza Equity Program)を導入し、すでに30カ所の広場がこのプログラムから資金を得て、質の高い公共空間運営に取り組んでいる。また、2016年9月に発表された「交通局戦略プラン2016」では、既存の広場プログラムの継続・拡充とともに、新たな取り組みもいくつか列挙されている。とりわけ鉄道などの高架下(el-spaces)を魅力的な公共空間へと転換する取り組みを、デザイン・トラスト・フォー・パブリック・スペースとともに展開することが明記されている。ニューヨーク市による公共空間創出、広場化は発展し続けている。

一方、バーデン前都市計画局長、サディクカーン前交通局長、アッガールワル元長期計画・持続可能性担当室室長らは、世界中の都市を相手としたコンサルティングチームとして新設された非営利組織のブルームバーグ・アソシエイツに移籍し、チームを組み続けることになった。つまり、ブルームバーグ前市長がスカウトしたスタッフで構築したニューヨークの市運営の体制そのものが、最大の発明品であったと考えられる。ブルームバーグ・アソシエイツは、ニューメキシコ市のコンサルティングを開始している。

2 空間運営の再編としての「広場化」へ

2015年の夏、広場化されたタイムズ・スクエアで、トップレスの女性やキャラクターの着ぐるみを着た人たちによる強引な勧誘をともなうチップビジネスが横行しているというニュースが盛んに報道された。広場で起きているニューヨークの品位を貶めかねる行為を排除する施策として、ディブラジオ市長が「広場の廃止もありえる」と発言したことが、広場化を支持してきた人々の強い反発を引き起こした。広場を廃止するというアイデアは「反ブルームバーグ化」であるという言い方もなされた[文11]。

市は市長と市警察局長をヘッドとしたタスクフ

ォース・チームを設置し、対策の検討を行うことになったが、広場化の際と同様、市の検討に先立ち、タイムズ・スクエア・アライアンスが中心となって自主的に『21世紀のタイムズ・スクエアのためのロードマップ』という提言書を公表した。チップビジネス問題に加えて、ピーク時の相変わらずの歩行者混雑、劇場地区全体での深刻な交通混雑などの解決を目指したものであった。ブロードウェイ広場を「タイムズ・スクエア・コモンズ」と名づけ、「道路」とは異なる「広場」として法的に位置づけること、そのうえで、タイムズ・スクエアの広場を三区分し、独自のルールを定めることを提案した（図9･15）。

2015年10月1日には、市のタスクフォース・チームが検討結果を公表した。提言は、「タイムズ・スクエアだけでなく、すべての公共空間を対象とした常識的な時間、場所、マナーに関する規制を行うことのできるよう、市交通局の権限を強化する。」「タイムズ・スクエアを「公共空間」に指定し、その重要性と独自性を成文化する」「歩行者のための広場により多くのプレイスメイキング・プログラムを導入する。」といった内容であり、タイムズ・スクエア・アライアンスが先に公表していた提案が反映されていた。そしてこの報告を受けて広場に関する条例が制定され、2016年6月にはパフォーマンスが許可される場所を限定する

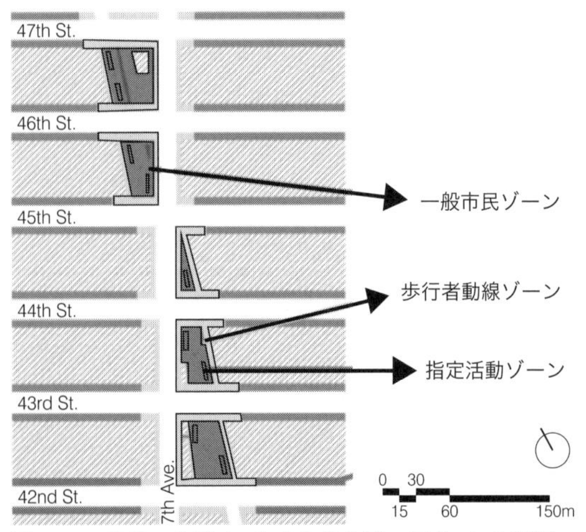

図9･15　広場マネジメントのための三つのゾーンの提案（出典：Times Square Alliance etc., *Roadmap For A 21st Century Times Square*, 2015.9をもとに作成）

ために路面に新たなペインティングが施された。

つまり、タイムズ・スクエアは恒久広場化されたが、「広場化」のプロセスはまだ続いているということである。「ブルームバーグ化」の代表としてみなされている「広場化」とは、物的空間の再編というに留まらず、都市空間に対する自治的運営への持続的な取り組みのことである。そうした空間運営の再編こそが、ブルームバーグ前市長時代にニューヨークが成し遂げたアーバンデザインの最大の改革だったのである。

[注]

本稿は、筆者自身による下記の文献と重複する内容を含んでいる。

- 中島直人（2014）「次々と『広場』を生み出すニューヨークの都市デザイン」（『季刊まちづくり』41号、学芸出版社、pp.48-56）
- 中島直人（2015）「ニューヨークにおける都市空間再編の成果」（『ニューヨークの計画志向型都市づくり 東京再生に向けて（中間のまとめ）』森記念財団都市整備研究所、pp.33-42）
- 中島直人・関谷進吾（2016）「ニューヨーク市タイムズ・スクエアの広場化プロセス　BID設立以降の取り組みに着目して」（『日本建築学会計画系論文集』81巻725号、日本建築学会、pp.1549-1559）

[引用文献]

1　リー・クワン・ユー世界賞ウェブサイト http://www.leekuanyewworldcityprize.com.sg/
2　ジョナサン・バーネット（六鹿正治訳）（1977）『アーバン・デザインの手法』鹿島出版会、p.39
3　Julian Brash（2011）*Bloomberg's New York: Class and Governance in the Luxury City,* The University of Chicago Press, p.75
4　文献3、p.109
5　The City of New York（2009）*PlaNYC*
6　文献5
7　*Monocle,* 55, July/August, 2012, p.156
8　Meryl Gordon（2011）"Champion of Cities with New York's High Line park expansion, Amenda Burden's urban revitalization efforts set a model for the world", *Wall Street Journal,* June 23, 2011
9　Janette Sadik-Khan（2010）*Think of a City and What Comes to Mind? Its Street, in What We See What We See: Advancing the Observations of Jane Jacobs*, New Village Press, p.248
10　New York City Department of Transportation（2013）*Sustainable Streets 2013 and Beyond*, p.118
11　Bratton Admits Defeat（2015）"Times Square Pedestrian Plazas to Stay", *Daily Intelligencer,* September 22, 2015

10章 マルセイユ

斜陽都市を欧州文化首都に押し上げる大統領と市長の牽引力

鳥海基樹

フランスにおける斜陽都市のトップランナーと言われてきたマルセイユが、ユーロメディテラネ構想なる都市再生プロジェクトで大きく変貌しつつある（口絵1、p.26）。ただ、この構想を単なる商業拠点形成計画と見るのは視野が狭い。その背景にはニュー・ディール政策の側面があり、しかも竣工後も雇用が発生する持続性が追求されている。それがうらぶれた港町を欧州文化首都に押し上げるのである。

10･1 地方分権性善説を疑う

1 21世紀のグラン・プロジェ

マルセイユは板挟み都市である。地方自治体として人口約80万人を数えてパリに続きフランスで第2位、そしてエクス・アン・プロヴァンスも含む都市圏人口で約151万人を有してパリとリヨンに続きフランスで第3位でありながら、なまじ良港と工業に向く平坦な海岸地帯を有したがために高級マリン・リゾートはニースに、ナレッジ・シティ（＝知識階級都市）は内陸のエクス･アン･プロヴァンスにと言った具合に、都市のイメージを好転させる材料を他都市に奪われてきた。ようするに、うらぶれた港町のレッテルを長らく甘受してきたのである。

そのマルセイユが、今日大きく変貌しつつある。1995年から始まったユーロメディテラネ構想によるアーバンデザインが続々と実現され、斜陽都市の面目を一新しつつあるのだ。

それにしても、ユーロメディテラネ構想は21世紀のグラン･プロジェだ。意訳すれば「欧州地中海覇権都市建設プロジェクト」とでも言える本構想は、なにしろ当初計画面積だけで310 haに及ぶ。さらに2007年末に169 haの拡張を決定したとくれば、マルセイユの都心部から港湾部にかけてのほとんどが対象とされることとなる（図10･1）。

財政面では、すでに1995年から第一期の完了となる2006年までに3億ユーロの公的資金が投じられ、約3倍の10億ユーロの民間投資を誘発することに成功した。容積率緩和で行政が1円の金も使わずに民間投資を呼び起こしても、できあがる都市環境は超高層ビルだらけで貧しくなる。ア

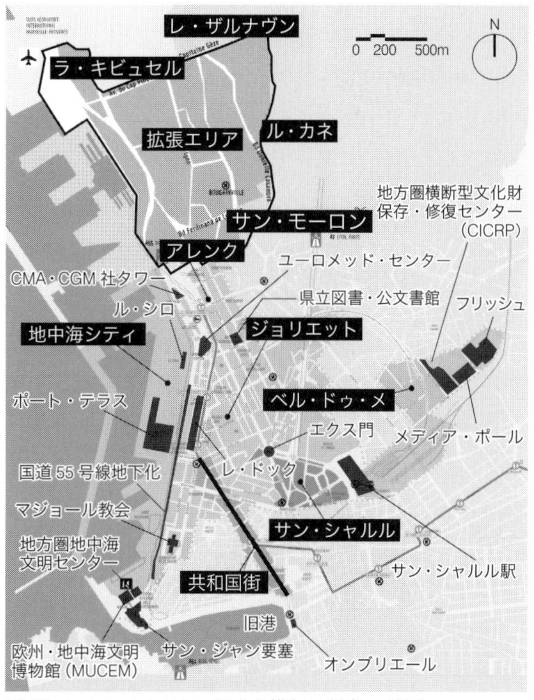

図10･1 ユーロメディテラネ構想の対象エリア（出典：ユーロメディテラネ公社提供）

メニティ溢れる都市空間の創造のためには、公的資金、すなわち税金の投入が不可欠なのである。ユーロメディテラネのように、適切な計画であればその公的資金は民間投資をブーストし、最終的には税金として戻ってくる。

ユーロメディテラネ構想では、最終的には2020年までに官民合わせて70億ユーロの投資が見込まれており、それらの資金により100万m^2のオフィスと産業施設、2万4000戸の住宅、20万m^2の商業施設、さらには20万m^2の公共施設の新築・改築工事が実施される。パリ市西方のビジネス・ディストリクトであるラ・デファンスでさえ45万m^2のオフィスと10万m^2の住宅建設を予定するのみなのだから、ユーロメディテラネ構想の野心的規模が分かろうというものだ。リーマン・ショック後の停滞はあるものの、2013年の欧州文化首都にも選定され、新たに欧州・地中海文明博物館（MUCEM）も開館して一躍ヨーロッパの都市再生の最前線に躍り出ている。

2　10億人の商都を目指して

さて、ではなぜユーロメディテラネ構想なのか。

実はその縁起は十字軍に遡る。その第1回遠征から900年後の1995年、欧州連合（EU）加盟国と地中海沿岸10カ国がバルセロナに会した。冷戦後に顕在化したキリスト教とイスラム教の争い、いわゆる「文明の衝突」を乗り越える方策を話し合うためである。具体的には政治的・経済的・文化的プラットフォームの構築で各国が合意するのだが、それをバルセロナ・プロセスとか欧州・地中海パートナーシップという。

このプロセスが機能しなかったのは周知の通りだ。2001年9月11日の同時多発テロからイラク戦争へという米国主導の流れを、このパートナーシップは堰き止められなかった。

ただ、イラク戦争開戦に際して、フランスがいたって冷静な反対論を唱えたことも周知のとおりである。当時のドミニク・ドゥ＝ヴィルパン外務大臣の国際連合での舌鋒鋭い米国批判は、この戦争を省察する際に必ず引用される古典となった。そもそも、フランスはイスラム諸国と深い外交関係を有している。とりわけアルジェリア、チュニジア、そしてモロッコのマグレブ3国は、かつてフランスの植民地であったこともあり、現在も好悪を織り交ぜ交流が密である。他方、先代のニコラ・サルコジ大統領は親イスラエルの外交姿勢でも知られていた。

この幅広い外交の射程は、2008年に発足する欧州連合各国にイスラム諸国やイスラエルを加えて地中海連合に結実する。まさに、フランスは地中海の盟主たらんとしているのである。

むろん、この連合も機能しなかったのは事実だ。周知のとおり、フランスは2015年から2016年にかけて、通称イスラム国が仕掛けるテロリズムの餌食となり、多くの死傷者を出した。ただ、フランスが望むのは和平構築という政治的盟主だけではない。商圏人口10億人とも言われる地中海の経済的覇者となりたいのである。

大陸ヨーロッパの貿易拠点は欧州の中心に位置するロッテルダムにあるが、地中海貿易の拠点は確たるものがない。したがって、それを押さえることは各国の経済戦略上最重要課題の一つとなる。三巨頭はイタリアのジェノヴァ、スペインのバルセロナ、そしてマルセイユと言われる。日本の多くの都市計画関係者は、ジェノヴァは等閑視し、バルセロナも公共空間整備を推進していることにしか関心を持たない。しかし、ジェノヴァがレンゾ・ピアノをマスター・アーキテクトに迎えて旧港再生を進め復興著しいこと、さらには両市の貿易機能強化を見逃すべきではない。旧市街を離れた貿易埠頭にまで足を伸ばせば、最新式の巨大ガントリー・クレーンが林立し、近年の浚渫によりより巨大な運搬船が停泊可能となったピアを目のあたりにしよう。対してフランスは、マルセイユをそれに指名した。とはいえ、なぜこのような凋落都市がフランスの経済戦略拠点に選抜されたのか。

3　政治家とリーダーシップ

それに関し、失念できないのが政治的リーダーシップである。具体的には、2人の市長の活躍なくしてマルセイユはユーロメディテラネ構想の拠点にはならなかったであろうし、復活もしなかったはずだ。

構想のリーダーシップを取ったのは、1989年から1995年まで市長職にあった社会党の政治家・ロベール・ヴィグルーである。ユーロメディテラネ構想が国益事業に認定され同名の公団が創設されるのが1995年10月13日のことだが、1994年4月26日に国との合意文書に調印したのがヴィグルーその人である。彼の主たる関心は、社会党議員であったこともあり、後述のとおり、失業率の改善や公営住宅の供給といった社会的包摂にあった。

他方、実現のリーダーシップを取ったのは、1995年から今日まで、じつに20年以上市長を務める保守系政治家・ジャン＝クロード・ゴダンである。彼の関心は、社会的包摂はむろんのこと、さらにビジネスや文化と言った、それまでの港湾工業都市・マルセイユとは無縁の機能の誘致による都市再生である。

それにしても、このようなグラン・プロジェには政治の主導性が欠かせない。注目すべきなのは、ヴィグルー市政時代、国政は同じく社会党のフランソワ・ミッテラン大統領の政権下にあったし、ゴダンはゴダンで、市長職と同時に1995年11月から1997年6月まで、当時の同じく保守系のジャック・シラク大統領のもと、国土整備・都市・社会的包摂大臣の職を兼ねていた（フランスでは議員の兼職が可能である）。これが国の資本投下を容易ならしめ、初動期の開発の安定性確保に寄与する。むろん、ミッテランとシラクの両政権下では、大統領と首相以下の内閣の政治色が相違する保革共存（＝コアビタシオン）時代がある。とはいえ、初動期に国政と政治姿勢が共通している点はプロジェクトの離陸を容易にし、コアビタシオン下で政治色が異なっていても、マルセイユほどの大都市ともなれば、国としても一目置かざるを得ない。

たとえば、ユーロメディテラネ構想の場合、とりわけ、マルセイユ自治港との調整が困難だった。自治港はパリやマルセイユなどフランスに数港しかない高度の自治権限を付与された港だが、それだけに商工業利用を第一義と考える傾向が強い。対して、ユーロメディテラネ構想は都市再生を主眼にしている。そこでコンフリクトが起きるのである。このような調整作業は、政治的支援があってこそ可能なのだ。また、有力政治家によるリーダーシップは、都市開発の格を向上させる。本構想では世界水会議本部、国連工業開発機関支部、世界銀行支部などが誘致されたが、ゴダンのような名望家なくしてこのような世界的機関の拠点形成はありえなかったはずである。

さらに、欧州連合の資金援助を獲得した点が大きい。3700万ユーロは大きな額ではないが、かくなる財政支援はいわば保証金の役割を果たし、官民が市場から資金を調達することを容易にするのである。

4　不毛な都市間競争を超えて

上述のような歴史的背景もあり、ユーロメディテラネ構想の公式目標は以下の3点とされている。

- 欧州から地中海にかけてのリーディング・シティであり続けること
- フランス第2の都市として文化、経済、そして外交のハブとなること
- 観光だけではなくビジネスや居住に魅力的なウォーターフロントを創出すること

ただ、初動期は困難な時代だった。従来の不動産開発同様の規模と進め方で小出しにプロジェクトを打とうとしたため乗数効果が小さく、市民の間にも疑念ばかりが渦巻いていた。

実は、マルセイユの都市計画には重点投資の発想がないばかりではなく、個人主義の国特有の問題があった。周辺自治体との折り合いが悪く、広域都市計画を策定できずにいたのである。フラン

スの基礎自治体は規模が小さく共同体を形成するのが一般的なのに、マルセイユと周辺自治体が大都市連合を形成するのは2001年4月にすぎない。さらに悪いことに、周辺自治体それぞれが好き勝手にプロジェクトを打つのだから収拾がつかない。

これだけの大都市でありながらここまで都市計画に無策であった都市も珍しいが、その背景には、まさにマルセイユ病とでも言える問題があった。ユーロメディテラネ構想は、弱小都市がそれぞれ勝手にプロジェクトを打ち、スケール・メリットが出ずに不毛な都市間競争を繰り返して共倒れとなってきた状況に対し、業を煮やした国とマルセイユ市の高踏的都市計画とも言えよう。事実、1998年末の資本の集中投下への方針変更は、国土整備・地域活動庁（DATAR）のトップダウンによる決定によるものであった。我が国でも都市計画の地方分権論がかまびすしいが、このような副作用があることを認識し、それを是正する仕組みを整備しておくべきだという教訓である。地方分権は絶対善ではない。

マルセイユ病への反省は、構想を進める組織にも現れている。ユーロメディテラネ構想のような協議整備区域（ZAC）を設定しての開発に際しては、地方レベルで官民が出資する混成経済会社（SEM）が設立されることが多い。しかし、本構想では国や市のみならず、地方圏、県、後に大都市共同体、さらには民間などが出資者となる公団を形成した（図10･2）。さらに、都市整備が完了すれば解散するものではなく、竣工した民間オフィスへの入居

図10･2　ユーロメディテラネ公団模型室

企業の募集支援、海外を含めた投資や進出企業の誘致、さらには後述のような持たざる人々を社会的に包摂するための施策展開など広範なガヴァナンス機能をも有した組織なのである。事実、一般的な混成経済会社が数人から20人程度の規模であることに対し、じつに約50人の大所帯なのだ。また、建築家は3人にすぎず、企業誘致や不動産プロモーション担当者などの他に社会的包摂の専門家も含むことからも、その業務が多岐に渡ることが分かる。

10･2　文化政策を梃子とした都市再生

1　「厚み」のあるウォーターフロントへ

では、具体的にユーロメディテラネ構想のプロジェクトを見てゆこう。この構想では、ジョリエット＝アレンク、ベル・ドゥ・メ、共和国街、地中海シティ、そしてサン・シャルルの5件のターゲット・エリアが設定されている。また、それら以外の地区でも建物のリノベーションを推進することとなっているし、2007年末になって169 haの拡張が決定されたのは上述のとおりである。

まずは、60 haの区域面積と44万3000 m^{2}の建設面積双方で最大規模を誇る地中海シティ協議整備区域を見てゆこう。その特徴をひと言で表せば、コンバージョンは建築だけではなく都市空間でも実行可能であるということだ。

海洋都市でありながら、率直に言ってマルセイユのウォーターフロントは魅力的ではなかった。確かに、旧港にはヨットが係留され、沖合のイフ島は観光の名所である。しかし、そこから一歩離れれば、海岸線は倉庫や工場、あるいは船着き場に占領され、それらにアクセスする自動車と道路が幅を効かす茫漠とした空間だった。地中海シティ協議整備区域は、それをアメニティあふれる都市空間にコンバージョンする。

この、旧港に突き出すサン・ジャン要塞から北部の工業地帯であるアレンク地区にいたる空間のグランドデザインを描いたのが、建築家にして都

市デザイナーであるイヴ・リオンである。そのスローガンは、「港を発見できる空間を整備しながら海岸線に厚みを取り戻す」というものだ。どういうことか。

その手始めるとなるのが国道55号線の地下化である。マルセイユの旧市街を地中海から分断してきた高架道路が、2008年から始まった工事により取り壊され1kmの区間に渡り地下に潜る。ソウルの清蹊流の川面を占領してきた高架道路が取り壊され話題になったが、耐用年数を過ぎていずれにせよ除却の時期が来ていたにすぎない。また、自動車が占領してきた都市空間を歩行者に再配分することはフランスの現代都市計画のスタンダードだが、多くの場合は中心市街地の細街路を対象とする。対してマルセイユの場合、交通量の多い幹線道路を、確かに建設関連雇用が発生するとは言え、主に純粋に景観的な理由から1億2千万ユーロを投下して地下化するのだからすさまじい(口絵2·1〜2·3、p.26)。このようにして、薄っぺらに裁断されてきた海岸線が厚みを取り戻してゆく。

2 政治家のリーダーシップを触発する都市デザイナーの提案能力

ただ、このアーバンデザインには既視感が漂うとする向きもあるに相違ない。マルセイユと地中海の覇権を競うジェノヴァである。上述のとおり、ジェノヴァはピアノをマスターアーバンデザイナーに迎え、旧市街と旧港を分断していた幹線道路を地下化し、その一体性を回復したのである。

とはいえ、マルセイユの「厚みのあるウォーターフロント」は、以下の3点においてジェノヴァのプロジェクトと異なる。

まず、そのスケールである。ジェノヴァの300mの地下化に対し、マルセイユのそれは1kmであり、3倍以上の区間で陸と海が繋がる。次に、ジェノヴァが旧市街と内港を接続したのに対し、マルセイユは旧市街と地中海そのものを結合する。そして、ジェノヴァが幹線道路の地下化に成功した反面、高架国道のそれを除去できず視線が遮られたままであるのに対し、マルセイユは高架道路自体を地下に埋設して陸と港と海を視覚的に一体化している。もちろん、ジェノヴァには歴史的・地理的な制約があり、ピアノの計画は現状では最善と言えるものである。ただ、マルセイユのリオンの計画は、グラン・プロジェの名にふさわしいものと言えよう。

むろん、単に道路を地下化するだけではない。そのトンネルの前後を含む2.5kmの区間が海岸大通りという名称の散歩道にコンバージョンされる。つまり、造景行為がともなうわけで、その設計をリオン自身が請け負っている。車道は設けられるものの、主役は歩行者と自転車であり、それまでにない植栽が南仏の夏の強い陽射しを和らげ

図10·3　マジョール大聖堂エスプラナード（設計:ブルーノ・フォルティエ+ジャン=ミシェル・サヴィニャ）(出典：ユーロメディテラネ公社提供)

図10·4　ポート・テラス（設計：ペティオ・ルタン）(出典：ユーロメディテラネ公社提供)

る。

また、これまで国道55号線の下道により孤立してきたマジョール大聖堂周辺も、ブルーノ・フォルティエ＋ジャン＝ミッシェル・サヴィニャの設計により海岸側は自動車交通を完全遮断したエスプラナードとなる（図10・3）。さらに、マルセイユ自治港の港湾施設により海へのアクセスが不可能だったジョリエット広場周辺も、そこにポート・テラスと命名された4万 m² の商業・観光施設が建設されることもあって地中海と接続する。いずれも秀逸なデザインだが、アーバンデザインに対する認識の変化がもっとも顕著なのはポート・テラスだ（図10・4）。独立組織として市との協働にまったく無関心だったマルセイユ自治港が、アーバンデザインのために港湾ターミナル上部を解放したのである。この協力があってこそ、国道55号線の地下化というグラン・トラヴォー（大工事）も報われようものだ。かくして、サン・ジャン要塞からアレンク地区まで総計すると約3 km に渡る海岸線の回復となるのである。

フランスの都市計画家は、「我々は提案をし、政治家は決定をする（Nous proposons et les élus décident）」との言葉をしばしば口にする。政治家のリーダーシップに関しては前述の通りだが、無の状態からそれはなされない。それを触発するのがアーバンデザイナーの提案能力であり、しかも当初から予算を勘案して萎縮するのではなく、政治家を予算獲得に奮い立たせる最善の計画を提示する創造力こそがフランスの建築的アーバンデザインのアプローチ手法の根源にある。

さて、むろん、歩行者優位の空間を建設しただけで魅力的ウォーターフロントとはならない。ユーロメディテラネ構想では、対象地全体で20 ha の緑地整備を進めるが、さまざまな仕掛けが必要となろう。ただ、マルセイユには別の課題もある。うらぶれた凋落都市のイメージの払拭である。そのためにマルセイユが選択したのは「文化」であった。

3　文化が都市を再生する

まずは、観光地である旧港からの人の流れが期待できるサン・ジャン要塞周辺（口絵3・1、p.27）を見てゆこう。その足下にあった倉庫は完全に取り払われ、リオンの設計で2 ha の面積となる開放的エスプラナードとなるが、そこに誘致されたのが欧州・地中海文明博物館（MUCEM）である。これはパリ以外に建設される大規模国立博物館の最初のもので、延べ床面積2万6000 m²、予算規模1億7500万ユーロのグラン・プロジェだ。ザハ・ハディッドやOMAとの設計競技を勝ち抜いたリュディ・リチオッティの計画は、外皮をこの地方の特有の石灰岩がさざ波に削られたパターンとしつつも、形態は幾何的な直方体として海と都市の接点を象徴する（口絵3・2、p.27および図10・5）。また、ボエリ・スタジオ設計の地方圏地中海センター（CRM）は、1万 m² の文化センターと言ってし

図10・5　欧州・地中海文明博物館（MUCEM）（設計：リュディ・リチオッティ）

図10・6　地方圏地中海センター（CRM）（設計：ボエリ・スタジオ）

まえばそれまでだが、大胆にオーヴァー・ハングした形態は、その下の水盤の存在ともあいまって南仏の強い陽射しに対して心地よい日陰を提供するアーバンデザイン指向の建築である（図10•6）。

一方、アレンク地区には日常的な文化施設が集合する。中でも建築的に際立っているのがマッシミリアーノ・フクサスの設計で6万9000 m²の規模を誇るユーロメッド・センターであろう（図10•7）。フランスを代表する映画監督であるリュック・ベッソンがプロデュースする15スクリーン、3000席の映画館をはじめとする映像マルチプレックスは、同時に内包する4万4000 m²のオフィスでの従業者や220室の四つ星ホテルの宿泊客、さらには周辺で建設の進む集合住宅の住民などに、日常的な文化との接点を提供する。また、その周辺2.6 haの整備にはランドスケープ・アーキテクトのミッシェル・デヴィーニュが起用され、港湾施設跡地の茫漠たる風景を水と緑の心地よい空間にコンバージョンすることを目指す。欧州・地中海文明博物館が完全に幾何的形態と選択したのに対し、ユーロメッド・センターはイルカの群れが飛び跳ねているさまをそのまま形態とした。このようなシンボリックな表現でブラウンフィールドの再生を歌いあげたいわけだ。斜陽港湾地域のイメージの刷新と再生では、このくらいの遊びがあっても良い。ただ、実施設計の段階で予算の関係からかその形態の採用が断念され、陳腐な波形の外形となったのは残念至極である。

同様に異形なのがル・シロ、すなわちそのまま英訳すればザ・サイロとなる、エリック・カスタルディ設計の2000席のスペクタクル施設だ。異質な形態には理由がある。穀物サイロのコンバージョンなのである。アレンク地区では、コリーヌ・ヴェッゾーニ設計の県立図書・公文書館を挙げてもよいだろう。2万3140 m²のヴォリュームは一見するとガラスの直方体にまとめられたかに見えるが、実は内部には機能に応じてゾーニングされた恣意的形態のマッスが隠れている（図10•8）。また、文化施設ではないが、ザハ・ハディッ

図10•7　ユーロメッド・センター（設計：マッシミリアーノ・フクサス）（出典：ユーロメディテラネ公社提供）

図10•8　奥にル・シロ（コンバージョン設計：エリック・カスタルディ）、手前に県立図書・公文書館（設計：コリーヌ・ヴェッゾーニ）を望む

図10•9　CMA-CGM本社ビル（設計：ザハ・ハディッド）

ドが設計した世界第3位の海運会社であるCMA-CGM社の建築も面白い。137 mの高さと5万5000 m^2の規模は超高層ビルとしては平凡だが、2本の懸垂曲線が相互接近しながら垂直方向に立ち上がる形態は、幾何性とも具象性とも異なる躍動感あふれるシルエットのスカイスクレパーを産み出している。この摩天楼には、内にも外にも一本として地面に垂直な材がないのも特徴である（図10・9）。

ともあれ、これまでのマルセイユにはおおよそ似つかわしくない文化という位相が、衰退した都市の再生の基盤を構成する。

4　駅からアゴラへ

ところで、かくのごとく文化都市の建設が推進されたわけだが、その来訪者の多くは域外の人々を想定している。であれば、都市の第一印象を決定する駅が重要性を増す。

フランス新幹線（TGV）は、日本の新幹線と世界市場における抜き差しならないライヴァル関係にある。しかし、ある事案において日本の新幹線は完敗だ。駅舎デザインである。日本ではしばしば「地方の新幹線駅のようだ」という揶揄が聞かれるほどだからむべもない。車体から運行管理システムまでのパッケージで売り込みを図りたいのに、駅舎の設計が貧弱ときては国際競争力もフランスの後塵を拝そうものだ。

新幹線だけではない。日本の在来線の駅舎も多くは標準設計で個性がない。対して、フランスの鉄道は旅の高揚感を昂ぶらせる個性的デザインで建築されていることが特徴だ。

ユーロメディテラネ構想により整備されたマルセイユ・サン・シャルル駅はその好例である。これは既存中央駅を改造したもので、ストック活用という点から興味深く、さらには周辺の都市空間を再編する核施設としての位置づけを期待された、アーバンデザイン的解法を示しているのである。ひと言であれば、駅を文化施設としてのアゴラにコンバージョンした。

マルセイユでは、都市計画上の制約から駅舎が海抜50 mの丘の上に建設され、そのアクセス道路や駐車場が平地以上に空間を消費するため、周辺との関係性の稀薄な孤立型駅舎が一世紀以上中央駅とされてきた。さらに、大都市の駅の宿命ではあるが、周辺には鉄道や運輸に関わる労働者街が形成され、不景気の時代に建物の維持もままならなくなり、そのまま荒廃地区になってゆく。サン・シャルル駅の場合、アテネ階段をへて旧港に向かう観光コースの起点側こそ小ぎれいだが、それ以外はスラムに面していたと言っても過言ではない。そのような条件のもと、建築家ジャン＝マリー・デュティヨールの採用した方策は以下のとおりである（図10・10）。

第一に、自家用車からの空間の解放である。そもそも、旧港までのマルセイユの街を一望できるアテネ階段ですら車さばきの空間で駅舎と分断されてきたのだから、観光客とて幻滅を味わってきた。そのため400台分の地下駐車場と、そこへのアクセスを担いつつ駅周辺の通過交通をさばくトンネルを整備する。そのうえで、アテネ大通りとは反対側に、既存駅舎の軸に垂直に

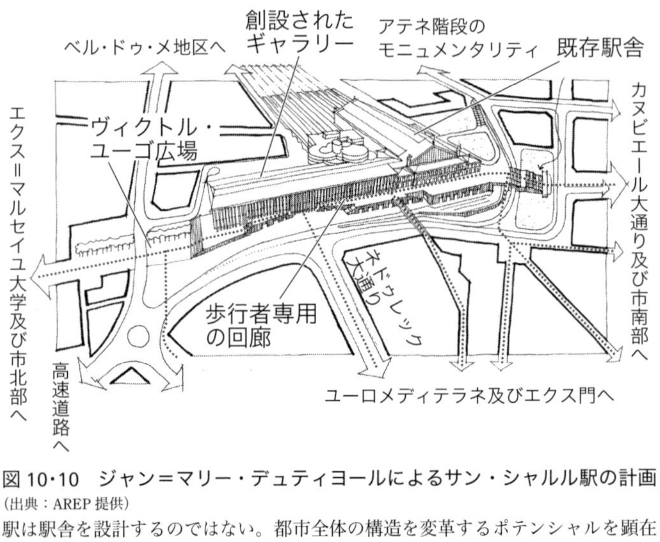

図10・10　ジャン＝マリー・デュティヨールによるサン・シャルル駅の計画
（出典：AREP提供）
駅は駅舎を設計するのではない。都市全体の構造を変革するポテンシャルを顕在化させるのである。

突き刺さる幅40 m、長さ160 mに及ぶギャラリーを建築した。この軸の回転にはいくつか狙いがある。

まず近距離の問題として、エクス＝マルセイユ大学への連絡路の形成である。駅直近にありながらそこから切断されてきた大学に人々の脚を向けることで、労働から文化の街のイメージの改善を目論んでいる。新駅舎と大学との間のヴィクトル・ユーゴ広場は完全歩行者専用化され、さらにギャラリー沿いにも歩行者専用の廻廊が整備されたため、アテネ階段から連なる2.2 haの空間は人々が安心して街を眺望できるテラスとなった。

次に中距離の問題として、後述するベル・ドゥ・メへのアクセスを容易にすることがある。荒廃界隈の再生の誘発をも狙った煙草工場の文化施設へのコンバージョン地区だが、そこへのアクセスが不快であれば魅力も減少してしまう。その回避を狙った。

そして遠距離の問題として、ジョリオット地区を中心としたユーロメディテラネの諸施設への人の流れの生成である。観光コースだけではなく、ルクレール将軍大通りをへて港湾地域に向かうルートをつくり、周辺の再生を誘発しようとしている。

増築部分の外観は、まさにこの都市のイメージ・チェンジにふさわしいものとなっている。そもそもこの中央駅は丘の上にそびえていることでギリシアのアクロポリスの様相を呈していたが、アテネ階段の存在にも啓発され、アゴラの印象を抱かせる列柱で上記の線型ギャラリーがデザインされた(図10･11)。それにより1日平均4万5000人の乗降客をさばく内部容量を充足しただけではなく、6400 m^{2}の商業モールを設置して駅の機能の複合化を図っている。むろん、日本のデパートのようなエキナカ空間ではなく、高い天井高と自然光により旅の高揚感を高める場が形成されている。

図10･11　マルセイユ・サン・シャルル駅および周辺（設計：AREP）

10･3　アーバンデザイン・ニュー・ディール

1　アーバンデザインと雇用創出

ところで、歩行者優先都市空間の再構築や文化を基盤とした都市再生は、フランスのアーバンデザインにおいてはスタンダードともなっていることで、正直、使い古された方策である。ユーロメディテラネ構想でも、上述の通りウォーターフロントの国道55号線が地下化される。街なかを分断してきた高速道路7号線の地下化も着手され、車道ロータリーだったポルト・デクスは凱旋門を中心とした歩行者広場へと変貌を遂げる。また、共和国街には8000台、サン・シャルル駅には1600台、地中海シティには3000台の地下駐車場が整備される。これらに新機軸はない。

実は、マルセイユの現代アーバンデザインを他都市のそれからもっとも顕著に差別化する特徴は、ニュー・ディール政策の側面を濃厚に有することなのである。事実、ユーロメディテラネ公団で聞き取り調査をすれば必ず強調される論点だし、他都市と比較して一連のアーバンデザインが産み出す雇用に関する資料が抜きん出て多い（口絵4･3、p.27）。

むろん、フランスにおいて、社会的包摂の視座に立脚するアーバンデザインは少なくない。しかし、それらの多くは低所得者に良好な環境を提供するという博愛主義的発想に基づく。ナントしかり、ストラスブールしかりである。他方、マルセイユの場合、失業対策がそれに加わる。

1989年に市長となったロベール・ヴィグルーにとって、地区によっては40%もの失業率を記録していたマルセイユは失業都市だった。レジャー客はニースに、知識階級はエクス・アン・プロヴァンスに奪われ、しかも港湾産業や工業も斜陽とくれば、求人があろうはずがない。

フランスでも失業対策と言えば公共事業だが、日本の箱物中心のそれと大きく異なるのは、市民の日常生活に密着した公共交通システムや公営住宅であったり、竣工後も雇用を発生させるプログラムを有する施設であったりと、事業終了後も効用が大きく持続可能性の高いものが選択されることだ。そしてそのためにはむろん、デザイン性の優れたものでなければならない。フランス人は、常にパンと見せ物を要求したローマ人の末裔なのだ。

そこでヴィグルーが立ち上げたのがユーロメディテラネ構想であり、それは雇用対策に関して一定の成果を挙げている。確かに、2006年時点でもまだ20%以上の失業率を記録しているが、やや古い統計とはなるものの、1995年から2006年でユーロメディテラネ域内で2万8000の正規雇用が創出され、34%の純増があった。また、1998年と2006年を比較すると失業率は7%も改善している。

これは　建設労働雇用だけではなく、そこに進出した第3次産業が発生させたものが含まれ、その中にはIBMやDHLなどのグローバル企業が含まれている。事実域内には1995年と比較すると800社増の3364の会社がオフィスを構えるにいたっている。また、雇用形態も95%が正規雇用であり、安定した社会基盤を構築するための持続性が重視されていることが分かる。マルセイユは高等教育を受けた学生が流失してしまうことで知られていたが、知識階級向けの雇用が増加しているのも好感されている。完成年度である2020年までに3万5000の雇用が発生する予定であり、ユーロメディテラネ構想はまさにアーバンデザイン・ニュー・ディール政策なのである。

2　持続的雇用こそが地域を再生する

ユーロメディテラネ構想におけるニュー・ディール政策の具体的プロジェクトを見ておこう。ここでは華やかな新建築ではなく、社会的包摂と修復型街づくりの方策が顕著に見られるベル・ドゥ・メという界隈を起点にしたい。

日本でも格差論議がかまびすしいが、ベル・ドゥ・メはまさに貧困を絵に描いたようなところである。華やかなウォーターフロントから離れ、建物の壁は崩れ道路も薄汚いこの界隈を歩いていると、同じマルセイユにいるとは思えない。国鉄サン・シャルル駅のそばで、鉄道労働者や近辺の工場労働者が多かった下町に、1960年代以降は地中海対岸のアフリカからの移民が流入し、景気の変動に翻弄される人々が住民の大半を占めるようになった。

ユーロメディテラネ構想では、その地区再生を文化に託すこととされたが、そのことで誤解が生じている。日本のクリエイティヴ・シティ（＝創造都市）関係者が最初にレポートしたのが駆け出し芸術家に安価にアトリエを提供する施設だったせいか、それを軸とした都市再生が試行されていると考えられているのである。それでは物事の一側面しか見ていない。

まず、ベル・ドゥ・メ地区に設置された文化施設として使われている建築群は、1990年の閉鎖以降廃屋同然だったフランス煙草専売公社の工場建築がコンバージョンされたものである点を見逃す手はないであろう。

また、同様に失念できないのがニュー・ディールの側面で、この地区の再生の核となっているのはアトリエ群というよりも、メディア・ポールと呼ばれるオーディオ・ヴィジュアル産業のための施設である点だ（口絵4･1、p.27）。2万3000 m^{2}のスケールに映画やテレビの撮影・録画スタジオや編集工房、さらにはコンピューター・アニメーションの制作アトリエなどが収用され、600人の雇用を発生させているのである。

土木事業中心の一般的なニュー・ディール政策

図 10・12　地方圏横断型文化財保存・修復センターの窓ガラス

図 10・13　ラ・フリッシュ
日本のこぎれいな官給創造都市と異なり、唯我独尊の荒々しさこそが前衛芸術を産む。

は、事業の竣工後に継続的に雇用が維持される保証はないし、ましてや来街者を期待できるわけでもない。マルセイユ型のアーバンデザイン・ニュー・ディールでは、まずは建設労働者に、そして竣工後も第 3 次産業就労者、芸術家、文化産業関係者、さらにそれらにサービスを提供する誘発雇用者に仕事が回る。また、ハイ・カルチャーの中心的消費者となる文化を理解する知識階層が流入する。

このように、メディア・ポールは、低所得者が多く住み社会的問題を抱える界隈に雇用機会を産み出すことで地区再生を進める中心施設と言える。

また、ベル・ドゥ・メのプロジェクトで失念すべきではないのが、地方圏横断型文化財保存・修復センター (CICRP) である。単独地方圏で修復施設を運営するのは困難だ。そこで、主にプロヴァンス＝アルプ＝コート・ダジュール地方圏とラングドック＝ルシヨン地方圏の文化財を共同で保存・修復する場が設定され、それがベル・ドゥ・メへの旧煙草工場に入居したのである。従業者数は 28 名であり、専門的技能を有する技術者しか雇用されていないものの、衰退地域にハイ・カルチャーのイメージを附与している。それにしても、ここでもフランスの文化政策の厚みを実感する。日本は美術品の値段に関してはマスコミも関心を示すのに、購入後の維持・管理にはほとんどまったく関心がない。国立西洋美術館でさえ、常勤の絵画修復家は現在はいないのである。また、この修復センターにはさりげない工作がされている。窓ガラスに煙草の葉の柄のフィルムが貼られているのだ (図 10・12)。時は移ろい、ここが煙草工場であったことも忘れ去られる日が来るかもしれない。しかし、地中海の強烈な光をくゆらす窓には、場の記憶が刻まれている。

むろん、日本のクリエイティヴ・シティ関係者が賞賛するラ・フリッシュと言われる廉価アトリエもベル・ドゥ・メ再生に多大な貢献をしている (図 10・13)。フリッシュとは仏語で荒れ地のことだが、まさに荒くれ者の風体の駆け出し芸術家たちは自らをフリッシストと称し、停滞した界隈に快活な息吹を吹き込んでいる。

3　社会的連帯という考え方

ところで、日仏では都市再生プロジェクトを打つ場所に大きな相違がある。日本ではとりわけ小泉政権以降は強者をさらに強く、弱者は自己努力せよという態度が支配的で、したがって都市再生イコール都心のビジネス・ディストリクトでの容積率緩和型都市開発の公式が連想されがちだ。対してフランス、さらにはヨーロッパの都市再生は、強者は放っておいても何とかなるので弱者こそ支援をという社会派の理念に支えられ、衰退地域の支援が中心となっている。

ユーロメディテラネ構想もその例にもれず、ベル・ドゥ・メ同様に凋落著しく、まさにフリッシュ（荒れ地）の様相を呈していた港湾部のジョリオット地区を含み、そこでもグラン・プロジェが目白押しとなっている。著名建築家によるデザイン性の高いオフィス・ビルも数多くあるが、ここではベル・ドゥ・メ同様に場所の記憶を残しながらのコンバージョンを紹介しよう。

8万m^2もある港湾倉庫が、その旧用途のレ・ドックというオフィス・コンプレクスにコンバージョンされているのである（口絵4･2、p.27および図10･14）。設計はカスタルディで、彼はル・シロとベル・ドゥ・メ煙草工場と合わせユーロメディテラネ構想の主要な建築コンバージョン3件の設計者となった。国際的どころかフランス国内でも無名に近い建築家だが、マルセイユでは20年来のコンバージョン建築家として鳴らしている。著名建築家の新建築だけではなく、地域に根ざし、しかもコンバージョンを専門とする建築家に活躍の場が与えられるのも昨今のフランスのアーバンデザインの奥行きを感じさせる。

図10･14　レ・ドックとジョリエット広場
レ・ドックにはホイストクレーンの天井レール（上）、そしてその前面のジョリエット広場には港湾トロッコのレールが保存されている（下）。

さて、レ・ドックは公共事業として非営利で運営されているために賃料も低く抑制されているから、大企業からベンチャーまで、集積のメリットもあって続々第3次産業が入居する。ジョリエット地区の新しいビジネス・ディストリクトでは、すでに1万人の人々が働き始めているが、レ・ドックには2200社が入居し、3000人の人々が働いている。

つまり建設時だけではなく事後も持続的に雇用が発生している。近傍にはユーロメッド・センターやル・シロがあり、それらの顧客がこのようにして確保される。日本の文化施設のように、消費者を意識せずに布置されることは決してない。このようにして、日本のビジネス・ディストリクト開発にはない歴史と文化の「厚み」のある空間が構成されるのだ。

ただ、雇用対策にばかり目を奪われてはいけない。日仏の都市再生を隔てる第2の相違は住宅政策の有無である。

現代フランス、さらにヨーロッパの都市計画は、社会的連帯という基本理念に貫かれている。むろん、ユーロメディテラネ構想もその信念に立脚する。老いも若きも、慎ましい家庭からエクゼクティヴまで、誰がそこにいても違和感のない社会構築が目指されている。それが実体化したのが、現在までに供給された7238戸の住宅のうち約4割は社会住宅と呼ばれる公的助成住宅であり、つまりそれほどの資産家ではなくてもマルセイユの中心市街地に買えたり借りられたりする良質の住宅ということになる。さらに、7238戸のうち3411戸は、共和国街をはじめとする場所の既存アパルトマンの修復物件であることを附記しておこう（図10･15)。旧いものを壊さずに新しいまちづくりの中に活かしてゆくのも、旧世代と新世代の連帯と言える（図10･16)。

むろん、エクゼクティヴのための住宅建設も忘れていない。というか、凋落都市マルセイユの場合、高所得者向けの住宅こそが不足していた。その期待を担うのがアレンク河岸プロジェクトだ。CMA-CGMタワー直近のウォーターフロントに、リヨン設計による高さ113mで215戸を供給するタワー・マンションと、ジャン＝バチスト・ピエトリ設計による高さ99.9mで128戸を備えるそれが建設される。さらに職住近接のため、ジャン・ヌーヴェル設計による高さ135mで3万7000m²の超高層オフィス・ビルと、ロラン・カルタ設計による高さ31mで1万m²のオフィス棟が立ち上がる。超高層ビルの足許は荒廃しがちだが商店と緑道が整備され、住民やオフィス・ワーカーの憩いの空間となる（図10･17)。また、近隣にはジャン＝マリー・シャルパンティエ＋ファブリス・ドラン設計による高さ140mで4万5000m²の超高層オフィス・ビルも計画されており、これらはユーロメッド・センターやル・シロに隣接するため、それらの来訪者の確保策ともなる。

全体の完成の暁にはじつに2万4000戸の住宅増が予定されるが、リノベーション住戸が6000戸を占め、さらに全体の30%は社会住宅となる。これにより4万人の人口増が見込まれているが、職住近接は文化の深化に必要な余暇の確保に多いに貢献しよう。日本のクリエイティヴ・シティ論議が、文化の消費者の余剰時間に関して考察しな

図10･15　既存アパルトマンの修復
共和国街に19世紀から建設された質の高い集合住宅は当時のマルセイユの隆盛を物語る。それらは基本的にファサード保存され（上)、内部が近代化される（下)。

図10･16　港湾倉庫をコンバージョンした集合住宅（設計：イヴ・リオン）
新旧の対比と共存が好感されて新築物件よりも価格が高い。

図10･17　アレンク河岸プロジェクト（出典：ユーロメディテラネ公社提供）
単に超高層のオフィス･ビルを建設するのではなく職住近接、すなわち夜の文化消費のための住宅が供給されている。

いことのアンチ・テーゼである。

4　ワンコイン・レンタサイクル

前述のように歩行者優先のアーバンデザインは現代フランスにおいては当然であり、トラムウェイ導入やその関連空間の質の高いデザインもストラスブールの後塵を拝しているにすぎない。マルセイユのトラムウェイ導入は2007年なので、全国紙では三面記事にすらならない。ただ、周回遅れで先頭に立つものがある。車体デザインだ（図10･18）。

現代のトラムウェイというと先端で空気の流れを下から上に流すタイプが大半だが、マルセイユのトラムウェイの先端は垂直に立っていて、空気は左右に流してゆくフォルムとなっている。マルセイユらしく船の舳先をイメージしたのだ。クリエイティヴ・シティを標榜したいのであれば、ここまでやらなければならない。

さて、マルセイユに、トラムウェイと同じく2007年、新たな公共交通機関が導入された。「機関」と書くとおおげさかもしれない。お目見えしたのはレンタサイクルなのだ（図10･19）。それは日本人には思いもよらないコンセプトで運営されている。

まず、安い。1週間ワンコイン1ユーロの登録料を払うと、1回30分以内の返却を繰り返す限り何度利用しても無料である。年間登録料でも最小のユーロ札である5ユーロだ。まさにワンコイン・レンタサイクル、ワンビル・レンタサイクルなのである。次に、そのような利用が可能であることにも関わるが、市内各所にIT管理された無人ステーションがある。当初700台の自転車と80カ所のステーションで始まった事業だが、現在は1000台の自転車に130カ所のステーションとなっている。つまり、中心市街地のいたる所にステーションがある。だからこそ、ショート・トリップ利用が可能なのだ。最後に、何よりデザイン性が高い。マルセイユらしく地中海の海と空を連想させるディープ・ブルーは、衰退した港町に颯爽としたイメージを持ち込んだ。

ところで、実はこのレンタサイクル・システム、自治体負担が軽い。というのも、民間の広告会社に広告パネルの路上掲出を許可する代わり、その掲載収入で運営させるためである（図10･20）。つまり、考え方を変えれば、企業が払った社会参画

図10･18　マルセイユのトラムウェイ
車体だけではなく、電停からゴミ箱にいたるまでデザインの手を緩めないのが創造都市の創造都市たる由縁である。

図10･19　ワンコイン・レンタサイクル
自動車排除だけ叫んでも何にもならない。代替する公共交通があってはじめてそれをする資格が生まれる。自転車はそのもっとも機動的手段である。

金が、老若男女、富貴貴賤を問わない市民はむろん、自治体にも再配分されているのと同じだ。また、このレンタサイクル・システムを運営会社は、メインテナンス要員に職安登録者やハンディキャップを持つ人々を優先雇用している。ここにも、社会的連帯の理念が現れている。

10・4 凋落都市から欧州文化首都へ

1 環境と連帯の拡張

上述のように、2007年末に169 haの拡張が決定され、2008年に設計競技の結果フランソワ・ルクレールとアジャンスTERのチームが最優秀賞となった。この設計競技で要求されたのは、これまでユーロメディテラネ構想が培ってきた都市再生や文化都市というコンセプトに加え、エコシティのための方策である。その概要を見ておこう。

前述のとおり、その整備の主要コンセプトは環境である。太陽熱や風力発電、あるいは雨水再利用システムはむろん、タラソセラピー（海水浴療法）ならぬタラソテルミー（海水利用熱循環システム）で、夏の冷房と冬の暖房に必要な熱取捨を行う。これで冷暖房に必要なエネルギーは4分の3に減少する。また、二酸化炭素の吸着も狙い、カネ操車場跡地に14 haのエイガラッド公園が建設され地区の骨格を形成する。ユーロメディテラネ構想では、すでに第1期の4万5000 m²の緑地と1500本の新規植栽がなされていたが、港湾地域の土壌改良に加え、緑化によって環境の改善が進む（図10・21）。

むろん、その下部構造として社会的連帯という視座が常にあり、1万4000戸の新規住宅建設の内、4200戸の社会住宅（30%）と2100戸の応能家賃住宅（15%）がそのために充てられる。また、1500戸はリノベーション物件である。工業地帯ということもあり現在の人口は約3500人にすぎないが、かくして今後20年間で新規3万人を迎える。

もう少しミクロに見ると、拡張地区の核となる海岸地区協議整備区域は44 haに及ぶが、このプロジェクトでも5136戸の住宅計画の内、1750戸の社会住宅、875戸の応能家賃住宅、250戸の学生向け住宅、そして350戸の高齢者用住宅といった具合だ。また、職住近接の理念にのっとり12万m²のオフィス、約2万4000 m²の保育所や学校などの都市施設、約4万m²の商業床が計画されている。すでに5000の雇用があるが、さらに2万の雇用を発生させるという。

ところで、この区域で特徴的なのは600台のパ

図10・20 レンタサイクルの広告パネル
一般市街地で景観規制をしっかりしているからスポット的に規制緩和された広告パネルに高値がつき、それが社会基盤整備の資金となる。

図10・21 ランドスケープが主役の拡張地区（出典：ユーロメディテラネ公社提供）
ユーロメディテラネ第2幕の主要テーマはエコシティ構築であり、操車場跡地も土壌改良されて公園になる。

図 10・22　高架道路上部活用プロジェクト（出典：ユーロメディテラネ公社提供）
国道 55 号線を乗り越える形で海への眺望デッキが建設される。

図 10・23　オンブリエール（設計：ノーマン・フォスター）

ーク・アンド・ライド駐車場である。拡張地区にはトラムウェイが延伸され、さらに在来線の鉄道新駅も建設予定であり、ここで自家用車から公共交通に転換させることで、市内への流入交通量を減少させようという算段である。

むろん、アーバンデザインも失念していない。デザインの質の高い住宅や公共空間は当然だが、相変わらず凄まじいのが陸と海の連続性の追求である。アレンク地区周辺での国道 55 号線の地下化は前述の通りだが、拡張地区では予算の都合で地下化はできないものの、線路上と港湾施設上に高さ 15 m でそれを覆うデッキを形成して海との視覚的連続性を担保しようというのである（図 10・22）。その他、当然上述のパーク・アンド・ライド施設は広場化されるし、国際大会を誘致可能な競技場の建設も検討されている。

ところで、この地区では現在、週末に蚤の市が開催されており、界隈の賑わいのさらなる発展のために活用予定である。かくなる伝統的イベントをもアーバンデザインが支えることとなる。

2　旧港の整備、そして欧州文化首都へ

ところで、凋落都市マルセイユにあっても、二つの観光資源があった。一つはル・コルビュジェのユニテ・ダビタシオンだが、建築関係者のメッカではあるものの観光名所とは言えまい。もう一つは旧港であり、ここは名物料理のブイヤベースと相俟って、少なからぬ観光客を受け入れてきた。ただ、正直言って、くたびれてうらぶれた観光地であった。

そこで、2009 年末には旧港周辺整備のための国際設計競技が開催され、2010 年 4 月にはジャン＝ミッシェル・ヴィルモット、ライシェン＆ロベール、コリーヌ・ヴェッゾーニ、そしてノーマン・フォスター＆ミッシェル・デヴィーニュの 4 チームが第 2 段階に進出、同年 11 月にフォスター＆デヴィーニュのチームの勝利が発表された。

その目玉施設が、2013 年 2 月に完成したフォスター設計のオンブリエールである。フランス語で影をオンブルというが、オンブリエールは差し詰め地中海特有の強い日差しを避けるための日傘とでもなろうか。ただ、地上 6 m に 1000 m^2 の傘は、磨き上げられ反射性の高い 153 枚のステンレス・パネルで構成され、直径 27 cm しかない華奢な 8 本の柱だけで支えられるのみなので、まるで大きな鏡が空中浮遊しているかの印象を与える。そこには旧港が映り込み、さらに傘下に入れば自分自身と周囲の人々の姿を確認できる。まさに、人と場の一体感の確認装置であり観光気分の高揚装置である（図 10・23）。

オンブリエールを含め、旧港の再生方針もまた公共空間を自動車から歩行者に奪還することであり、花崗岩の舗装をベースに港周辺の自動車交通を制御し、旧港本来のレジャー港の特質を強化し

ている。

2010年の観光客数は400万人で前年比で9%増だが、特徴的なのは70万人がヨットなどのクルージング客という点である。そのこともあり、2013年までにホテルは1200室増設され、サン・シャルル駅そばのホリデイ・インのようなビジネス・ホテルはむろん、ユーロメッド・センターに附設されるマリオットのような高級リゾート・ホテルまで、これまでの斜陽都市マルセイユでは信じがたい観光整備がなされている。

そして迎えたのが2013年の欧州文化首都だ。

欧州文化首都とは、欧州連合加盟国の都市が1年にわたり欧州レベルかつ地域密着型の文化行事を開催するもので、当初は各国の首都が選ばれていたものが、文化施設整備の契機となると同時に観光客の来訪による経済効果も高いことから発展途上都市が競って立候補するようになったものである。マルセイユは、文化を基盤とした都市再生が評価されると同時のその持続性を支援するため2013年の開催都市に選ばれている。アーバンデザインの展開が、地区によっては40%もの失業率を記録していた凋落都市を欧州文化首都に押し上げたのだ。

多くの都市では景気低迷の中で都市開発プロジェクトが中断や中止に追い込まれているが、マルセイユは2013年の欧州文化首都の既成事実として建設が進んでゆく。

最後に、マルセイユの変貌を端的に象徴する事実を挙げておこう。マルセイユ市は2000年に周辺の17基礎自治体と組んで都市圏共同体を創設し広域自治を進めてきた。しかし、エクス・アン・プロヴァンスは、それへの参加を拒否した。すでに独自の広域共同体を成立させてきたこともあるが、その本音は、マルセイユのような柄の悪い凋落自治体を手を組むのが嫌だったと言われる。そのエクスが、2013年の欧州文化首都に共振させたマルセイユ＝プロヴァンス文化プログラムでの実験的協働をへて、2016年1月1日にマルセイユとともに大都市圏共同体を成立させたのである。背景には、2014年に成立した国レベルの広域行政推進のための新法もあるのだが、それにしてもあの気高いエクスがマルセイユを認めたのだ。アーバンデザインが、斜陽都市をそこにまで押し上げたのである。そして、それを牽引したものこそ、大統領と市長のリーダーシップであった。

以上の記述から、このような推進の材料を得た運も実力の内であることに首肯していただけよう(図10・24)。

図10・24　旧港に置かれた現代アートの彫刻
欧州文化首都という祝祭気分を高揚させる。

11章 ロンドン

広域自治体大ロンドン庁による歴史的都市景観の形成戦略

岡村祐

11・1 計画主導によるスカイラインの形成

1 ロンドンの高層化

英国ロンドンでは毎年9月の第3週末に、市内700〜800棟の優れたデザインの建築物が一斉に一般公開されるイベント「オープンハウス・ロンドン」が開催される。そのなかで一二を争う人気の建築が、30セント・メリー・アクス（愛称：ガーキン注1）である。ロンドンの金融街シティに位置し、そのアイコニックな形態からすでにロンドンのランドマークとして確固たる地位を築いているが、普段入ることのできないその最上階からは、間近にそびえ立つ数々の超高層ビルを眺めることができる。リチャード・ロジャース氏が自身の代表作ロイズ・オブ・ロンドンの目の前に築き上げた高さ225mのリーデンホール・ビルディング（愛称：チーズ・グレーター）、全面ガラスのファサードで上階ほど膨らみを帯びた形態が批判の的となっている20フェンチャーチ・ストリート（愛称：ウォーキー・トーキー）、さらにテムズ川南岸にはEU域内で最高の310mの高さを誇るザ・シャードなど、いずれもこの2010年以降に出現したものである注2。

次に図11・1を見ていただきたい。これは、都市・建築ミュージアム（NLA：New London Architecture）に展示されている都市模型の一部であるが、上記のシティ東部エリアのほか、テムズ川南岸のウォータールー駅、ブラックフライヤーズ駅、ロンドンブリッジ駅など鉄道ターミナル駅周辺に超高層建築が分散的に立地していることが分かる。

これを政策的に誘導してきたのが、ロンドン市内33の基礎自治体を束ね、面積1572km²を有し人口817万人（2011年統計）をかかえる広域自治体としての大ロンドン庁（Greater London Authority、

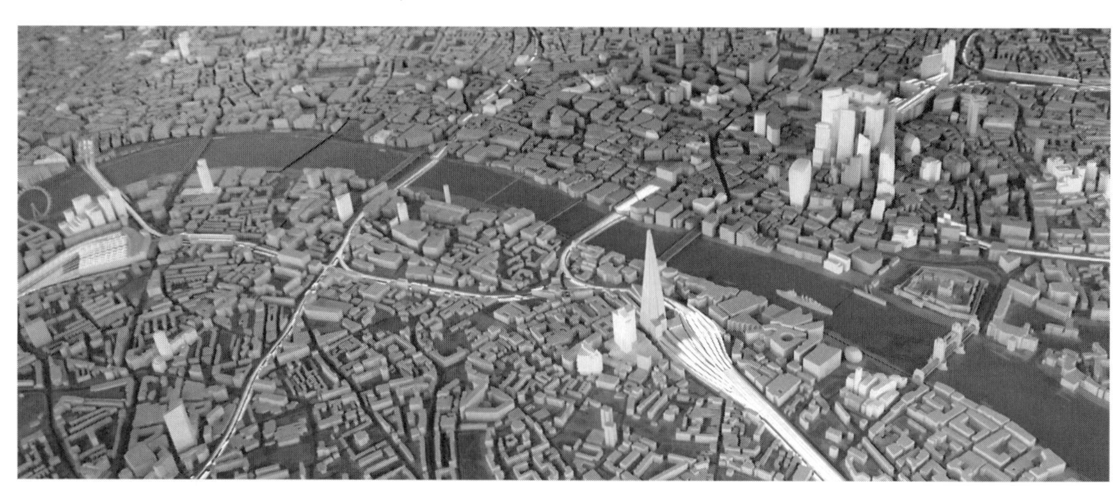

図11・1　ロンドン中心部の都市模型
白く光って表現されているのが、線路およびターミナル駅である。

以降GLA）である。ロンドンにおける広域自治体は、1986年にサッチャー政権下で、グレーター・ロンドン・カウンシル（GLC）が廃止されて以降、長年不在の状態であったが、2000年に新たにGLAが創設された。そして、直接公選の初代ロンドン市長としてのケン・リビングストン氏が選ばれた（GLAは市長と議会の二元代表制）。GLAは、市長に対して強い権限を付与し、そのリーダーシップのもとでさまざまな都市課題の解決に取り組んできた。

リビングストン氏は、ロンドンのスカイラインのリ・シェイプやグローバル都市にふさわしい高質なオフィス空間の提供を掲げ、高層建築建設の促進の旗振り役となった。また、市長の諮問機関である建築都市ユニット（Architecture and Urbanism Unit、その後、デザイン・フォー・ロンドンDesign for Londonへ改組）のトップに招聘された建築家リチャード・ロジャース氏は、デザインの向上と計画手続きのスピードアップを主張し、これを後押しした。

このような経済振興やアーバンデザインの基本的方針を示したのがロンドンプランであり、これは大ロンドン庁法に基づきGLAに策定が義務づけられる空間開発戦略（SDS：Spatial Development Strategy）である。そして、各基礎自治体（区）の都市計画のマスタープランとなるディベロップメントプランは、これとの整合性が求められている。2004年にリビングストン氏のもとで第1次ロンドンプランが策定され、2008年にボリス・ジョンソン氏が第2代市長として就任すると、2011年に第2次ロンドンプランが公表された。これまでGLAおよびロンドン市長は、このロンドンプランに基づき、世界都市ロンドンが抱える諸問題にアプローチしてきた。なかでも、中央政府が求める性急な住宅建設や、中心部と外縁部の均衡あるロンドンの発展など取り組むべき課題は多い。

経済振興計画の側面を含むロンドンプランでは、金融、商業、観光、文化活動等の都市機能を集積させる地域として、おおむねロンドン中心部を網羅する中枢活動ゾーン（CAZ：Central Activity Zone）が定められている。さらに、大規模開発を誘導するエリア（各エリアには、5000人の雇用、住宅2500戸を配置し、公共交通を充実）として、開発促進エリア（Opportunity Area）を指定しており、おのずと大部分の高層建築は、ここに集積することになる（口絵1、p.28）。

2　ロンドンが大事にしてきた都市景観

他方、ロンドンの都市景観を決めてきたもう一つのファクターが、歴史的ランドマーク、すなわち、セントポール寺院、ウェストミンスター宮殿（ビッグベン）および、ロンドン塔等への景観的配慮である。さきほどのガーキンの最上階から西の方角へ視線をふると、同じシティ内であってもセントポール寺院の周囲には、中層の町並みが広がっていることに気づく。これは、「セント・ポールズ・ハイト」という1930年代に定められた高さ規制が厳格に守られていることに起因する。

また、中心部から少し離れたプリムローズヒル、ハムステッドヒース、グリニッジなどの周囲の小高い丘から都心方向を望むと、ビル群のなかにセントポール寺院やウェストミンスター宮殿の存在を、辛うじてではあるが視認することができる。これらの視点場となる地点は、市民の憩いの場として広く知られている（口絵4、p.29）。後述するように、この歴史的ランドマークへの眺望景観も、20数年来の景観規制によって維持されてきたものである。これに関連する近年の事例として、冒

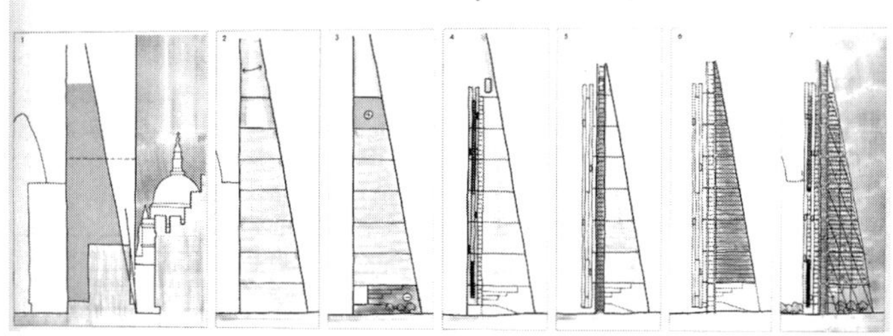

図11･2　リーデンホール・ビルディングの形態意匠の考え方（出典：建物前の説明看板）
一番左の図が、セントポール寺院への配慮を表している。

頭のリチャード・ロジャース氏によるリーデンホール・ビルディングがあげられる。この建築の形態意匠の決定に当たっては、上階ほど床面積を小さくすることで、セントポール寺院の視覚的独立性が保たれるよう配慮がなされている（図11・2）。

このように、クラスター化された高層ビル群と歴史的ランドマークによって構成される眺めこそが、ロンドンが大事にしてきた「歴史的都市景観」[注3]の一つであり、来訪者や市民にとってロンドンの都市イメージとして共有されてきたものである。

さきほどのロンドンプランでは、景観やデザイン面から高層建築の周辺環境に与える影響を抑えること、建築デザインの質を向上させることなどが謳われている。そして、GLAとしての目指すべき高層建築の立地やデザインを規定している（ロンドンプラン、Policy 7.7 LOCATION AND DESIGN OF TALL AND LARGE BUILDINGS）。

さらに、広域的な都市保全の視点からは、眺望景観保全と世界遺産の周辺環境保護に関する方針を打ち立てており、これが歴史的都市景観の形成に重要な役割を果たしている（ロンドンプラン、Policy 7.10 WORLD HERITAGE SITES POLICY ／同 7.11 LONDON VIEW MANAGEMENT FRAMEWORK）。ともに、このロンドンプラン本体の記述に加えて、これを補完・詳細化することを目的に発行される補助計画指針（SPG：Supplementary Planning Guidance）が策定されている（図11・3）。本章では、これらに基づくGLAの取り組みを、2節、3節で紹介する。

前述の諸計画の策定に加えて、GLAの役割としてもう一つ押さえておかなければならないのが、ロンドン市長が広域的な見地から、建築行為に対する計画許可の権限を有している基礎自治体（区）の判断に介入することができるということである。申請者から計画案の書類を受理した区は、戦略的重要性の要件（表11・1）に該当すると判断された

表11・1　ロンドン市長へ計画案の届出が義務づけられる開発行為の要件

カテゴリー1	大規模開発 （1A）戸数：50戸以上の住宅開発 （1B）面積：シティでは床面積10万 m² 以上、ロンドン中心部では同2万 m² 以上、中心部外では1万5,000m² 以上の建物の開発 （1C）高さ：テムズ川沿いでは20m以上、シティ内では150m以上、グレーターロンドン内では30m以上の建物の開発 （1D）増改築：既存建物の高さを15m超える改変や上記の（1C）に該当する建築物
カテゴリー2	大規模インフラ開発
カテゴリー3	戦略的政策に影響を与える開発
カテゴリー4	（1）テムズ川沿いの戦略的埠頭内の開発 （2）「保護ヴィスタ」においてビューイングコリドー（VC）の制限平面の高さを超える開発（詳細は別途大臣指令によって定められる）

図11・3　歴史的都市景観形成に関わる諸計画（左：ロンドンプラン、中：ロンドン眺望景観保全計画 LVMF、右：世界遺産周辺環境ガイダンス）

計画案を市長へ届け出ることが義務づけられている。

それを受け取った市長は、健康、教育、雇用、アーバンデザイン、高層建築・眺望景観、歴史的環境、アクセス、交通、持続可能性、環境等多岐にわたる分野においてロンドンプランや補助計画指針との内容を照合し、計画案に対するリクエストを詳述したレポートを6週間以内に区に返送する。ここまでが第1ステージであり、この段階では計画許可の可否についての判断はくだされない。それを踏まえ、区は計画許可を与えるかどうかの方向性を決め、ロンドン市長に伝える。市長は、区の判断を尊重するか、または計画案を不許可にすべきとの指示を出すかどうか判断し、2週間以内に区に通知する。ここまでが第2ステージである。この段階でのレポートは、第1次での課題が克服されているかどうかに絞って記述がなされる（図11・4）。

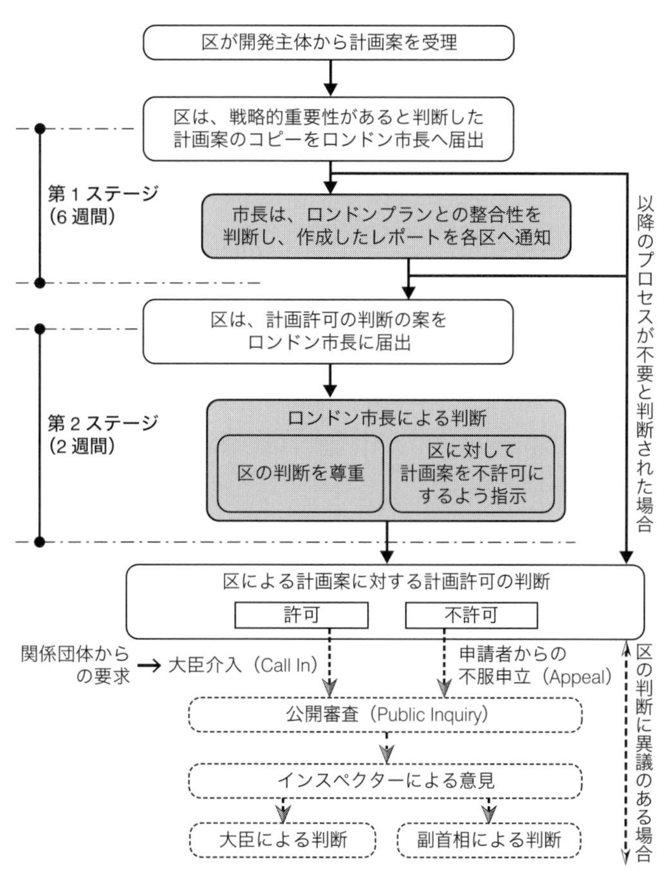

図11・4　戦略的重要性を有する計画案に関する計画許可のフロー（出典：岡村祐（2013）「広域自治体大ロンドン庁（GLA）による眺望景観保全計画の改訂経緯と運用の動向」（『日本都市計画学会論文集』48-3、pp.687-692））

11・2　広域的眺望景観の保全
ランドマークへの眺めの保全から多様なスカイラインの形成へ

1　旧計画からの発展的継承

ロンドン中心部における広域的眺望景観の保全が計画対象として最初に扱われたのは、1976年に策定されたグレーターロンドンディベロップメントプランである。その後、1991年に中央政府が発行した地域計画指針RPG3a（以下、旧計画と呼ぶ）のなかで、主にロンドン中心部周辺の小高い丘に位置する眺望点から歴史的ランドマークであるセントポール寺院やウェストミンスター宮殿（ビッグベン）を対象とした合計10の眺望景観が「戦略的眺望」として指定された。これは、建築物の高さ規制の対象領域となる「ビューイング・コリドー（＝眺望点と対象物を結ぶ楔形の区域）」内に位置する開発行為に対する基礎自治体の計画許可の判断に対して、広域的な見地から大臣（中央政府）の介入を可能とするものであった[注4]。

前述のとおり、2000年にロンドンにおける広域自治体としてのGLAが創設され、計画許可においても強い権限が付与された。また、法定の空間開発戦略としてのロンドンプランの立案作業が進められるなかで、旧計画に替わる新たな方向性が模索され、2004年のロンドンプランにおいて眺望景観保全に関する基本方針が示され、2007年に補助計画指針としてのロンドン眺望景観保全計画（LVMF：London View Management Framework）が策定された。

2　保全対象の多様化、保全手法の二元化

ロンドンプランでは、それまでの旧計画における歴史的ランドマークへの見通しの確保に加えて、多様なランドマークへの配慮、スカイラインの形

成、動きのある景観、視点場の環境向上が目標とすべき景観像として掲げられ、これに応じてテムズ川沿いの河川眺望、建築物群への眺め、町並み眺望など4種に類型化[注5]された26の視点場（52の基準眺望点）[注6]と、各点からの指定眺望景観（Designated View）がリストアップされた。この方針に基づき、LVMFでは、指定眺望景観ごとの現況、景観形成の方針、具体的な規制範囲の詳細が記述されている。

表11・2　形態制限（GD）と質的景観アセスメント（QVA）の比較

	形態制限 GD	質的景観アセスメント QVA
基準	定量的基準（建築物の高さ）	定性的基準（形態、外観意匠、スカイラインへの影響、夜景等）
旧制度との関係性	基本的に踏襲 （規制対象範囲の縮小等がみられる）	新設
対象となる眺望景観	「保護ヴィスタ」 ※旧施策の戦略的眺望（Strategic View）に相当	すべての基準眺望点からの眺望景観（指定眺望景観）
主なランドマーク	セントポール寺院、ウェストミンスター宮殿、ロンドン塔	左記を含めた33の多様なランドマーク

LVMFに記載された眺望景観は、建築物の高さという定量的指標による「形態制限（GD：Geometric Definition）」と、景観シミュレーションを用い意匠、質感、色彩等の定性的な側面に対する影響を評価する「質的景観アセスメント（QVA：Qualitative Visual Assessment）」の2通りの方法でコントロールが行われる。形態制限（GD）は「保護ヴィスタ（Protected Vista）」にかぎり適用され、これは、旧計画の「戦略的眺望」を継承するものである。建築物の両端と眺望点を結んでできる「ランドマーク・ビューイング・コリドー（LVC：Landmark Viewing Corridor）」の三角形の平面＝制限平面（Threshold plane）の基準高さを超える開発行為は原則許可されない。加えて、ロンドン市長への届出が求められる側面・背

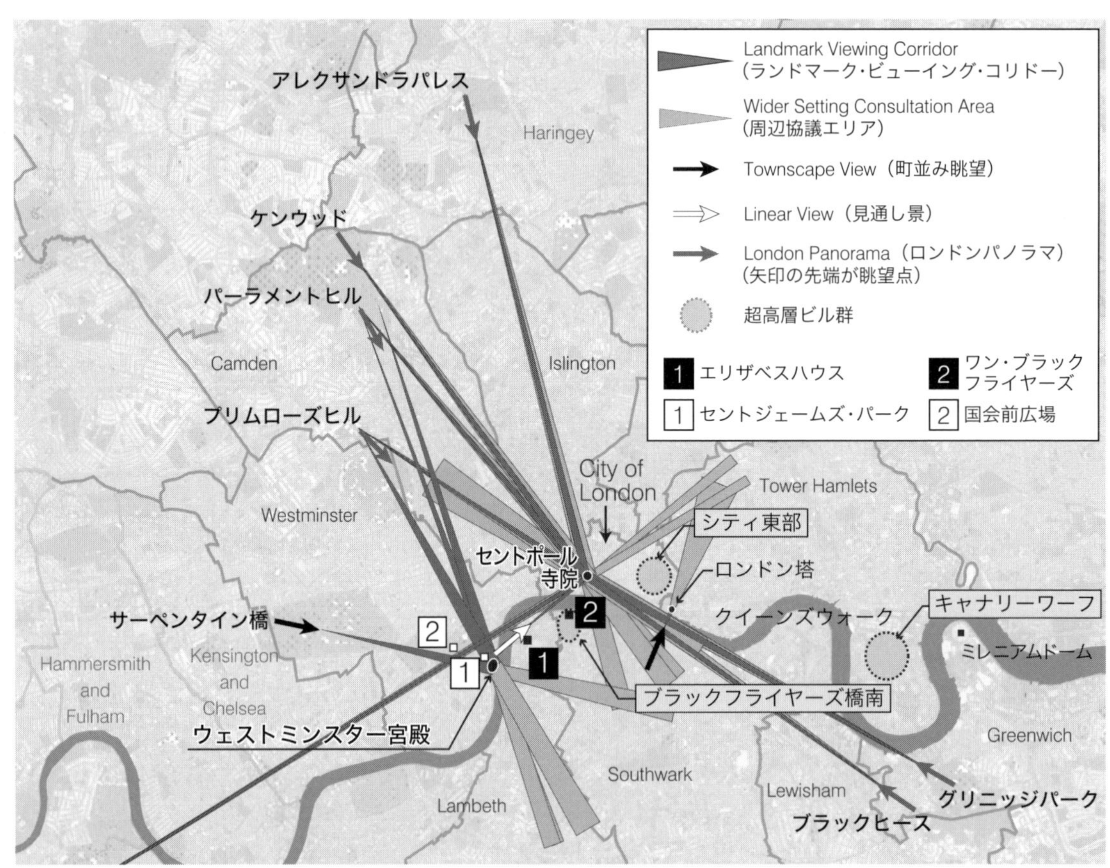

図11・5　ロンドン眺望景観保全計画（LVMF）における「保護ヴィスタ」の位置（出典：岡村祐（2013）「広域自治体大ロンドン庁（GLA）による眺望景観保全計画の改訂経緯と運用の動向」（『日本都市計画学会論文集』48-3、pp.687-692）、「ロンドンプラン2011」の図に加筆）

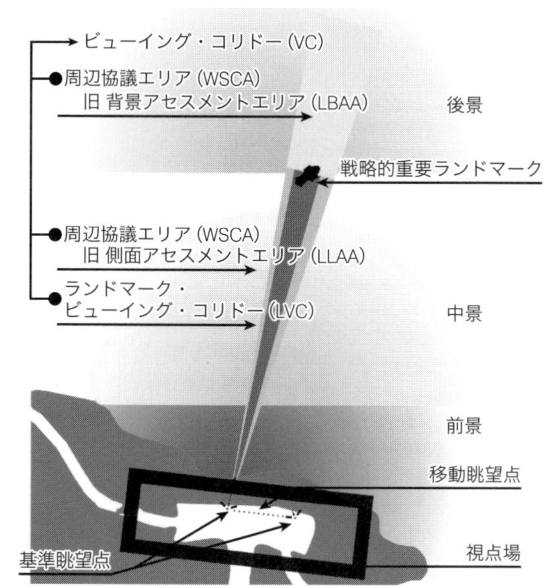

図 11・6　ロンドン眺望景観保全計画（LVMF）における眺望景観の空間構成（出典：岡村祐（2013）「広域自治体大ロンドン庁（GLA）による眺望景観保全計画の改訂経緯と運用の動向」（『日本都市計画学会論文集』48-3、pp.687-692）、原図は 2010 年 LVMF p.19）

景エリアを合わせた「周辺協議エリア（WSCA：Wider Setting Consulation Area）」が設定されている。このLVC と WSCA を合わせて「ビューイング・コリドー（VC）」と呼ぶ。一方、ロンドンプランやLVMFが目指しているスカイラインの形成に大きく関わるのが、「質的景観アセスメント（QVA）」であり、すべての指定眺望景観に対して求められる。ただし、建築物の高さという定量的な基準があるわけではないため、LVMF に書かれた景観形成方針を参照して、評価が行われる。

3　計画の改定

LVMF はその後、2008 年の市長交代をへて、2010 年、2012 年と矢継ぎ早に 2 度改定される。主要な変更点は、以下の 4 点となっている。

①「保護ヴィスタ」および基準眺望点の追加
② VC 幅の拡大
③世界遺産保護への対応
④景観アセスメント手法の精緻化

第 1 の保全対象眺望景観の追加と第 3 の世界遺産保護は深く関係しており、とくに世界遺産ウェストミンスター宮殿に関連する眺望景観が強化されている（後述）。また、第 2 の VC 幅の拡大に関しては、旧制度から LVMF に移行する際に狭められた VC の幅が部分的に拡大され、2007 年と 2010 年を比較すると対象面積は 35% 増となっている（表 11・3）。第 4 の点の景観アセスメントに関しては、標準視野角 120 度、移動眺望点、保護シルエットなど、「質的景観アセスメント（QVA）」の対象となる空間領域の事前明示の傾向が強まり、アセスメントの確実性や普遍性を高めるような改善がみられた。

表 11・3　ビューイング・コリドー（VC）幅の変遷

		RPG3a	2007 年 LVMF	2010 年 LVMF
アレクサンドラパレスからセントポール寺院への眺望	左 LLAA	70m	70m	110m
	LVC	300m	70m	140m
	右 LLAA	70m	70m	50m
	計	440m	210m	300m
パーラメントヒルからセントポール寺院への眺望	左 LLAA	70m	70m	110m
	LVC	300m	140m	140m
	右 LLAA	70m	0m	50m
	計	440m	210m	300m

注：眺望主対象建築物の位置における幅

4　ロンドン眺望景観保全計画（LVMF）の運用動向

それでは、GLA としては、これらの眺望景観に関する計画内容をどのように、実際の景観コントロールとして実現しているのだろうか。一つは、各区のディベロップメントプランへの反映であり、もう一つは、市長による区の計画許可への介入である。

実際、前述のとおり、開発行為のなかで、主に大規模開発行為などの戦略的重要性のある行為は、各区からロンドン市長への届出・協議が義務づけられ、市長が各区の計画許可の判断に介入できる。表 11・1 に示すとおり、この届出要件の一つに、LVMF に記載されている 13 の「保護ヴィスタ」の「ビューイング・コリドー（VC）」における制限平面の高さを超える開発行為が該当する。一方、「保護ヴィスタ」以外の指定眺望景観に関しては、該当する開発行為を直接的に示した要件はなく、

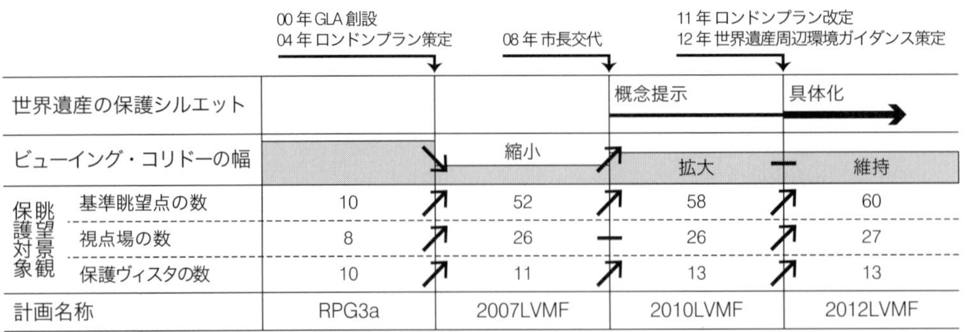

00年GLA創設
04年ロンドンプラン策定
08年市長交代
11年ロンドンプラン改定
12年世界遺産周辺環境ガイダンス策定

世界遺産の保護シルエット				概念提示	具体化
ビューイング・コリドーの幅			縮小	拡大	維持
保護眺望景観	基準眺望点の数	10	52	58	60
	視点場の数	8	26	26	27
	保護ヴィスタの数	10	11	13	13
計画名称		RPG3a	2007LVMF	2010LVMF	2012LVMF

注：表中の矢印は、眺望景観数の増加やVC幅の拡大等規制強化を意味する。

図11･7　ロンドン眺望景観保全計画（LVMF）の変遷

図11･8　ワン・ブラックフライヤーズのシミュレーション画像
(出典：サザーク区の計画申請書データベース、円は筆者加筆)
写真中央において、円で囲まれた建物が当該開発。

他の要件に依存しなくてはならない。

各区からロンドン市長への届出件数は、全体で年間300件程度、2009～12年の4年間では1000件を超える。そのうち都心8区[注7]内の383件中、資料収集が可能であった244件をみてみると、前述の「保護ヴィスタ」要件に該当し、届出対象となった案件は9件である。このうち2件については、基準高さを大幅に（11 m･23 m）上回る計画案であり、一方は第1ステージ後に計画案が取り下げられ、他方は最終的に計画不許可の判断がくだされたものである。その他の計画案は、仮にそれが望見される場合であっても、①眺望景観への影響はわずかである、②従前建物よりランドマークとの距離が離れる、③周囲により高層の既存建築物が存在するといった理由により、スカイラインのなかでの対象計画案の影響を捉えて、問題なしと結論づけられている。

5　ケーススタディ（ワン・ブラックフライヤーズ）

ここで、具体例をみてみよう。テムズ川南岸のブラックフライヤーズ橋南側に位置する「ワン・ブラックフライヤーズ（One Blackfriars）」は、高さ200 mを超える当初計画案（2005年）が、LVMFに記載されているセントジェームズ・パークからの眺望景観（図11･8）の背景への影響を指摘され、最終的には163 mまで高さの低減を行った。しかし、依然として公園の樹木上部に望見されることが予想され、なかでもイングリッシュ・ヘリテイジ[注8]は、夜間のビル照明の影響を問題視した。

LVMFは、2010年の改訂で、当該眺望景観に関して、「背景エリアで、公園の樹木上部に望見され、建築物群への視認性を害する開発は一般的に拒否されるべき」との文言を追加したにもかかわらず、ロンドン市長はすでに計画許可を受けている他の建物と同等の高さであることと、大部分は他の建物に隠れてしまうことを論拠とし、当該のサザーク区の計画許可の判断に同意した。これに対し、視点場が立地する隣接区ウェストミンスター区と王立公園庁の要請を受けて大臣介入にいたったものの、CABE[注9]がデザインの質の面から支持に回るなど、最終的には計画許可を得て、現在建設中である。

このようなLVMFの運用状況をみると、たとえ「保護ヴィスタ」のVC内において、基準高さを多少超える場合、あるいは開発行為が望見される場合であっても、対象とするランドマークへの見通しが確保され、既存のスカイラインを大きく変容させるものでなければ、柔軟に計画許可の判断が行われているケースが存在することが分かる。

11･3 世界遺産の周辺環境の保全
バッファゾーンによらない世界遺産周辺エリアの保護手法の開発

1 世界遺産委員会による問題提起

現在、ロンドン市内には世界文化遺産として、ウェストミンスター宮殿、ロンドン塔、グリニッジ、およびキュー王立植物園の4件が登録されている。前述のとおりロンドン都心部の高層化は、とりわけ前二者の世界遺産の周辺環境に大きな影響を与えている。具体的には、シティ東部の開発は、ロンドン塔をテムズ川南岸から見た場合の北西側の背景に、テムズ川南岸の開発はとくにウェストミンスター宮殿を西側または北側から見た場合の背景に影響を与える可能性がある。さらに、ロンドン塔から南方向を見た場合に、テムズ川を越えて、高さ310 mのザ・シャードが望見される。

英国内においても、開発促進派とイングリッシュ・ヘリテイジに代表される保全派の間で景観論争が繰り返されてきたが、2003年第27回ユネスコ世界遺産委員会において、ロンドン塔周辺の2棟の超高層建築開発の回避が要請されたのを皮切りに、ロンドン塔およびウェストミンスター宮殿の周辺エリアの変容がもたらす遺産の価値低下に関して再三指摘を受けてきた。ついには、危機遺産リストへの掲載可能性を示唆され、2006年および2011年には世界遺産委員会とイコモスによるリアクティブモニタリング[注10]のための査察を受け入れてきた。これらのレポート等におけるユネスコ側の指摘を整理すると、主に以下の4点に集約される。

①マネジメントプランの策定とその実効性の担保
②バッファゾーンの設定
③世界遺産保護のための明確な方針・計画の策定
④影響評価手法の確立

2 英国・ロンドン側の対応

このロンドン塔およびウェストミンスター宮殿を巡る「世界遺産の危機」に対して、英国・ロンドン側は、各種調査の実施、方針・計画・ガイダンスの立案により対策を講じてきた。その対応関係をまとめたのが、図11･9である。

両世界遺産ともに未策定であったマネジメントプランが2007年にようやく策定された後も、世界遺産委員会から都市計画体系との連携が不明瞭である点やバッファゾーンが未設定である点が指摘され、周辺エリアの開発に対するより実効性のある保護策が要請された。対して、英国・ロンドン側は、イングリッシュ･ヘリテイジによる「Seeing the History in the View」(2008年草案)において、歴史遺産の周辺エリアの開発に対する影響評価手法を提示した。また、世界遺産保護に対する基礎自治体の責務を示し、また都市計画の基本方針を記したディベロップメントプラン内で世界遺産保護に言及することを要請した「世界遺産保護に関する政府通達」(2009年)や「計画方針文書PPS5：歴史的環境のための計画」(2011年)を発行したのに加えて、市長交代のタイミングで改訂されたロンドンプラン (2009年草案、2011年策定)では、基礎自治体による計画許可の判断、ならびに都市計画の方針立案に当たって、世界遺産マネジメントプランに配慮することが明記された。こうして、政府レベル、GLAレベルの方針としては、一定の対応策を講じることに成功した。

とくに世界遺産委員会から強い要請のあったバッファゾーンの設定に関して、英国側は、第一に、とりわけ複雑かつ変化の激しい都市ロンドンにおいて、バッファゾーンは過度に規制を受けるものとして、ネガティブな意味あいを持つ範囲指定と捉えられかねない、第二に、線引き(境界を明確に定めること)が求められるバッファゾーンでは、周辺エリア保護にとって、とくに重要な要素である眺望景観や景観の統合性(visual integrity)を保全することはむずかしいということを論拠に、「周辺環境(setting)」という概念による周辺エリアの保

世界遺産委員会における指摘事項

西暦 世界遺産委員会回次	保全審査対象 TL	保全審査対象 PW	問題視された開発行為 ※初出のみ	世界遺産保護の基本的手法（危機遺産リスト記載／マネジメントプラン／バッファゾーンの設定）	実現手段としての都市計画システム（方針・計画の立案・策定／影響評価手法）
2002以前					
2003 WHC27	●		・ミネルヴァタワー ・ザ・シャード（TL）		影響評価手法： 左記の開発計画の影響評価詳細調査を要請（TL）
2004 WHC28	●				影響評価手法： 左記の開発計画の影響評価詳細調査を要請（TL）
2005 WHC29	●			危機遺産リスト記載： 調査未実施の場合検討可能性あり（TL） マネジメントプラン： 立案状況報告要請（TL）	影響評価手法： 左記の開発計画の影響評価詳細調査を要請（TL）
2006 WHC30	●		・ビショップゲートタワー ・20フェンチャーチST（TL） 併せてPW周辺の開発も問題視	危機遺産リスト記載： 危機遺産リスト記載の可能性調査（TL） マネジメントプラン： 未策定を問題視（TL） バッファゾーンの設定： TLの眺望景観が法的保護対象外であることを問題視（TL）	方針・計画の立案・策定： ロンドンプランの有効性を問題視（TL） 影響評価手法： 影響評価手法確立のための景観調査実施を要請（TL）
リアクティブモニタリングレポート（2006）				マネジメントプラン： 未策定を問題視 バッファゾーンの設定： 周辺保護のためのBZ設定を要請 MPをロンドンプランに位置づける必要性を指摘 プランの策定 → マネジメントプラン策定	方針・計画の立案・策定： 政府方針と地方計画のギャップを問題視 影響評価手法： 動的景観影響調査の実施要請（TL）
2007 WHC31	●	●	・エリザベスハウス ・ビーサムタワー ・ドーンストリート（PW）	危機遺産リスト記載： 危機遺産リスト記載は回避 バッファゾーンの設定： 世界遺産の境界変更やBZ設定を要請／OUVに影響しない高層ビル群の設定を要請	影響評価手法： 動的景観影響調査の実施要請
2008 WHC32	●	●	・ポッターズフィールド ・グッドマンズフィールド（TL）	周辺エリアの保全と開発の問題に対するMPの実効性を問題視 バッファゾーンの設定： BZ未設定を問題視	景観影響評価手法の提示 影響評価手法： 景観調査の未実施を問題視
2009 WHC33	●	●	・20ブラックフライヤーズ ・ヴィクトリア駅北側開発 ・スカイガーデン（PW）	プランの実効性の担保 バッファゾーンの設定： BZ未設定を問題視／LVMFに十分な眺望が含まれるよう要請 「周辺環境」の設定： 「周辺環境」に関する調査の未実施を問題視（TL）	「周辺環境」概念提示 影響評価手法： 景観調査は、動的景観影響調査に含まれることを確認／選択された5つの眺望について詳細調査必要（PW）
2010 WHC34				「周辺環境」の現状詳細把握	
2011 WHC35	●	●	・20フェンチャーチST ・ザ・シャード ・ザ・キル ・ポッターズフィールド（TL） ・バターシー発電所 ・ナインエルムス ・ヴォクソールブロードウェイ（PW）	危機遺産リスト記載： 危機遺産リスト記載の勧告（TL）／危機遺産リスト記載の可能性調査（PW） 「周辺環境」の設定： 「周辺環境」保護手法の開発と実施を要請 ロンドンプランにおけるマネジメントプランと「周辺環境」の位置づけ	影響評価手法： OUVへの影響評価調査を実施することを要請
リアクティブモニタリングレポート（2011）				「周辺環境」の法的位置づけが必要 PWにおいてもTL同様の詳細調査が必要 テムズ川南岸の厳格な規制を要請（TL）	
2012 WHC36	●	●		「周辺環境」保護手法の実効性の担保 OUVを担保する「周辺環境」の詳細な定義と区レベルでの保護手法の確立 テムズ川南岸の厳格な規制を要請（TL）	「周辺環境」概念の明確化・
2013 WHC37		●	・ヴォクソール島 ・ヘイゲイトエステイト（PW）	近接・広域「周辺環境」の定義と区レベルでの方法論確立による方針・計画フレームワークの強化	
2014 WHC38	●	●	・ヴォクソールクロス（PW）	危機遺産リスト記載： 危機遺産リスト記載の勧告（PW） マネジメントプラン： 改訂MPの提出を要請（TL）	

図11·9　ロンドン塔およびウェストミンスター宮殿の保護を巡る世界遺産委員会と英国・ロンドン側のやりとりに関する変遷

各世界遺産各区	大ロンドン庁（GLA）	政府 EH：イングリッシュ・ヘリテイジ
英国サイドの取り組み		
	2000年 GLA創設 ロンドン市長選挙（ケン・リビングストン） 第1次ロンドンプラン草案	
	第1次ロンドンプラン策定	
景観調査（TL）	第1次LVMF草案 2月	
		Tall Building Guidance（EH）
PWマネジメントプラン策定5月 TLマネジメントプラン策定6月	眺望景観保全計画の策定 第1次LVMF策定 7月	
Metropolitan Views 策定12月（ウェストミンスター区）（PW）		白書 Heritage Protection for the 21st Century 発行 7月
	ロンドン市長交代（ボリス・ジョンソン）	Seeing the History in the View 草案 4月（EH）
		Heritage Protection Bill 法案 4月
	第2次LVMF草案5月 第2次ロンドンプラン草案10月	政府通達 7月 The Government Circular on the Protection of World Heritage Sites（政府） 政府通達ガイダンス 7月 The Protection & Management of World Heritage Sites in England（政府・EH）
Local Setting Study 8月（TL）	第2次LVMF策定 6月	世界遺産保護に関する政府方針
	第3次LVMF草案 6月	計画方針文書PPS5 3月（政府） 地方計画と世界遺産保護のリンク
	第2次ロンドンプラン策定 7月	
	世界遺産周辺環境ガイダンス草案 10月	Seeing the History in the View 5月（EH） The Setting of Heritage Assets 10月（EH）
計画体系への位置づけ／影響評価手法の確立	世界遺産周辺環境ガイダンス策定 3月 第3次LVMF策定 3月	国家計画政策フレームワーク NPPF 3月（政府）
Protected Views 策定12月（シティ・オブ・ロンドン）		

凡例　●：世界遺産委員会における指摘事項　○：英国・ロンドン側の対応　TL：ロンドン塔　PW：ウェストミンスター宮殿

護を主張してきた。

ロンドン塔に関しては、2010年に「Local Setting Study」を発行し、「周辺環境」に関して公共空間、界隈、アプローチにおける空間体験、そして眺望景観など多様な観点からの詳細な現状分析が行われた。また、イングリッシュ・ヘリテイジは、遺産の「周辺環境」保護の包括的な理論を示した「The Setting of Heritage Assets」（2011年10月）を策定した。さらに、GLAは、第2次ロンドンプラン（2011年7月策定）において、各基礎自治体の計画許可判断のなかで、また地方計画立案のなかで、「周辺環境」保護に配慮すること、そして将来的に補助計画指針を策定することを謳った。このような一連の流れのなかで、同年10月に草案が公表され、翌2012年3月に策定されたのが、ロンドンプランの補助計画指針「世界遺産周辺環境ガイダンス」である。

3　世界遺産周辺環境ガイダンスの計画内容

世界遺産周辺環境ガイダンスは、本編6章、補遺5章から構成される。ロンドンにおける世界遺産個々の「周辺環境」を定めるのが目的ではなく、「周辺環境」の包括的な概念、アセスメントの手順、そして都市計画体系における「周辺環境」の保全の位置づけを明確にすることに主眼が置かれている。これは、同じ補助計画指針である眺望景観保全計画（LVMF）が、保全対象となる眺望景観を特定し、規制範囲を具体的に示しているのとは役割を異にする。

本ガイダンスにおいて、「周辺環境」は「遺産を感じることのできる周辺領域のこと。その範囲は、固定されるものではなく、遺産および周囲の発展とともに変わってくる」ものとして定義されている。また、バッファゾーンとの違いとして、「周辺環境」は、よりはるかに多方面にわたり、かつ保存管理の面において有効な手段であると述べられている。

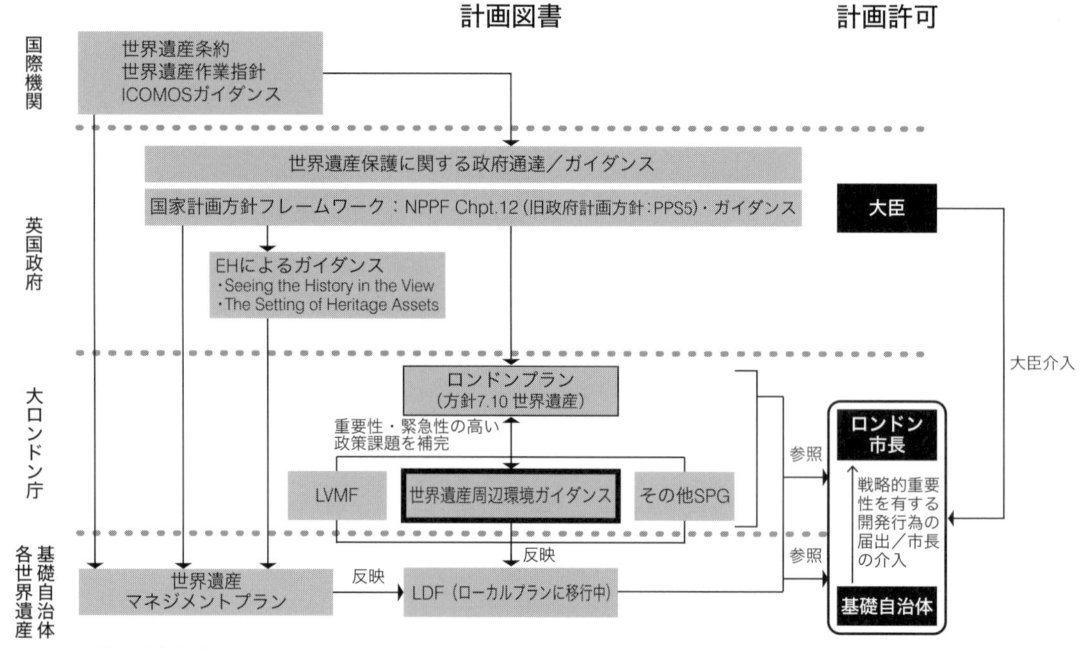

図 11・10　世界遺産保護および都市計画体系のなかでの世界遺産周辺環境ガイダンスの位置づけ

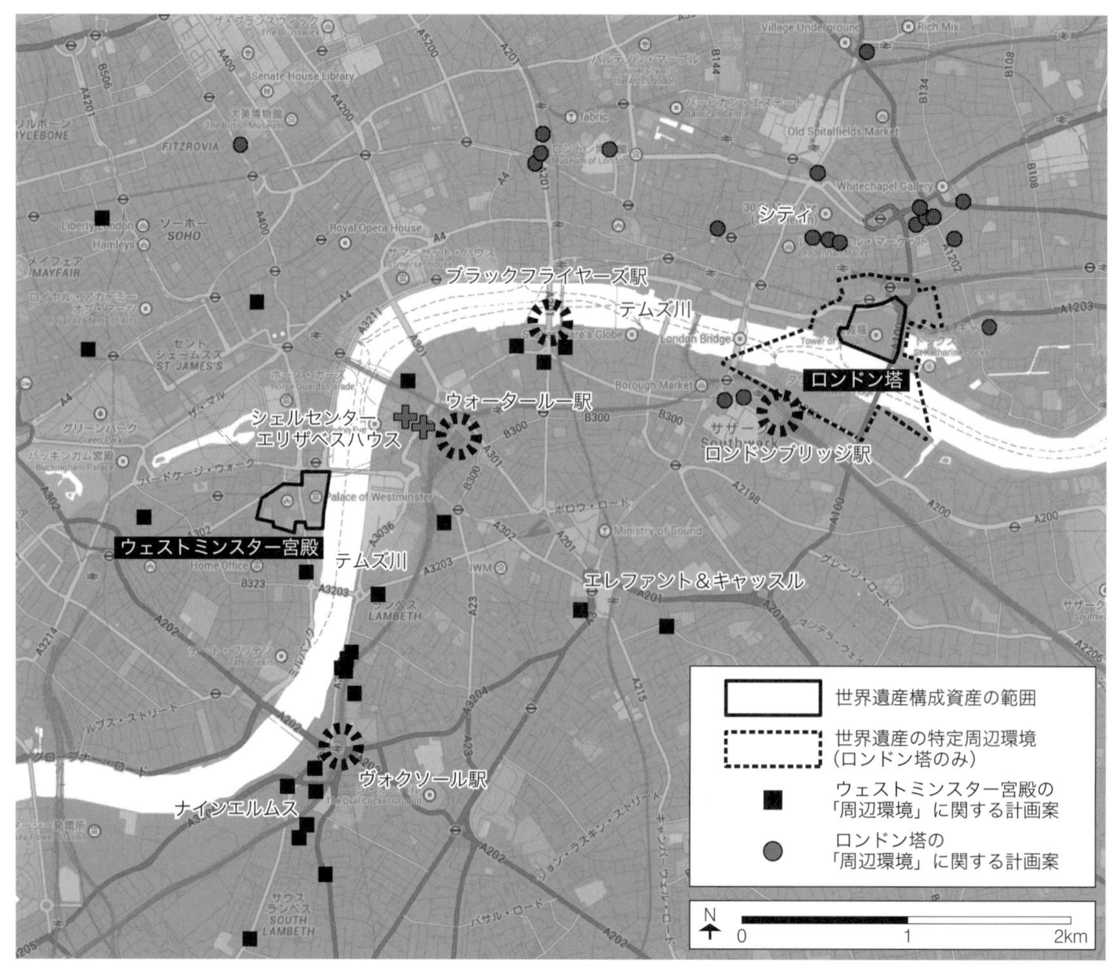

図 11・11　世界遺産ロンドン塔およびウェストミンスター宮殿の「周辺環境」に関連する計画案の位置

表 11･4　世界遺産周辺環境ガイダンスにおける周辺環境の構成要素

物的要素	コンテクスト／空間的特性／ランドスケープと地形／テムズ川との関係性／眺望／アクセス経路／公共空間
来訪者の体験	昼夜・季節変化／アクセシビリティとユニバーサルデザイン／安全性と防犯
その他の配慮事項	歴史的・文化的関係性／その他の環境的要素／持続可能性と気候変動

そして、本ガイダンスが定める「周辺環境」を構成する諸要素は、具体的には表 11･4 に列挙している。物的要素においては、景観や地形だけではなく、「テムズ川との関係性」といったロンドンの地域性を汲み取った要素があげられている。さらに、来訪者の体験として、昼夜・季節変化、ユニバーサルデザイン、安全性等、その他の配慮事項として、周囲の関連する歴史的・文化的要素や気候変動なども含まれている。

4　ガイダンスの運用動向

次に、世界遺産周辺環境ガイダンスが計画許可の判断のなかでどのように活用されているのか、その実態をみていきたい。

前述のとおり、基礎自治体（区）に申請された開発行為の計画案が戦略的重要性を有する場合、計画案は各区からロンドン市長へ届けられ、市長は、ロンドンプランや補助計画指針の内容に照らし合わせ、計画案に対して介入することができる。

2012年3月から2014年12月までの間に、ロンドン塔およびウェストミンスター宮殿周辺6区[注11]において、区から市長へ届け出られた案件に対する市長の回答レポートの内容を精査したところ、実際に世界遺産の「周辺環境」に言及しているものが、180件中45件、さらに「問題あり」と判断しているものは6件確認できたが、いずれも世界遺産の「周辺環境」に対する悪影響を指摘しているのではなく、十分に影響評価調査が行われていないために、資料の新規・追加提出を求めるという手続きに関する内容であった。

この45件の位置を地図上（図 11･11）で表現すると、世界遺産マネジメントプランにおいて「特定周辺環境（local setting）」の範囲が図示されているロンドン塔では、その範囲を大きく越えて2km以上先の開発行為までもが含まれており、世界遺産構成資産への影響の有無が空間的には広く検討されていることが見て取れる。一方、ウェストミンスター宮殿では、マネジメントプランにおいてバッファゾーンまたは、いかなる「周辺環境」の範囲も定められていないが、開発行為の計画案の分布は、テムズ川対岸や内陸の開発拠点エレファント＆キャッスルにまで広がっている。

図 11･12　エリザベスハウスのシミュレーション画像（出典：ランベス区計画申請書データベース、円は筆者加筆）
ビッグベンの左脇に描かれ、円で囲まれた建物が当該開発。

最後に、抽出した開発行為の計画案に対するレポート内で、世界遺産の「周辺環境」をどのような観点から捉えて、記述がなされているのか分析してみる。まず、上記45件のうち大部分は、開発行為が世界遺産内から望見されるのか否か、あるいは特定の視点場から世界遺産とともに望見されるか否かが問われ、望見される場合は高さ、規模、概観の素材等の景観的側面からの影響の有無が判断されている。一方、レポート内で世界遺産周辺環境ガイダンスに示されている公共空間、アプローチの経路、アクセシビリティ等の幅広い側面から「周辺環境」への影響を分析していることが明確に読み取れたものは、2件にとどまった。一つは世界遺産委員会からも問題視された先述のエリザベスハウス（後述）であり、もう一方は、その隣接地の再開発計画の「シェルセンター」である。こちらもウェストミンスター宮殿やテムズ川の眺望への影響から、景観論争を巻き起こしている計画案である。このように、景観上大きな影響のある計画案においては、それを補うだけの他の要素がもたらすメリットを求めて、「周辺環境」の幅広い分析・評価が行われていると推察することができる。

以上から、世界遺産周辺環境ガイダンスは、世界遺産の周辺エリアの空間的範囲を大幅に拡張しているという点においては、有効に機能していると言える。しかし、「周辺環境」の構成要素の影響評価については、多くの場合、景観的側面に限定されており、当ガイダンスが視程に入れている多様な要素を捉えている事例はわずかであった。

5　ケーススタディ（エリザベスハウス）

テムズ川南岸に位置するターミナル駅ウォータールーの隣接地に位置する「エリザベスハウス（Elizabeth House）」の再開発計画案は、当初2007年に最初の申請書が提出されたが、3棟分棟の一つが、セントジェームズパークからの眺望の背景に現れるとともに、デザインそのものの質の低さが、CABEからも批判されていた。就任したばかりのジョンソン市長は、当初計画許可拒否の意向を示したが、最終的に当該のランベス区の方針を支持した。しかしながら、隣接区ウェストミンスター区とイングリッシュ・ヘリテイジの要請で大臣介入にいたり、最終的に、大臣は不許可の判断を下した。

2011年、再び開発案（最高高さ123 m、29階建て）が提案されたが、前述の眺望景観への影響は低減されるかわりに、国会前広場からウェストミンスター宮殿の背景（ビッグベンの左脇）に望見されることが問題視された（図11・12）。市長は、ランドマークから十分な距離が保たれており、影響はわずかであると結論づけ、ランベス区の計画許可判断に同意した。

それに対して、2013年世界遺産委員会は、英国政府に対して危機遺産リスト掲載の可能性を示唆し、現行計画案を変更するように強く要請した。加えて、イングリッシュ・ヘリテイジおよびウェストミンスター区は、大臣介入の必要性を司法判断に委ねたものの、2014年3月に退けられ、同年12月にランベス区により最終的な計画許可を与える判断がくだされた。

11・4　「新たな」歴史的都市景観の探求

本章では、ロンドンにおける眺望景観保全計画LVMFおよび世界遺産周辺環境ガイダンスに注目し、広域自治体である大ロンドン庁によるこの約10年間にわたる歴史的都市景観形成の大要を解き明かしてきた。GLAおよびロンドン市長は、グローバル都市としての経済活性化、企業誘致のためのオフィスや中低所得者層向け住宅の供給を重視し、高層建築計画に対しては、抑制的なコントロールや調整的な役回りを果たすというよりは、むしろ開発を容認・促進する傾向がみられた。

そのなかで、従来の「戦略的眺望」を継承した「保護ヴィスタ」の指定により、セントポール寺院およびウェストミンスター宮殿という歴史的ランドマークへの視認性が確保されている都市景観をかろうじて維持するという政策を展開してきた。

その一方で、LVMFによる保全対象をテムズ川沿いのシークエンシャルな景観や都市内部のモニュメンタルな景観に拡げ、また、世界遺産周辺環境ガイドラインでは、「周辺環境」という空間概念を提起し、表層的な視覚的要素の背景にある文化的、社会的、自然環境的要素への眼差しの重要性を説いた。つまり、近年のGLAおよびロンドン市長による取り組みは、従来ロンドンが大事にしてきたビル群と歴史的ランドマークによって構成されるコンサバティブな歴史的都市景観に留まらない、「新たな」歴史的都市景観を発見し、保全対象とする取り組みであると理解することができる。ただし、制度運用の状況を鑑みるに、具体的にどのような景観像を目指していくのか、まだ模索している段階であるというのが、ロンドンの現状ではないだろうか。

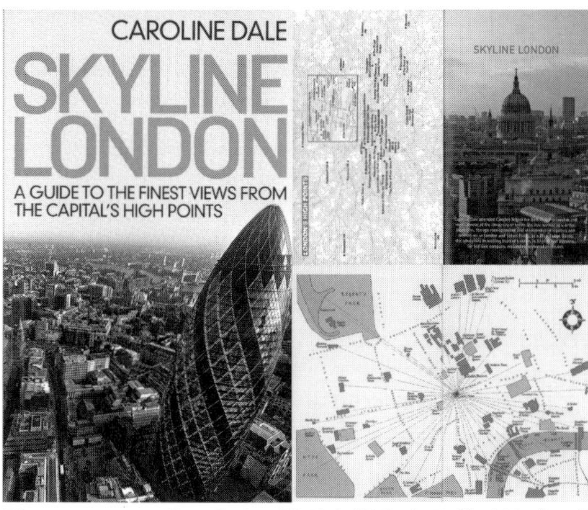

図 11・13　ロンドン市内の眺めを紹介するガイドブック『Skyline London』

最後に付け加えると、そのような状況下で、ロンドンのシティガイドの一種として、市内の眺望景観に焦点を当てたガイドブック『スカイライン・ロンドン』（図 11・13）が出版されていることなどは、市民レベルでの眺めの探求を促すものとして大変心強い動きであると言えるのではないだろうか。

[注]

1　ロンドン中心部の超高層ビルは、このように愛称が付与されることが多い。

2　以下の表は、2016年9月現在、ロンドンにおける超高層ビルを高さ順に並べたリストである。

名称	高さ	竣工年	位置
ザ・シャード	310m	2012	ターミナル（ロンドンブリッジ駅）
ワン・カナダスクエア	235m	1991	キャナリー・ワーフ
ヘロンタワー	230m	2011	シティ東部
リーデンホール・ビルディング（チーズ・グレーター）	225m	2014	シティ東部
クリスタルパレス電波塔	219m	1950	その他
エイト・カナダスクエア	200m	2002	キャナリー・ワーフ
25・カナダスクエア	200m	2002	キャナリー・ワーフ
タワー 42	183m	1980	シティ東部
セントジョージワーフ・タワー	181m	2013	ターミナル（ヴォクソール駅）
30 セント・メリー・アクス（ガーキン）	180m	2003	シティ東部
BT タワー	177m	1964	その他
ブロードゲート・タワー	164m	2008	シティ東部
20 フェンチャーチ・ストリート（ウォーキー・トーキー）	160m	2014	シティ東部

3　歴史的都市景観（historical urban landscape）は、ユネスコにおいても、「歴史的都市景観に関する勧告」（2012 年）のなかで、広範な都市の状況や地理的背景を含み、社会的、文化的慣習・価値、経済的な作用、遺産の無形的側面を含むものと定義されている。

4　旧計画の内容については、中井・村木『英国都市計画とマスタープラン』で詳しく述べられている。

5　4 類型とは、旧計画から継承された周囲の丘からランドマークを望む「ロンドンパノラマ（London Panorama）」、建築物群や樹木によって視軸が限定された「見通し景（Liner View）」、テムズ川沿いの開放感のある眺望を流軸方向に連続的に望む「河川眺望（River Prospect）」、歴史的・文化的価値のある建築物（群）を主対象とした「町並み眺望（Townscape View）」のことである。

6　ある程度広がり持って指定される視点場のなかで、特定される地点として基準眺望点が示されている。

7　LVMF の指定眺望景観に影響を与える開発行為が行われる可能性の高いシティ・イブ・ロンドン、ウェストミンスター区、カムデン区、タワーハムレッツ区、グリニッジ区、サザーク区、ランベス区、イズリントン区、ルイシャム区の 8 区。

8　イングリッシュ・ヘリテージ（English Heritage）は、英国政府によって設立された特殊法人であり、イングランドにおける歴史的建造物・環境の保護に関わる多様な業務を行っている。

9　CABE（建築都市環境委員会：Commission for Architecture and the Built Environment）は、政府系組織として建築や都市環境のデザイン案の審査やデザイン教育を行ってきた。2011 年にデザイン・カウンシルに統合された。

10　リアクティブモニタリングとは、「何らかの脅威に脅かされている特定の世界遺産資産の保全状況について、事務局および他の UNESCO のセクター、委員会諮問機関が行う報告」（世界遺産条約履行のための作業指針 169）と定義されている。

11　シティ・オブ・ロンドン、ウェストミンスター区、カムデン区、タワーハムレッツ区、サザーク区、ランベス区の 6 区。

[参考文献]

・中井検裕・村木美貴（1998）『英国都市計画とマスタープラン』学芸出版社
・岡村祐（2010）「英国ロンドンにおける新・眺望景観保全計画の基本的枠組み」（『日本建築学会技術報告集』No.32, pp.329-334）
・岡村祐（2013）「広域自治体大ロンドン庁（GLA）による眺望景観保全計画の改訂経緯と運用の動向」（『日本都市計画学会論文集』48-3、pp.687-692）
・Roberts M. and Jones T. L.(2010)"Central London: Intensity, excess and success in the context of a world city", *Urban Design and the British Urban Renaissance*（edited by John Punter）, Routledge, pp.169-188
・Caroline Dale(2012)*Skyline London: A Guide to the Finest Views from the Capital's High Points*, Aurum Press Ltd
・NLA（2014）*LONDON'S GROWING UP! : NLA Insight Study*

12章 フローニンゲン

自転車都市にみる都市再生と合意形成

坪原紳二

12・1 オランダを代表する自転車都市

オランダの都市の中で世界的に知られているのは、ラントスタットと言われるオランダ南西部の環状都市群内に位置している都市であり、アムステルダム（人口82万2000人）、ロッテルダム（62万4000人）、ハーグ（51万5000人）、ユトレヒト（33万4000人）の人口上位4市もすべてこのラントスタット地域内に位置している。海外からの観光客がこの外に足を伸ばすことは非常に少ない。これに対し本章では、ラントスタットの外、アムステルダムから列車で2時間ほどに位置する、フローニンゲン市（Gemeente Groningen、以下「フローニンゲン」）をとりあげたい。

フローニンゲンは2014年に人口がちょうど20万を超え（2016年現在、全国第7位）、歴史的にオランダ北部地方の経済の中心であり、また、1614年創立のフローニンゲン大学を擁する北部地方の文化の中心でもある。さらにオランダは自転車の代表交通手段分担率が27%と、世界でも群を抜いて自転車利用の盛んな国であるが（日本は13%）、そのオランダ内でもとりわけ自転車利用が盛んなのが、フローニンゲンである。自転車の分担率は38%で、これはオランダ内の人口5万人以上の都市の中ではもっとも高い値であり、とくに中心市街地への来街手段は70%が自転車であるという。

こうした高い自転車利用の背景には、20歳から25歳が全人口の16%と、学生を中心とした若者が非常に多いということもあるが、同時に市が1970年代より、自転車の利用環境を整えてきたことも重要な要因と考えられる。本章ではそうした市の取り組みのうち、車を抑制し、自転車の走行環境・駐輪環境を整えることによって都市空間の再生を試みた例を時代順に三つ取り上げる（12・2〜12・4節）。このうち最初の2例は、フローニンゲンの交通計画史上、もっとも論争を呼んだ事業でもあるので、計画内容、その成果のみならず、実施にいたるまでの過程についても詳細に触れ、政治的背景を明らかにしていきたい。そして最後の12・5節では、最近の取り組みとして、優れた自転車の利用環境、高い自転車分担率に依拠してフローニンゲンを自転車都市としてブランド化し、内外に訴えていこうとする試みに触れるようにしたい。なお12・2節と12・3節は、筆者が2002年から2003年、および2005年から2010年まで、フローニンゲン大学空間科学部に留学して執筆した博士論文[文1]に基づいている。また12・4、12・5節については、行政資料に加え、フローニンゲン市役所のヤープ・フォーケマ氏に2015年9月に行ったインタビューの結果を基にしている。

12・2 都心に出会い機能を再生する

1 交通空間と化した都心

フローニンゲンの中心市街地は一般には運河で囲まれた約1km四方の区域を指し、その中心にはフローテマルクト、フィスマルクトの二つの連続した広場がある（図12・1）。広場では定期的にマーケットが開かれ、また市庁舎、教会が周囲に立地し、一帯の都心は市民生活の中心として機能してきた。しかしモータリゼーションが進展する中、1960年代にはマーケットは中心市街地の外に移され、フィスマルクトは青空駐車場として使われるようになった。中心市街地のシンボルの塔を有するマルティニ教会の中庭も青空駐車場として使われるようになり、広場周囲には3車線の道路が巡り、さらにフローテマルクト北側にはバスのターミナルが設置された（図12・2）。

市は1969年末から70年初めにかけ、こうした都心の交通空間化をさらに進めるような中心市街地に対する一連の計画を発表した。その一つ、立案した交通工学者の名前から「プラン・ハウドアッペル」と呼ばれる交通計画[文2]は、大規模な住宅団地開発が計画されていた郊外と中心市街地間の交通は、大部分、自動車が担うという前提のもと、既存の放射環状型の道路網を格子型道路網へ作り変えることを提案した。それは中心市街地周辺の

図12・2　1970年ごろのフローニンゲンの都心（出典：Uitgeverij Futurum（2002）*VerkeersCirculatiePlan 1977*［CD］）
写真奥がフィスマルクト、手前がフローテマルクトとマルティニ教会の塔。

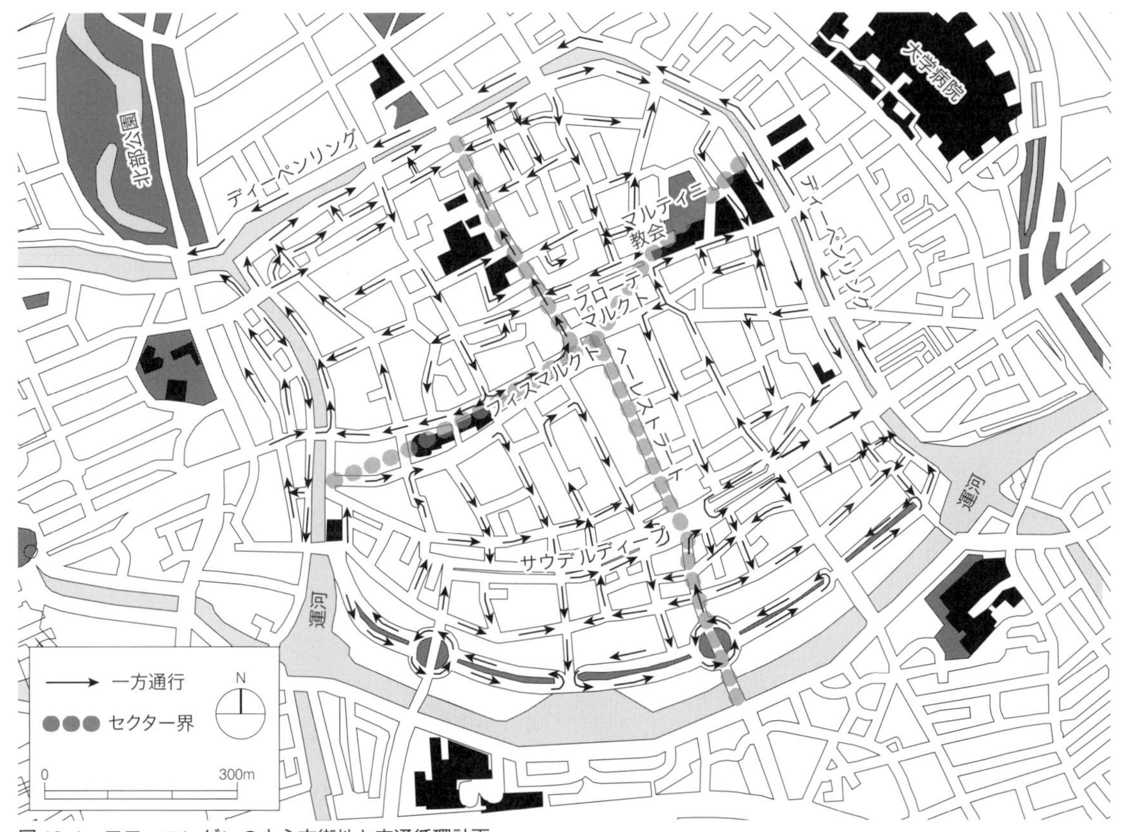

図12・1　フローニンゲンの中心市街地と交通循環計画
1977年9月19日、フローニンゲンの歴史的中心市街地は、一方通行規制により文字どおり一夜で4分割された。

歴史的住宅地を幹線道路で分断し、多くの歴史的建造物を取り壊すことを意味していた。一方駐車場計画は、フィスマルクトの下に地下駐車場をつくることを最優先課題とし、フローテマルクト下へも長期的には地下駐車場をつくることを提案していた。

これら一連の計画は公聴会の開催等、必要な手続きを終え、後は市議会提案を待つばかりとなっており、市はすでに道路予定線上の住宅の買取に着手していた。ところが同時に進行していた政治の刷新が、こうした都市計画の流れに根本的転換をもたらすことになった。

2　政治の刷新と都市計画目標

オランダは地方自治体も国政同様、議院内閣制であり、4年ごとに行われる比例代表制の選挙の後、市長および参事数名よりなる執行機関、参事会（college van burgemeester en wethouders）が複数政党間で組織される。フローニンゲンでは労働党が戦前の結党以来、常に最大政党の地位を保ってきたが、政党間の協調を重視し、1970年までは保守政党も含め議員数に応じて参事職を割り当ててきた。参事は住宅、都市計画、教育、財政等それぞれ担当部門を持ち、本来は官僚を指導する立場にあるのだが、1960年代までは政策立案の実権は官僚にあり、とりわけ都市開発・住宅課の課長と公共事業課の課長は、両課の建物が建っていた通りの名前から、「サウデルディープの皇帝」と言われるほどの権力を握っていた。

こうした状況を変えたのが、フローニンゲン大学を基盤に1960年代半ばより台頭した、ニューレフトと呼ばれる左翼の若者たちであった。彼らは労働党フローニンゲン支部の幹部ポストを徐々に奪っていき、選挙時の労働党候補者リストの作成にも影響を及ぼすようになっていった。そして1970年の地方選では、彼らの中から当時25歳だったマックス・ファン・デン・ベルフ[注1]を市議会に送り込むことに成功し、彼は文化と並び、交通、住宅、都市開発を担当する参事に選ばれた。

ファン・デン・ベルフは前述の議会提案を待つばかりとなっていた一連の計画を棚上げさせ、代わりに中心市街地に対する都市計画の原則を、市職員だけでなく外部の専門家も加わったチームに立案させた。同チームが1972年に提案した『都市計画目標』[文3]は、都心空間の「出会い機能の強化」を中心目標に据え、それを実現するために交通計画に関しては、次のような、従来の方針を根本的に転換する方針を掲げた。

6.5.3　都心への望ましいアクセスを提供するため、優先順位は、周辺部から都心への、公共交通の拡張と自転車道の建設に与えなければならない。

7.4.5　都心での交通は現在利用可能な街路空間内で収容しなければならない。交通に利用可能な空間を可能なかぎり効率的に使うためには、優先順位は公共交通と自転車に与えなければならない。

ファン・デン・ベルフはこの『都市計画目標』を支持し、他の参事はそれを批判し、参事会は膠着状態に陥った。保守政党はファン・デン・ベルフに対する不信任案を提出したが否決され、保守政党から出ていた参事が辞任した。そこで労働党はオランダ内で初めて、共産党等とともに、左翼政党のみからなる参事会を組織した。参事は労働党からの3名を含む計6名で、平均年齢は30代、共産党からの2名を除けば平均年齢20代という、オランダでもっとも若い参事会であった。

この新参事会は『都市計画目標』を議会に提案し、議会は1972年12月、左翼政党の支持のみ、22対17で同目標を可決した。

労働党フローニンゲン支部は1970年地方選より、ニューレフトの要求に基づき、支部独自の選挙プログラムを掲げるようになった。1974年地方選では同党フローニンゲン支部は選挙プログラムで「中心市街地と都心に関する政策は、すでに市議会によって可決された『都市計画目標』に基づく」と謳い、交通に関しては「中心市街地と住宅地から通過交通を排除しなければならない。公共交通と自転車が、明らかに特権的な地位を獲得する。…車のための施設はとくに必要なものに限定する」と主張した。そしてファン・デン・ベルフを候補者リストの第1位に置いて選挙を戦い、39議席中18議席と、歴史的勝利をおさめ、選挙後、労働党は参事会をやはり左翼政党のみで構成することにした。こうして政策的・政治的土台を得たうえで、ファン・デン・ベルフ他、ニューレフトの若者たちは都心空間の出会い機能の再生に具体的に着手していった。

3 歩行者専用空間と自転車道のネットワーク

それを一気に進めるために彼らが利用したのが、1973年10月に国の交通・公共事業大臣が発した通達であった。当時オランダには、フローニンゲンを含め公共交通を自ら経営する自治体が九つあり、いずれも深刻な赤字に陥っていた。通達はこれら赤字を国が引き継ぐこと、ただし各自治体が総合的な交通計画、交通循環計画 (Verkeerscirculatieplan) を策定し、1975年1月1日までに提出することが条件であることを告げていた。この通達を受けフローニンゲンの参事会は、「計画を早く決めなければ補助金がもらえなくなる」と唱え、計画づくりを急速に進めていった。

まず参事会は1974年5月に、交通循環計画の立案を民間コンサルタントに委託した。1975年1月1日の期限までに計画を提出することは不可能なので、国に要請し、提出期限を同年7月1日まで延期してもらった。そして2月には最初の中間レポート『交通循環計画基礎データ』[文4]を、5月には二つ目の中間レポート『交通循環計画パートII』[注2]を発表した。これらレポートを受け、地元紙は「もし交通循環計画が実現されたら:フローニンゲンには車のための場所はほとんどないだろう」と報じ、また計画の検討に加わっていた警部も、中心市街地から「すべての自動車交通を排除することはにぎわいを損なうことに繋がる」と批判意見を公表した。計画内容自体は知りようがないものの、これらの情報を耳にして、商店主や事業者団体は徐々に不安になり、計画策定への参加の機会をつくることを強く求めた。しかしファン・デン・ベルフは国が定めた交通循環計画の提出期限を理由に、参加の機会をつくることを拒否し、結局参加の機会はまったく設けられないまま、7月には計画の素案[文5]が策定されてしまった。

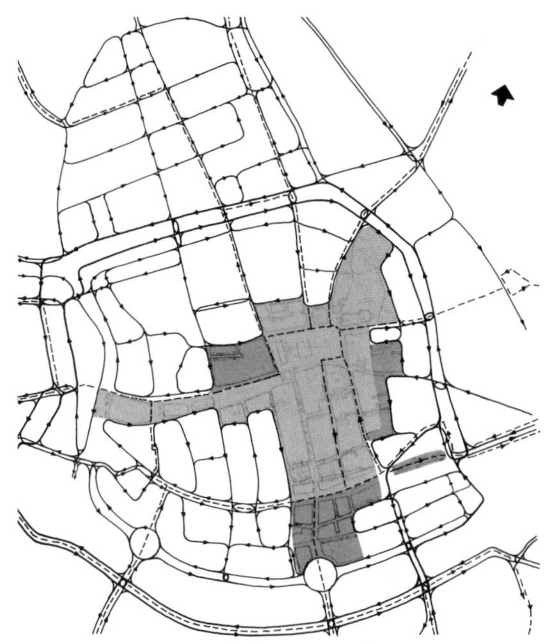
図 12・3 大きく拡大される歩行者専用空間 (出典:Gemeente Groningen (1975) *Verkeerscirculatieplan Groningen*)
網のかかった部分が歩行者専用空間。点線はバスのルート。

同案は中心市街地に対しては、当時フィスマルクト南側と目抜き通りのヘーレストラートだけであった歩行者専用空間を大幅に拡大し (図12・3)、二つの中心広場周辺には自転車道を計画し、バスターミナルはサウデルディープへと移設する。また市域全体に対しては、バスルートと同時に自転車道のネットワークを計画し、中心市街地への来街には公共交通と自転車の利用を促すことを意図していた (口絵1、p.30)。

4 強い反発とセクタープラン

この計画案がまだ公表されず「依然として隠されていた」(地元紙) 時、7月26日付けの地元紙上で再び前述の警部が計画内容を強く批判した。さらに8月4日付けで地元紙は、「フローニンゲンの中心市街地は大部分車にとって『禁じられた区域』になる」と大々的に見出しを掲げ、同時に計画されている歩行者専用空間を示す計画を大きく掲載した。その結果、事業者団体幹部は「死ぬほどびっくりし」「動揺と不安の波がフローニンゲンの中心街の事業界を満たし」（地元紙）、事業者団体は参事会および市議会各会派議長に「この計画が実現されるなら、わが市の広域的機能は…深刻に損われるだろう」と訴える電報を打った。

こうした反対の嵐が吹き荒れるなか開かれた8月7日の参事会の会合では、素案は『都市計画目標』の一つの具体化の方法であることは認めるものの、共産党参事からの反対もあり、それを修正することを決定した。この修正作業が、フローニンゲンではその後「神話」として語られることになった。

ファン・デン・ベルフは協力的な市役所職員および外部助言者とともに、作業に専念できるよう市役所を出て、マルティニ教会の礼拝堂にこもった。そして「昼も夜も14日間、最初より現実的な案に取り組んだ」結果、「彼らが出てきた時、4セクターの悪名高き計画が生まれた」（地元紙）。

修正案はバスと自転車に対する計画はほぼそのままに、中心市街地における車に対する規制を大きく変更した。歩行者専用空間を大幅に縮小し、同空間は新たにフローテマルクト南側だけを加えることにした。一方、通過交通を排除するために、一方通行規制を全面的に導入することで中心市街地を4セクターに分割し、車がセクター間を移動するにはいったん、中心市街地周囲をめぐる環状線、ディーペンリングに出なければならないようにした（図12･1）。筆者が行ったインタビューで、ファン・デン・ベルフはスウェーデンのマルメで同様なセクタープランを見たことがあり、このアイデアを自ら提案したと語った。

参事会はこの修正された「はるかに現実的な」注3計画を全員一致で承認し、市議会への提案日を9月15日と設定したが、商店主や事業者団体にとっては車を不便にする同案は、素案同様、中心市街地の経済にとって「致命的」で「破壊的」なものに映った。事業者団体は議会提案を少なくとも3カ月延期することを要求したが、ファン・デン・ベルフはやはり、国からの補助金を失う危険があることを理由にこれを拒否した。9月5日は事業者向け、6日には住民向けの「お知らせ集会」が開かれるが、この名前が示すように、同集会は計画内容を知らせるのが目的であって、実質的な参加の場ではなかった。事業者向けの集会では参加の機会を求める声が多く出されたが、結局そうした機会は設けられぬまま、15日の議会当日を迎えることになった。商店主たちは交通循環計画への反対スローガンをショーウィンドウに貼りだし、当日朝には事業者団体が事業者400名の反対署名を市長に提出し、また事業者は反対のプラカードを持って傍聴席や市議会前に集まった。

議会では左翼政党が参事会案に賛成、保守政党反対で、対立の溝は一向に埋まらぬまま3日目の17日に採決にかけられ、21対15で参事会案は可決された。

議会決定後も事業者団体は裁判等を通じて交通循環計画の阻止を試みたが、参事会は計画の修正には一切応じず、国からの補助金獲得を機に、1977年9月19日、中心市街地を一夜で4セクターに分割した。そして翌年4月には、1960年代に中心市街地から追い出したマーケットをフィスルクト、フローテマルクト両広場に呼び戻した。また自転車道のネットワークについては、交通循環計画の案をもとに、その後長期にわたって整備を進めていくことになる（口絵2、p.31）。

5 出会い機能が再生される

中心市街地の交通循環計画に対しては強い反対運動があったこともあり、市は導入前の1976年もしくは77年、および導入約1年後の78年秋に、交通、環境、および経済の3面について詳細な調査を行い従前・従後での状況の変化を比較した。

それによると交通については、中心市街地 29 地点における自動車交通の1時間交通量は平均 47% と大幅に減少した。この結果、中心市街地外から来街する自転車利用者の間で、走行中、十分安全であるということに完全に同意する者の割合は、19%から 30%へと上昇した。自動車交通量の減少は自転車走行環境をおおいに改善したわけである。環境については、同じ 29 地点で騒音測定を行った結果、平均で 67.0 dB から 64.1 dB へと減少し、中心市街地外から来街する人たちの中で、交通からの深刻な騒音を経験する人は 10%から 5%へと減少した。

一方経済への影響については、1 人当たりの支出額が 2 割、あるいは 3 割も減少したことを示す調査結果がある一方、中心市街地の繁栄を示す調査結果もあった。また導入から 2 年 4 カ月後に行われた事業所調査では、導入直後に比較して売上減等の影響が大幅に改善していた。少なくとも経済界が恐れていたような「致命的」「破壊的」といった状況にはいたらなかったのである。このことはその後 1990 年代に歩行者専用空間が大幅に拡大される際、事業者から交通循環計画時のような大きな反対運動が起きなかったことからもうかがえる。

さらに調査結果から、都心を訪問する人が 22% 増加し、都心の訪問頻度も有意に高くなったことが確認された。そして都心を訪問する人々のうち、店舗だけを訪れる人は 73%から 62%に減少し、一方で、マーケットを訪れたり、店舗に加えマーケットを訪れたり、あるいはカフェを訪ねる人が有意に増えたことが分かった。つまり交通循環計画の導入によって、『都市計画目標』の中心目標である、都心の出会い機能の強化が達成されたわけである（図 12・4）。

12・3 住宅地の史跡公園を再生する

1 車で分断された史跡公園

交通循環計画によって中心市街地から通過交通

図 12・4　復活したマーケット
買物客でにぎわうフィスマルクトのマーケット。

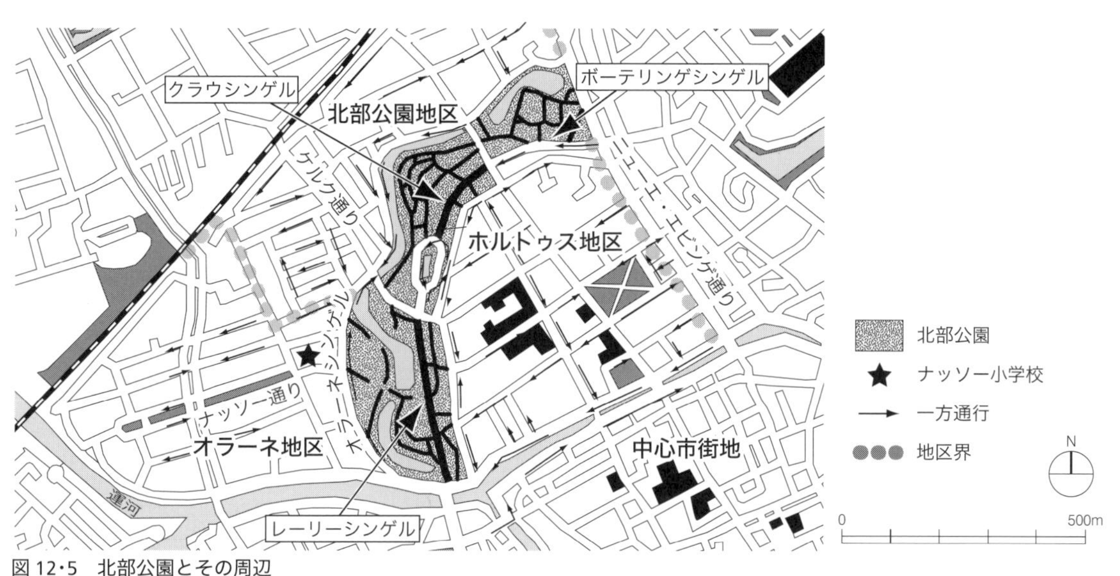

図 12・5　北部公園とその周辺
周囲は高密度な住宅地であり、また商店街がいくつかある。

を排除した後、フローニンゲンの労働党は、周辺の住宅街の通過交通対策を次の大きな課題とした。とりわけ同党が重視したのが、中心市街地に隣接する北部公園（Noorderplantsoen）から自動車交通を排除することであった。フローニンゲンの市域は17世紀に現中心市街地から北部へと拡大され、この新市街、ホルトゥス地区の西側と北側には新たな城壁が建設された。この城壁が19世紀に取り壊され、その跡地に1880年、開設されたのが北部公園である。堀や城壁跡が残るイギリス式庭園で、全体が国の史跡に指定されているが、中央を縦断する道路、南からレーリーシンゲル、クラウシンゲル、ボーテリンゲシンゲル（図12･5）が、フローニンゲン北部の郊外住宅地から市内へ車で通勤する人や、やはり城壁跡につくられた大学病院へ通う人々の通過交通路として使われ、1970年代には9000台/日以上の車が走っていた。当時すでに自転車の通勤・通学ルートとしても使われていたが、車と混在しており危険であり、さらに公園が自動車交通により分断され、その騒音や悪臭により環境が深刻に損なわれていた（図12･6）。労働党はこの公園の環境再生を目指し、1982年の地方選で掲げた選挙プログラムでは、代替路としての「北環状線完成後、北部公園のレーリーシンゲルは自動車交通に対し閉鎖される」と謳った。この選挙でこれまで同様、最大議席数（15）を獲得した労働党は、10年続いた左翼連立政権に終止符を打ち、保守系のキリスト教民主同盟と参事会を組織した。そして1984年5月、参事会は、北部公園からの自動車交通の排除を含む交通計画、『中間ステップ』の「討議案」[文6]を公表した。

図12･6　かつての公園内道路（出典：*Gezinsbode*, 1984年8月20日付）
通過交通路として、大量の自動車交通が行きかっていた。

2　事業者団体と住民の反対同盟

『中間ステップ』は中心市街地の北に広がる住宅地、三つのサブエリアからなる区域を対象としており、市域全体に対する交通計画と地区交通計画を仲介する計画という意味でこのように名づけられていた。北部公園はサブエリアⅡに含まれていた。討議案は同公園について、レーリーシンゲルのみならずクラウシンゲルも車を通行禁止とすることを提案した。

当初、参事会は討議案に対する意見書提出期間を4週間に設定していたが、事業者団体からの要求を受け、2カ月間に拡大した。そしてこの期間中に多くの事業者団体が、討議案に含まれている通過交通対策に対し異議を唱える意見書を提出した。とりわけ北部公園から車を排除する計画に対しては、ケルク通り、ニューエ・エビンゲ通り等個々の商店街から、全市的な事業者団体にいたるまで、異口同音に強い異議を唱えた。さらにこれまで労働党の交通政策を支持してきた労働組合も、雇用減への不安から反対を唱えた。そして労働組合主導で、雇用者組織も含む反対組織、北部地区行動委員会（以下、行動委員会）が立ち上げられるが、同委員会の議長は、討議案は「20%の雇用の破壊」をもたらし、それは「800の仕事、すなわち常勤500、パート300の仕事」（地元紙）を意味すると主張し、道路や橋を閉鎖してでも計画を断念させると主張した。

一方、通過交通に悩まされていたはずの住民からも、討議案に含まれている通過交通対策を積極的に支持する声は聞かれず、とりわけ北部公園を車に対し閉鎖する計画に対しては、むしろ不安の声が上げられた。公園西隣の住宅地、オラーネ地区の住民のうち、公園外周路のオラーネシンゲル、およびナッソー通りの住民は、通過交通が自分たちの通りに回ってくることを恐れ、意見書で「北部公園は自動車交通に対し開かれ続けなければならない」と主張した。一方オラーネ地区の住民組織は、公園の車への閉鎖を受け入れるとしつつも、地区全体に30/km規制をかける等、通過交通対策をとることを条件とした。ナッソー通り沿いにあるナッソー小学校の父母会も同趣旨の意見書を提出した。これに対し公園の東側の住宅地、ホルトゥス地区の住民組織は、地区への南からのアクセスが損なわれることを恐れ、閉鎖を「完全に拒絶する」と意見書で表明した。

討議案をめぐっては1984年6月に2度、公聴会が開かれたが、出された意見は上と同様で、商店主が繰り返し北部公園の閉鎖に反対を表明する一方、住民もそれを支持する意見をほとんど出さなかった。さらに行動委員会が8月29日に開いた「行動集会」には、事業者ばかりでなく周辺住宅地の代表も参加した。こうして北部公園の閉鎖に反対する、住民と事業者との「巨大な同盟」が形成されたのである。

3 妥協案

参事会は当初、『中間ステップ』の議会決定を1984年10月と予定していたが、事業者・住民からの強い反対を前に労働党の参事や市議の態度が揺らぎ始めた。そして参事会は翌85年3月に、「関係団体との協議のための暫定的指針」として、討議案の修正案、「妥協案」を決定した。

同案は討議案の通過交通対策を緩和し、とりわけ北部公園については大型車を除いて車を排除することを断念し、その代わり北向きへの一方通行とし、また自転車レーンを整備することにした。

参事会は妥協案を公表せず、関係団体に送付したうえでそれら団体との協議の場を設けた。とくに事業者団体とは繰り返し協議の場を設け、また各事業者団体は再び意見書を提出した。それらを通じて事業者団体は、妥協案全体を肯定的に評価し、また『中間ステップ』の計画プロセスでは参加の機会が充分設けられていることに謝意を示した。そのうえで通過交通対策の一層の緩和を求め、北部公園については大型車も含め、対面通行を維持することを求めた。そして、当時建設中の東環状線が完成し、環状線が全通するまではいかなる対策も取らないことを要求した。

4 党内からの突き上げと閉鎖議決

交通担当参事は労働党のズネルドルプであったが、党のワーキンググループや地区組織に妥協案は送付されていなかった。彼らは党外のつてを使って同案を入手し、「事業者の意図だけを考慮しているような」その内容に驚いた。そして1985年4月、13名の連名で、党員向けに意見書を発表した。

ズネルドルプら党リーダーは盛んに「政策に対する市民の支持」が欠如していることを主張していたが、意見書の中で彼らは選挙プログラムに基づき反論する。前述の1982年地方選時に掲げた選挙プログラムに言及しつつ、「我々の選挙プログラムの交通についての章は、とりわけ明快かつ具体的であ」り、「部分的にはこの明快なプログラムのおかげで、労働党は16議席[注4]をとったのである」と主張する。そして、「したがって、この民主的プロセスを通じた、十分な市民の支持がある(小左翼政党のプログラムも見よ)」と唱え、党リーダーに選挙プログラムを固守し、北部公園を車に対し閉鎖するよう迫ったのである。

こうした党内からの突き上げを受け、ズネルドルプは、少なくとも選挙プログラムに明記されている北部公園のレーリーシンゲル閉鎖だけは、『中間ステップ』に盛り込まざるを得なくなった。そしてこうした方向での最終案の内容を党機関紙が伝え、さらに地元紙が伝えるに及んで、妥協案には沈黙していたオラーネ地区の住民が強い反対の声を上げた。ズネルドルプとの面会を要求し、6月に開かれた会合で彼らは、レーリーシンゲル沿いには家がないがオラーネシンゲル沿いにはあることを指摘し、公園に直接面して住んでいる人と、たまに公園を使う人とでどちらの利益を重視するのかを問いただした。さらに同地区の住民組織は意見書を提出し、オラーネシンゲルの交通量が増える結果として公園へのアクセスはかえって損なわれると述べ、レーリーシンゲルを車に対し閉鎖しないこと、むしろ同通りのデザインを工夫することで通過交通を抑制すること、同通り沿いに自転車道を敷設すること、さらには同通りを横断するトンネル、もしくは歩道橋をつくることなどを要求した。ナッソー小学校の父母会と職員も意見書を提出し、レーリーシンゲルを閉鎖すればそこを使っているほとんどの車がオラーネシンゲルに移転してくると主張し、住民組織とほぼ同じ対策を提案した後、「私たちの子どもたちの安全は、いかなる党派政治の利益よりも重い！」と主張した。

当初は労働党のさらなる譲歩を期待し、強い反対運動は控えていた経済団体だが、9月になり労働党市議会会派がレーリーシンゲル閉鎖の方針を決定すると、急速に反対運動を展開していった。行動委員会は同月20日付けの地元紙全面2面を使い、「遅すぎる前にこの交通災害を止めよ！」と見出しをつけ、24日予定の「大反対集会」への参加を呼びかけた。彼らは「政党の利益が市の利益を踏みつぶそうとしている」と労働党を批判し、記事には「顧客が破壊的なほど減少する」「投資が減退する」「倒産と大規模な解雇を心配する必要がある」「遊び場が排気ガスの真っただ中に置かれることになる」「犯罪が増える！」等々、刺激的な言葉が並んでいた。24日の反対集会には200名以上の人々が参集し、環状線が完成するまでは対策をとらないこと、レーリーシンゲルは閉鎖しないことなどで、住民も含めて合意に達したと報じられた。隣接商店街の各商店は物件「売出し中」のポスターを掲げ、レーリーシンゲル閉鎖が深刻な影響をもたらすことを訴えた。10月1日、最終案を協議する議会委員会が開催されたが、ここに向けて「心配する約300名の住民と事業者」（地元紙）が抗議デモを行い、同委員会では行動委員会も含め8団体の代表がそれぞれの表現で、レーリーシンゲルの閉鎖をやめるよう訴えた。

翌1986年1月15日の議会に『中間ステップ』の最終案[文7]がかけられた。これまでの議論同様、ここでも北部公園から車を排除するか否かに議論は集中した。そしてレーリーシンゲルの閉鎖だけが別に採決にかけられ、同案は労働党に加え左翼政党2党、それに元共産党市議の支持により、20対19で1票差で可決された。その他の『中間ステップ』最終案も可決された。

5　200％賛成

その後、レーリーシンゲル閉鎖に向けた調査が断続的に行われ、1990年3月の地方選で労働党は、「とくにレーリーシンゲルの自動車交通への閉鎖を完遂しなければならない」と選挙プログラムで謳った。そして市は「1992年半ば」の閉鎖を明示するようになった。ところがこの地方選で労働党は全国的に大敗を喫し、フローニンゲンでも同党は7議席を失い、史上最低の11議席しか確保できなかった。一方、この選挙を機に小左翼政党が合併して設立した緑の党は、フローニンゲンで7議席を獲得し一躍、第2党になり、また民主66も2議席を3倍増させ6議席を獲得した。労働党は依然最大政党であったため参事会の組織を主導し、これまでの連立の相手、キリスト教民主同盟に加え、選挙で大勝した民主66と組むことにした。議席数の変化を反映し参事の配分は、労働党は4人から3人へと減り、キリスト教民主同盟と民主66が2人ずつとした。さらに歴史的に労働党が握ってきた交通担当の参事は、民主66のハッセラールが担うことになった。キリスト教民主同盟、民主66とも、レーリーシンゲルの車への閉鎖には反対であったが、1986年の閉鎖の議決を無視するわけにはいかなかった。そこで3党間の連立協定では、レーリーシンゲルをまずは実験として閉鎖すること、そしてもし実験中、周辺住民が恐れていたような通過交通の問題が発生し、対策を講じようがないことが判明した場合には、元の状態に戻すことが謳われた。

1992年より市は閉鎖の準備として、周辺地区へ

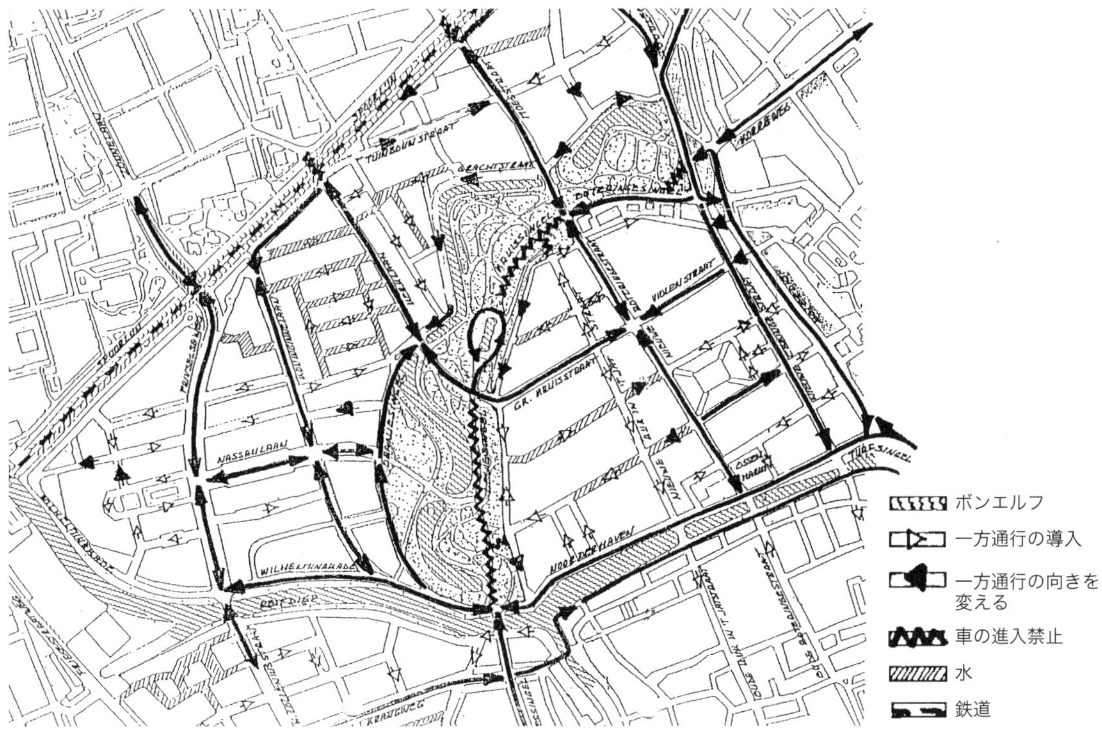

図 12･7　公園閉鎖のための地区交通計画（出典：Gemeente Groningen）注5
ボンエルフ（歩車共存道路）や一方通行規制により通過交通の移転を防ごうとした。

の 30 km/h 規制の導入、ハンプの設置、一方通行規制の施行等の通過交通対策を取り始めた。さらに緑の党の提案で、通過交通対策としてレーリーシンゲルのみならず、その延長上、クラウスシンゲルも車に対し閉鎖することとし、1993 年 6 月 2 日に閉鎖の実験が開始された（図 12･7）。

閉鎖が始まるとすぐに周辺の商店街が反対運動を再開させたが、今度は住民は同調しなかった。それどころか、とりわけ強く閉鎖に反対していたオラーネ地区の住民が「200％支持する」（地元紙）とまで言い始めた。公園に静けさが取り戻されると同時に、恐れていた通過交通問題が顕在化しなかったためである。さらに公園内を走る自転車の交通量が大きく増え、レーリーシンゲルでは 30％以上増えて約 5500 台 / 日の自転車が走るようになった。

市は商店街への影響も調べたが、影響のない商店街がある一方、売上の減少や商圏の縮小を示す商店街もあった。ただし後者については、同時期に近隣でショッピングセンターが改修されるといった事実もあり、北部公園の影響か否かは確定できなかった。

図 12･8　北部公園内を通る自転車
とくに朝の通勤・通学時には大量の自転車が行きかう。

実験的閉鎖中に市議会は、閉鎖を確定的にするか否かは、フローニンゲンで初めてのレファレンダムの結果に委ねることを決めた。レファレンダムの成立要件は直近の地方選の投票者数の 3 分の 1、3 万 387 人（全有権者の 21.5％）とされた。1994 年 10 月 5 日に実施されたレファレンダムには 4 万 3820 人（30.1％）の人々が参加し、レファレンダムは成立した。そして恒久的閉鎖に賛成が2万2417票（51.2%）、反対が2万1403票（48.8%）と、僅差で閉鎖が確定された。

今日ではレーリーシンゲルの自転車交通量は7500台／日以上にまで増えており、同ルートはフローニンゲン市の主要自転車ルートを構成している（図12･8）。また北部公園のレクリエーション利用は増加の一途をたどっており、近年では増えすぎたバーベキュー利用に対する周辺住民の苦情が聞かれるほどになっている。

12･4 都心の歩行空間を再生する

1 歩行空間が駐輪場に

以上見てきたように、フローニンゲン市は政治・政党主導の政策立案、そして議会での多数決決定という政策決定プロセスを使って、1970年代から自転車の走行環境を整えてきた（図12･9）。オランダ・サイクリスト協会は2000年から2、3年おきに、オランダ内でもっとも優れた自転車政策を実施している都市を選び、「自転車都市」として表彰しているが、フローニンゲンはとりわけ車に比しての自転車の利便性の高さが評価され、2002年に同都市に選ばれた。審査委員の評価では、市内移動で自転車を選択しないためには、自分の時間とお金に無頓着でなければならないほどだという。さらに若者を中心とした人口増もあり自転車利用は増え続けており、冒頭で述べたように、今や中心市街地への来街の70%は自転車で担われている。

しかし2006年から2012年までの交通担当参事、デッケル（緑の党）が指摘したように、「この成功はまた影の面も持っている」。すなわち、平日でも昼過ぎには8000台以上の自転車が中心市街地内に止められるようになり、その多くが歩行空間に止められ、歩行者の通行を妨げるようになった。それどころかデッケルいわく、本来「居間」であるべきの中心市街地の歩行空間が、時間と場所によっては「駐輪場」[文8]のようになってしまったのである。

2 駐輪施策の実験

こうした日本で言われる放置自転車問題に、日本の自治体は放置禁止区域を広範に指定することで対処しているが、フローニンゲンはまったく別の方法で歩行空間を再生することを試みてきた。

オランダには駐輪施設として、一般には、監視人付きの駐輪場と、路上に置かれる無料の駐輪ラックの二つがある。フローニンゲンはまず2005年に、中心市街地の路上に駐輪ラックを1500台分、増設した。引き続き2007年7月から2008年2月まで、駐輪施策に関する実験事業、「都市の自転車」を実施した。これは大きく、三つの施策からなっていた。

図12･9 周辺住宅地と中心市街地を結ぶ自転車道
自転車道は通常一方通行で、2人が並んで余裕で走れる幅員を確保している。

図12･10 ピーク時ラック
平日午後の様子。ほぼすべてのラックが駐輪されている。

一つは監視人付き駐輪場の無料化である。フローニンゲンは以前より、年間15ユーロの会員証で駅前を除く市内の全監視人付き駐輪場（計24カ所）を利用できるようにしており、これは「自転車都市」の受賞理由の一つでもあった。しかしそれでも、中心市街地にある四つの監視人付き駐輪場の利用は低調であった。オランダでは1998年にアーペルドールン市、翌1999年にはネイメーヘン市が監視人付き駐輪場を無料化し、利用が大きく伸びて以来、監視人付き駐輪場を無料化することが大きな流れになっていた。そこでフローニンゲン市も、中心市街地の監視人付き駐輪場の利用促進策として、「都市の自転車」事業の中で実験的に無料化することにした。

二つ目は、仮設の駐輪ラック、「ピーク時ラック」の設置である。これは路上駐輪が多い日時にかぎって設置するラックで、具体的には毎週木曜の朝、歩行者専用空間内の8カ所に1300台分設置し、日曜の午前中に撤去するようにした（図12・10）。

三つ目は、歩道に敷かれる「赤いじゅうたん」である。フローニンゲンの中心市街地には当時、駐輪禁止区域はまったく指定されていなかったが、とりわけ自転車が多く止められており店舗の入口をふさいでいた7カ所に文字どおり、赤いじゅうたんを敷いた（口絵3、p.31）。規制をかけることなく、自転車利用者への心理的効果を狙ったもので、自転車を止めないよう呼びかける立て札等も設置されなかった。

これら三つの施策はいずれも大きな効果を上げた。路上に止められている自転車の総数は曜日によって8%から14%増加したが、ラック外に止められている自転車の数は、平日は10%から12%、土曜日は4%、減少した。監視人付き駐輪場への駐輪台数は、計451台から605台へと34%増加した。また赤いじゅうたん上には確かに自転車利用者は駐輪を控えるようになり、この効果を見て多くの商店主が市に自分の店舗前への設置を求めた。こうした結果を受け、市は監視人付き駐輪場の無料化を恒久化することにし、ピーク時ラックについては4カ所は恒久的なラックを設置し残りはピーク時ラックとして維持し、赤いじゅうたんはそのまま設置し続けることにした。費用はいずれも、市が経営する路上のパーキングメーターからの収入を充当することにした。

3　都心をショールームにはしない

しかしより抜本的な対策が必要なことは、数字から明らかであった。既存の4監視人付き駐輪場の収容台数は合計1225台で、「都市の自転車」事業後は、恒久的な駐輪ラックが約3000台分、ピーク時ラックが700台分となり、中心市街地の自転車の総収容台数は約5000台であった。これに、現在フローテマルクト東側で建設中の複合施設「フォーラム」の地下に予定されている、1300～1500台収容の駐輪場を加えても、前述の8000台以上の自転車を収容するにはまったく足りないのである。

そこでフローニンゲンは2011年に、中心市街地の駐輪対策に絞った計画書、『フローニンゲンの自転車の基準』を発表した。冒頭でデッケルは本計画の中心的な課題を、「私たちの居間を駐輪場にせずに、いかに中心市街地をすべての人々（自転車利用者を含め）にとって魅力的なものとして維持し続けるか」[文8]と設定する。しかし本文中、計画の「原則」のところでは、「私たちの居間をショールームにすることが目的ではない」と強調する。そして、むしろ「少し雑然とあちこちに多少止められている自転車があるのがベストなのかもしれない」し、「それは生き生きとした中心市街地の一部である」[文9]と述べ、多少の放置自転車は容認する姿勢を示す。

こうした姿勢は具体策に反映される。「駐輪問題は理論的には、駐輪禁止区域を広く指定し、取り締まりを厳しくすれば迅速に解決できる」が、そうした方向は取らないと明言する。なぜなら、「それは自転車にやさしいまちとしてのフローニンゲンにそぐなわい」[文10]し、また現実の駐輪需要に対する解決策ではまったくないからである。そこで対策としては、フローテマルクト裏にある立体駐車場を駐輪場に転換すること等により、監視人付き駐輪場を増やすこと、さらには恒久的な駐輪ラック、ピーク時駐輪ラックに続く、第3のタイプの路上駐輪施設、「駐輪区画」を提案する。恒久的な駐輪ラックは、使用されていない時も歩行空間を占有し続け、また掃除がしにくいのでゴミがたまりやすい。さらに本来短時間利用者を意図しているラックが、通勤者や中心市街地の居住者等の自転車によって長時間にわたって占有されてしまう。一方ピーク時ラックは人手を要するので、多くの箇所には設置できない。そこで単に路上に駐輪場所を線で囲うだけの駐輪区画を、実験的に導入することを提案する。鍵で自転車をラックに固定できないので、盗難が非常に多いオランダでは、長時間ここに駐輪することが抑制されると期待され、アムステルダム市がすでに導入していた。

その後、こうした方向で現在まで駐輪施策が進められている。市は駐輪禁止区域の指定には非常に慎重で、現在、中心市街地には、フローニンゲン大学の本部周辺にかぎって駐輪禁止区域が指定されている。一方赤いじゅうたんについては、その後も商店主から設置の依頼が来るがすべて拒否しており、むしろ1カ所減らして、現在は6カ所に設置している。新たな監視人付き駐輪場はまだ設置できていないが、駐輪区画は多数設置しており、既存の恒久的駐輪ラックをこれに取り換えた例も見られる。また当初は単に白い線で囲うだけであったが、市の景観部門から景観を損なうとの指摘があり、その後は石で区画を示し、さらに後述する自転車都市のロゴマークを舗装に埋め込むようにしている（口絵4、p.31）。現状では依然、多数の自転車がラック外、駐輪区画外に止められており、「少し雑然とあちこちに多少止められている」程度には収まっていないが、自転車利用を促しつつ、長期的に自転車と歩行者の共存の方法を探っていく方向と思われる。

12•5 自転車都市のブランド化

フローニンゲンがこれまで築き上げてきた、質の高い自転車道のきめ細かなネットワークや各種の駐輪施設、あるいはフローテマルクトをめぐる洪水のような大量の自転車交通は、世界的に見ても興味深い現象のはずである。事実、筆者が留学中、毎年フローニンゲン大学空間科学部に来るヨーロッパ各国やアメリカからの交換留学生のうち、何人かはフローニンゲンの自転車政策をエッセイのテーマに選んでいた。しかしフローニンゲンの市民自身には自分たちが特異な都市に住んでいるという自覚は希薄で、市もとくに自分たちの自転車政策を海外に伝えようとはしておらず、したがってフローニンゲンの自転車政策を紹介する英語の文献はほとんど出版されてこなかった。こうした状況に転換をもたらそうとしているのが、2015年4月に議会決定された、15年ぶりに改訂されたフローニンゲンの総合的な自転車政策、『自転車戦略2015—2025』である。

2014年より交通担当参事であるド・ローク（民主66）は冒頭で交通循環計画に触れ、「70年代に当時のフローニンゲンの参事会は、中心市街地で歩行者と自転車により広い空間をつくるために、厳格な選択をした」と述べ、「ほぼ40年後、私たちは依然として当時取られた大胆な手法に喜んでいる」と同計画を高く評価する。その一方で、前述のような歩行者との摩擦、あるいは自転車道での自転車の渋滞といった事態が生まれ、さらに自転車利用が今後も増えることが予想されることを踏まえ、「新たな選択を、とくに自転車のためにする時が来た」[文11]と述べる。そして本文中で示される五つの「戦略」の5番目の戦略で、フローニンゲンを自転車都市として内外に積極的に訴えていくことが謳われる。

フローニンゲン市民自身に訴えることで、市は自転車都市の市民としての自覚を促し、一層の自転車利用を促すと同時に、走行時、駐輪時のマナーの改善に繋げようとしている。一方外へと訴えることで、自転車を市の経済開発に結びつけようとしている。すなわち、現在でも多い国内外からの視察をさらに多く招き、また自転車関係の会議やイベントを誘致する。さらに優れた自転車施設を有する、生活環境の良好な都市であることを強調することで、知識産業の誘致にも繋げようとしている。いわく、「つまるところ自転車は経済なのである」[文12]。

すでに具体的な取り組みが始まっており、たとえば市は、フローニンゲンの市外局番である050を基にしたロゴを作り、これを前述のように駐輪区画に埋め込んだり、交通信号のライトに使うなどしており、さらにキーホルダーやTシャツなどの商品も開発している。また市は『自転車戦略2015-2025』を紹介するウェブサイトを、市の総合的なウェブサイトとは独立させて立ち上げており、すべてのページに英語版を用意している[注6]。さらに市はフローニンゲン州とともに、「自転車の専門家」のためのオランダ内で最大の会議、全国自転車会議の第5回を、2016年6月初めに主催した。

サイクリスト協会は2016年5月に、6番目の「自転車都市」を選んだ。今回は「自転車経済(bikenomics)」をテーマに掲げ、自転車政策を経済開発に繋げる点でもっとも優れた施策を行っている都市を選ぶことにしていた。これにフローニンゲンは立候補し、2002年の受賞以来、再度の「自転車都市」の受賞を目指していた。最終候補の5都市には残ったものの、結局同都市には、近年「高速自転車道」[注7]等の整備を積極的に進めているネイメーヘン市(人口17万1000人)が選ばれた。このことは自転車を経済に結びつけようという考えがオランダ内の多くの都市で共有されていること、そしてそういう考えに基づいて斬新な自転車政策をとる新興の自転車都市が現れつつあることを示している。その結果、新・旧の自転車都市間で、いわば自転車都市をめぐる都市間競争が起きているわけで、フローニンゲンも過去の蓄積に安住することなく、さらなる自転車にやさしいまちを目指して、今後も大胆な交通政策を展開していくものと思われる。

[注]

1 2007年から2016年までフローニンゲン州知事を務めていた。
2 文献収集は主にフローニンゲン公文書館で行ったが、本レポートそのものを見出すことはできなかった。
3 地元紙上に掲載されたファン・デン・ベルフの言葉。
4 実際には15議席。
5 参事ハッセラールが1992年11月、市議会に示した地区交通計画案。
6 URLは http://groningenfietsstad.nl/en/ である。
7 snelfietsroute。約15 kmまでの通勤において自転車利用を促すための高規格自転車道。

[引用文献]

1 Tsubohara, S. (2010) *Democracy through Political Parties and Public Participation: The Case of the Planning History of Groningen, The Netherlands*, University of Groningen
2 Gemeente Groningen (1969) *Verkeersplan-centrum Groningen*
3 Gemeente Groningen (1972) *Nota Doelstelling Binnenstad Groningen*
4 Gemeente Groningen (1975) *Verkeerscirculatieplan Groningen: basis-gegevens*
5 Gemeente Groningen (1975) *Verkeerscirculatieplan Groningen*
6 Gemeente Groningen (1984) *Tussenstap: Discussienota over de (Auto) Verkeersstructuur van Groningen-Noord: Tekstdeel*
7 Gemeente Groningen (1985) *Tussenstap: Besluitvormingsnota: Tekstdeel*
8 Gemeente Groningen (2011) *De Groninger Fietsenstandaard: Aanzetten voor Nieuw Fiets (parkeer) beleid in de Binnenstad*, p.5
9 文献8、p.17
10 文献8、p.19
11 Gemeente Groningen (2015) *Fietsstrategie 2015- 2025: Wij zijn Groningen Fietsstad*, p.6
12 文献11、p.41

索引

■英数

■し

■す

■せ

■そ

■た

■ち

■へ

■ほ

■ま

■み

■め

■も

■ゆ

■よ

■ら

■り

■る

■れ

■ろ

著者紹介（掲載順）

●編者

西村幸夫（にしむら・ゆきお）……………………………はじめに
1952年福岡県生まれ。東京大学工学部都市工学科卒業、同大学院修了。明治大学助手、東京大学助教授・教授、神戸芸術工科大学教授を経て、現在、國學院大學教授。著書に『都市保全計画』（東京大学出版会）、『環境保全と景観創造』（鹿島出版会）、『県都物語』（有斐閣）、『都市から学んだ10のこと』（学芸出版社）など。編著に『都市の風景計画』『日本の風景計画』『都市美』『都市空間の構想力』（以上、学芸出版社）、『まちの見方・調べ方』『まちづくり学』（以上、朝倉書店）など。

●著者

高梨遼太朗（たかなし・りょうたろう）…………………………1章
1989年東京都生まれ。東京大学工学部都市工学科卒業、同工学系研究科都市工学専攻修士課程修了。現在、総合商社に勤務。

黒瀬武史（くろせ・たけふみ）……………………………1章、2章
1981年福岡県生まれ。東京大学工学部都市工学科卒業、同工学系研究科都市工学専攻修士課程修了。株式会社日建設計 都市デザイン室、東京大学大学院工学系研究科都市工学専攻助教などを経て、現在、九州大学大学院人間環境学研究院都市・建築学部門教授。単著に『米国のブラウンフィールド再生』（九州大学出版会）、共著に『アーバンデザインセンター —開かれたまちづくりの場』（理工図書）など。

坂本英之（さかもと・ひでゆき）…………………………………3章
1954年石川県生まれ。明治大学建築学科卒業、同工学系研究科建築学専攻修士課程修了。渡独、シュトゥットガルト大学大学院博士課程修了、シュタットバウ・アトリエを経て、現在、金沢美術工芸大学デザイン科環境デザイン専攻教授。共著に『NPO教書』（風土社）、『日本の風景計画』（学芸出版社）、『都市の風景計画』（学芸出版社）、『金沢のまちと環境デザイン』（能登印刷株式会社）、『つなぐ 環境デザインがわかる』（朝倉出版）など。

窪田亜矢（くぼた・あや）……………………………………………4章
1968年東京都生まれ。東京大学工学部都市工学科卒業、同修士・博士課程修了、コロンビア大学大学院修士課程修了。博士（工学）・一級建築士。㈱アルテップ、工学院大学などを経て、現在、東京大学生産技術研究所特任研究員。単著に『界隈が活きるニューヨークのまちづくり』（学芸出版社）。

阿部大輔（あべ・だいすけ）……………………………………………5章
1975年米国ハワイ州ホノルル生まれ。早稲田大学土木工学科卒業、東京大学大学院工学系研究科都市工学専攻修士課程・博士課程修了。政策研究大学院大学、東京大学大学院建築学専攻特任助教を経て、現在、龍谷大学政策学部教授。著書に『バルセロナ旧市街の再生戦略』（学芸出版社）、共編著に『地域空間の包容力と社会的持続性』（日本経済評論社）、『持続可能な都市再生のかたち』（日本評論社）、共著に『都市空間の構想力』（学芸出版社）など。

宮脇勝（みやわき・まさる）……………………………………………6章
1966年北海道生まれ。東京大学大学院工学系研究科都市工学専攻修士、博士課程修了。博士（工学）。北海道大学大学院助手、千葉大学大学院准教授を経て、現在、名古屋大学大学院環境学研究科准教授。単著に『ランドスケープと都市デザイン —風景計画のこれから』（朝倉書店）、『欧州のランドスケープ・プランニングとプロジェクト』（マルモ出版）、共著に『都市の風景計画』『日本の風景計画』『都市美』（以上、学芸出版社）など。

野原卓（のはら・たく）…………………………………………………7章
1975年東京都生まれ。東京大学工学部都市工学科卒業、同大学院工学系研究科都市工学専攻修了。株式会社久米設計、東京大学大学院助手及び特任助手、同先端科学技術研究センター助教を経て、現在、横浜国立大学大学院都市イノベーション研究院准教授。岩手県洋野町、福島県喜多方市、神奈川県横浜市、東京都大田区等にて都市デザイン実践活動に関わる。共著に『都市空間の構想力』（学芸出版社）、『世界のSSD100 —都市持続再生のツボ』（彰国社）など。

鈴木伸治（すずき・のぶはる）……………………………7章、8章
1968年大阪府生まれ。京都大学工学部建築学科卒業、東京大学大学院工学系研究科都市工学専攻修士課程修了。同専攻助手、関東学院大学工学部土木工学科専任講師・助教授を経て、現在、横浜市立大学国際教養学部教授。編著に『創造性が都市を変える』（学芸出版社）、『今、田村明を読む —田村明著作選集』（春風社）、共著に『はじめて学ぶ都市計画』（市ヶ谷出版）、『明日の都市づくり』（慶応大学出版会）など。

楊惠亘（よう・けいせん）…………………………………………………8章
1981年台湾台北市生まれ。台湾大学農学部園芸学科卒業後来日。東京大学工学系研究科都市工学専攻修士及び博士課程修了。横浜市立大学グローバル都市協力研究センター特任助教、同都市社会文化研究科客員研究員、出産、育児を経て、2022年4月より國學院大學専任講師。共著に『創造性が都市を変える』（学芸出版社）、『アーバンデザインセンター —開かれたまちづくりの場』（理工図書出版）など。

柏原沙織（かしはら・さおり）……………………………………………8章
1983年京都府生まれ。同志社大学文学部文化学科心理学専攻卒業、東京大学大学院新領域創成科学研究科社会文化環境学専攻修士課程修了、東京大学大学院工学系研究科都市工学専攻博士課程修了。株式会社富士通総研、横浜市立大学グローバル都市協力研究センター特任助教を経て、現在、東京大学大学院新領域創成科学研究科特任助教。単著論文に“Redefining urban heritage value for Hanoi trade streets”（*Journal of Cultural Heritage Management and Sustainable Development*）。

中島直人（なかじま・なおと）……………………………………… 9章
1976年東京都生まれ。東京大学工学部都市工学科卒業、同工学系研究科都市工学専攻修士課程修了。同専攻助手・助教、慶應義塾大学環境情報学部専任講師・准教授を経て、現在、東京大学大学院工学系研究科准教授。著書に『都市美運動』(東京大学出版会)、『都市計画家石川栄耀 —都市探求の軌跡』(共著、鹿島出版会)、『白熱講義 これからの日本に都市計画は必要ですか』(共著、学芸出版社)、『パブリックライフ学入門』(共訳、鹿島出版会) など。

鳥海基樹（とりうみ・もとき）……………………………………… 10章
1969年埼玉県生まれ。フランス国立社会科学高等研究院(EHESS)博士課程修了。東京都立大学専任講師を経て、現在、東京都立大学教授。共著に『フランスの開発型都市デザイン —地方がしかけるグラン・プロジェ』(彰国社)、『スカイスクレイパーズ —世界の高層建築の挑戦』(鹿島出版会)、『都市空間のガバナンスと法』(信山社) など。

岡村祐（おかむら・ゆう）……………………………………………… 11章
1978年生まれ。東京大学工学部都市工学科卒業、同大学院修士課程修了。2008年同大学院博士課程修了。首都大学東京特任助教・助教を経て、現在、東京都立大学都市環境学部観光科学科准教授。この間、2013年にウェストミンスター大学（英国ロンドン）に客員研究員として在籍。共著に『観光まちづくり』『まちをひらく技術 —建物・暮らし・なりわい— 地域資源の一斉公開』(以上、学芸出版社)、『文化ツーリズム学』(朝倉書店) など。

坪原紳二（つぼはら・しんじ）……………………………………… 12章
1965年東京都生まれ。東京大学工学部都市工学科卒業。同工学系研究科都市工学専攻修士課程修了。神戸大学自然科学研究科環境科学専攻博士課程修了。国立フローニンゲン大学空間科学部博士課程修了。熊本県立大学助教授を経て、現在、跡見学園女子大学教授。共著に『New Principles in Planning Evaluation』(Ashgate)、単著論文に「オランダ・フローニンゲンの交通循環計画の導入プロセスにおけるリベラル・デモクラシー」(都市計画学会一般研究論文) など。

都市経営時代のアーバンデザイン

2017年2月28日　第1版第1刷発行
2022年1月10日　第1版第3刷発行

編　　者　西村幸夫
著　　者　高梨遼太朗・黒瀬武史・坂本英之・窪田亜矢
　　　　　阿部大輔・宮脇勝・野原卓・鈴木伸治・楊惠亘
　　　　　柏原沙織・中島直人・鳥海基樹・岡村祐
　　　　　坪原紳二
発 行 者　井口夏実
発 行 所　株式会社 学芸出版社
　　　　　京都市下京区木津屋橋通西洞院東入
　　　　　〒600-8216　電話075-343-0811
　　　　　http://www.gakugei-pub.jp/
　　　　　E-mail　info@gakugei-pub.jp

印刷・製本　シナノパブリッシングプレス
装　　丁　上野かおる

ISBN978-4-7615-3228-4